KB118734

내신 성적을 쑥쑥~ 올리는!!

내공의 힘

중등 수학 2·1

STRUCTURE 구성과 특징

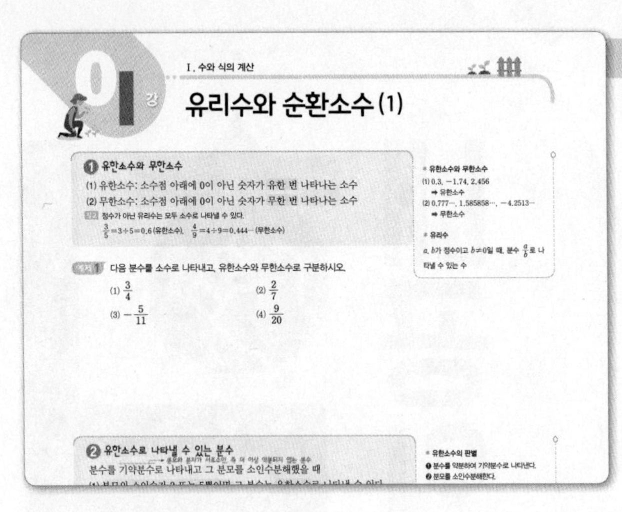

내공 1 단계 | 개념 정리 + 예제

핵심 개념과 대표 문제를 함께 구성하여 시험 전에 중요 내용만을 한눈에 정리할 수 있다.

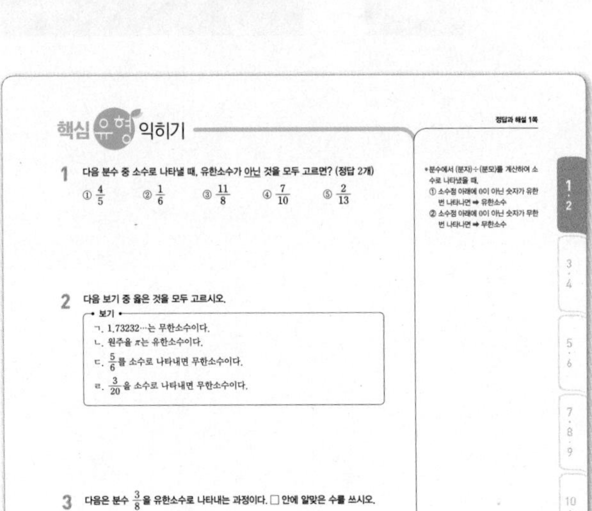

내공 2 단계 | 핵심 유형 익히기

각 유형마다 자주 출제되는 핵심 유형만을 모아 구성하였다.

기초 내공 다지기

01강 유리수와 순환소수 (1)

[1~2] 다음 분수를 소수로 나타낼 때, 유한소수로 나타낼 수 있는 것에는 ○표, 유한소수로 나타낼 수 없는 것에는 ×표를 ( ) 안에 쓰시오.

1 (1) $\frac{6}{24}$ ( )

(2) $\frac{11}{40}$ ( )

(3) $\frac{4}{63}$ ( )

(4) $\frac{9}{75}$ ( )

2 (1) $\frac{5}{2^2\times3}$ ( )

(2) $\frac{18}{2^3\times3^2}$ ( )

(3) $\frac{16}{2^2\times5^2}$ ( )

(4) $\frac{15}{3^2\times5^2}$ ( )

내공 3 단계 | 기초 내공 다지기

계산 또는 기초 개념에 대한 유사 문제를 반복 연습할 수 있다.

다시 보는 핵심 문제 | 내공 5 단계

중단원의 핵심 문제들로 최종 실전 점검을 할 수 있다.

다시 보는 핵심 문제 1~2강

1. 수와 식의 계산

1 다음은 분수 $\frac{7}{40}$의 분모를 10의 거듭제곱의 꼴로 고쳐서 소수로 나타내는 과정이다. 이때 $A+BC$의 값을 구하시오.

$\frac{7}{40}=\frac{7}{2^3\times5}=\frac{7\times A}{2^3\times5\times A}=\frac{175}{B}=C$

2 다음 분수 중에서 유한소수로 나타낼 수 있는 것은 모두 몇 개인가?

$\frac{1}{4}$, $\frac{3}{8}$, $\frac{3}{15}$, $\frac{5}{18}$, $\frac{7}{20}$

① 1개 ② 2개 ③ 3개 ④ 4개 ⑤ 5개

5 다음 중 분수 $\frac{7}{2\times x}$을 소수로 나타내면 유한소수가 될 때, 자연수 x의 값이 될 수 없는 것은?

① 4 ② 5 ③ 6 ④ 7 ⑤ 8

6 다음 중 순환소수를 순환마디를 이용하여 나타낸 것으로 옳은 것은?

① $1.222\cdots=1.\dot{2}$
② $0.0555\cdots=0.0\dot{5}$
③ $0.01343434\cdots=0.0\dot{1}3\dot{4}$
④ $1.416416416\cdots=1.\dot{4}1\dot{6}$
⑤ $3.2051051051\cdots=3.\dot{2}05\dot{1}$

내공 쌓는 족집게 문제 | 내공 4 단계

최근 기출 문제를 난이도와 출제율로 구분하여 시험에 완벽하게 대비할 수 있다.

내공 쌓는 족집게 문제 1~2강

Step 1 반드시 나오는 문제

1 길이가 2 m인 철사를 사용하여 정다각형을 만들 때, 다음 중 그 한 변의 길이를 순환소수로 나타낼 수 없는 것은?

① 정육각형 ② 정칠각형 ③ 정팔각형 ④ 정구각형 ⑤ 정십이각형

5 x가 20 이하의 자연수일 때, 분수 $\frac{7}{5^2\times x}$을 유한소수로 나타낼 수 있도록 하는 자연수 x의 개수는?

① 4개 ② 5개 ③ 6개 ④ 8개 ⑤ 10개

Step 2 자주 나오는 문제

16 두 분수 $\frac{a}{88}$, $\frac{a}{120}$를 모두 유한소수로 나타낼 수 있도록 하는 두 자리의 자연수 a의 개수는?

① 1개 ② 2개 ③ 3개 ④ 4개 ⑤ 5개

20 순환소수 $0.41\dot{6}$에 어떤 자연수를 곱하면 유한소수로 나타낼 수 있다고 한다. 이때 곱할 수 있는 가장 작은 자연수를 구하시오.

Step 3 만점! 도전 문제

23 분수 $\frac{a}{280}$를 소수로 나타내면 유한소수가 되고, 기약분수로 나타내면 $\frac{11}{b}$이 된다. a가 두 자리의 자연수일 때, $a+b$의 값을 구하시오.

24 다음 조건을 모두 만족시키는 자연수 a의 값 중 가장 작은 수를 구하시오.

서술형 문제

27 분수 $\frac{11}{2^2\times x\times5}$을 유한소수로 나타낼 수 없을 때, 12 이하의 자연수 중 x의 값이 될 수 있는 수의 개수를 구하시오. (단, 풀이 과정을 자세히 쓰시오.)

풀이 과정

답

CONTENTS 차례

I 수와 식의 계산

II 부등식과 연립방정식

일차함수

다시 보는 핵심 문제

CONTENTS

01강 유리수와 순환소수 (1)

1 유한소수와 무한소수

(1) 유한소수: 소수점 아래에 0이 아닌 숫자가 유한 번 나타나는 소수

(2) 무한소수: 소수점 아래에 0이 아닌 숫자가 무한 번 나타나는 소수

참고 정수가 아닌 유리수는 모두 소수로 나타낼 수 있다.

$\frac{3}{5}=3\div5=0.6$ (유한소수), $\frac{4}{9}=4\div9=0.444\cdots$ (무한소수)

* 유한소수와 무한소수

(1) 0.3, -1.74, 2.456
➡ 유한소수

(2) $0.777\cdots$, $1.585858\cdots$, $-4.2513\cdots$
➡ 무한소수

* 유리수

a, b가 정수이고 $b\neq0$일 때, 분수 $\frac{a}{b}$로 나타낼 수 있는 수

예제 1 다음 분수를 소수로 나타내고, 유한소수와 무한소수로 구분하시오.

(1) $\frac{3}{4}$　　(2) $\frac{2}{7}$

(3) $-\frac{5}{11}$　　(4) $\frac{9}{20}$

2 유한소수로 나타낼 수 있는 분수

분수를 기약분수로 나타내고 그 분모를 소인수분해했을 때
(기약분수 → 분모와 분자가 서로소인, 즉 더 이상 약분되지 않는 분수)

(1) 분모의 소인수가 2 또는 5뿐이면 그 분수는 유한소수로 나타낼 수 있다.

(2) 분모에 2와 5 이외의 소인수가 있으면 그 분수는 유한소수로 나타낼 수 없다.

예 $\frac{9}{60}=\frac{3}{20}=\frac{3}{2^2\times5}=\frac{3\times5}{2^2\times5^2}=\frac{15}{100}=0.15$ ➡ 유한소수

$\frac{2}{30}=\frac{1}{15}=\frac{1}{3\times5}$ ➡ 유한소수로 나타낼 수 없다.

* 유한소수의 판별

❶ 분수를 약분하여 기약분수로 나타낸다.

❷ 분모를 소인수분해한다.

❸ 분모의 소인수가 2 또는 5뿐이면
➡ 유한소수
분모에 2와 5 이외의 소인수가 있으면
➡ 유한소수로 나타낼 수 없다.

참고 유한소수는 분모가 10의 거듭제곱의 꼴인 분수로 나타낼 수 있다.

$0.4=\frac{4}{10}$, $1.67=\frac{167}{100}=\frac{167}{10^2}$

예제 2 다음은 분수 $\frac{1}{4}$의 분모를 10의 거듭제곱의 꼴로 고쳐서 유한소수로 나타내는 과정이다. □ 안에 알맞은 수를 쓰시오.

$$\frac{1}{4}=\frac{1}{2^2}=\frac{1\times\text{㉠}}{2^2\times\text{㉡}}=\frac{25}{\text{㉢}}=\text{㉣}$$

예제 3 다음 분수 중 유한소수로 나타낼 수 있는 것을 모두 고르면? (정답 2개)

① $\frac{8}{3}$　② $\frac{3}{14}$　③ $\frac{2}{15}$　④ $\frac{11}{25}$　⑤ $\frac{42}{35}$

1 다음 분수 중 소수로 나타낼 때, 유한소수가 아닌 것을 모두 고르면? (정답 2개)

① $\frac{4}{5}$　② $\frac{1}{6}$　③ $\frac{11}{8}$　④ $\frac{7}{10}$　⑤ $\frac{2}{13}$

• 분수에서 (분자)÷(분모)를 계산하여 소수로 나타냈을 때,
① 소수점 아래에 0이 아닌 숫자가 유한 번 나타나면 ➡ 유한소수
② 소수점 아래에 0이 아닌 숫자가 무한 번 나타나면 ➡ 무한소수

2 다음 보기 중 옳은 것을 모두 고르시오.

• 보기 •
ㄱ. 1.73232⋯는 무한소수이다.
ㄴ. 원주율 π는 유한소수이다.
ㄷ. $\frac{5}{6}$를 소수로 나타내면 무한소수이다.
ㄹ. $\frac{3}{20}$을 소수로 나타내면 무한소수이다.

3 다음은 분수 $\frac{3}{8}$을 유한소수로 나타내는 과정이다. □ 안에 알맞은 수를 쓰시오.

$$\frac{3}{8}=\frac{3}{2^3}=\frac{3\times \boxed{㉠}}{2^3\times \boxed{㉡}}=\frac{\boxed{㉢}}{1000}=\boxed{㉣}$$

4 다음 분수 중 유한소수로 나타낼 수 있는 것을 모두 고르면? (정답 2개)

① $\frac{12}{2^3\times 7}$　② $\frac{6}{2^2\times 15}$　③ $\frac{9}{44}$
④ $\frac{21}{48}$　⑤ $\frac{14}{2^2\times 5\times 7^2}$

5 분수 $\frac{5}{84}\times a$를 유한소수로 나타낼 수 있도록 하는 자연수 a의 값 중 가장 작은 수는?

① 7　② 21　③ 35　④ 56　⑤ 84

• 기약분수의 분모에 소인수가 2 또는 5만 남도록 그 이외의 수의 배수를 곱한다.

기초를 좀 더 다지려면~! 10쪽 »

유리수와 순환소수 (2)

❶ 순환소수

(1) 순환소수: 소수점 아래의 어떤 자리에서부터 일정한 숫자의 배열이 한없이 되풀이되는 무한소수

참고 원주율 $\pi=3.141592653\cdots$, $0.1010010001\cdots$과 같이 순환하지 않는 무한소수도 있다.

(2) 순환마디: 순환소수의 소수점 아래의 일정한 숫자의 배열이 한없이 되풀이되는 한 부분

(3) 순환소수의 표현: 첫 번째 순환마디의 양 끝의 숫자 위에 점을 찍어서 나타낸다.

(4) 순환소수로 나타낼 수 있는 분수: 분모에 2와 5 이외의 소인수가 있는 기약분수는 순환소수로 나타낼 수 있다.

* 순환소수의 표현

순환마디는 소수점 아래에서 처음으로 되풀이되는 한 부분이다.

- $0.333\cdots=0.\dot{3}$ (3: 순환마디)
- $2.1454545\cdots=2.1\dot{4}\dot{5}$ (45: 순환마디)
- $3.271271271\cdots=3.\dot{2}7\dot{1}$ (271: 순환마디)

주의 $2.1454545\cdots$
➡ $2.\dot{1}4\dot{5}$(×), $2.1\dot{4}\dot{5}$ (○)
$3.271271271\cdots$
➡ $3.\dot{2}\dot{7}\dot{1}$(×), $3.\dot{2}7\dot{1}$ (○)

예제 1 다음 순환소수의 순환마디를 쓰고, 점을 찍어 간단히 나타내시오.

(1) $0.5444\cdots$　　　　(2) $2.132132\cdots$

❷ 순환소수를 분수로 나타내기

❶ 순환소수를 x로 놓는다.

❷ 양변에 10, 100, 1000, …을 곱하여 소수 부분이 같은 두 식을 만든다.

❸ ❷의 두 식을 변끼리 빼어 x의 값을 구한다.

참고 순환소수를 분수로 나타내는 방법을 공식화할 수 있다.

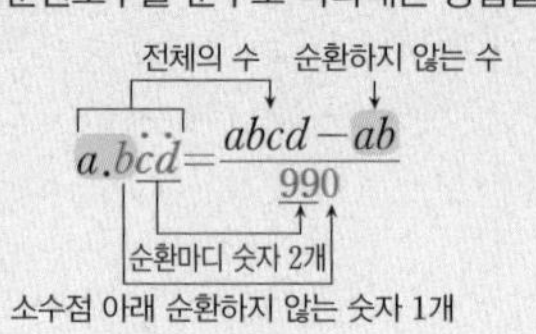

* 순환소수를 분수로 나타내는 방법

❶ $0.2\dot{3}$을 x라 하면
$x=0.2333\cdots$

❷ $100x=23.333\cdots$
$-)\ 10x=2.333\cdots$

❸ $90x=23-2$

$\therefore x=\frac{21}{90}=\frac{7}{30}$

즉, $0.2\dot{3}=\frac{7}{30}$

예제 2 다음 순환소수를 분수로 나타내시오.

(1) $0.\dot{4}\dot{5}$　　　　(2) $1.2\dot{7}$

❸ 유리수와 소수의 관계

(1) 유한소수와 순환소수는 모두 유리수이다.

(2) 정수가 아닌 유리수는 유한소수 또는 순환소수로 나타낼 수 있다.

* 유리수와 소수의 관계

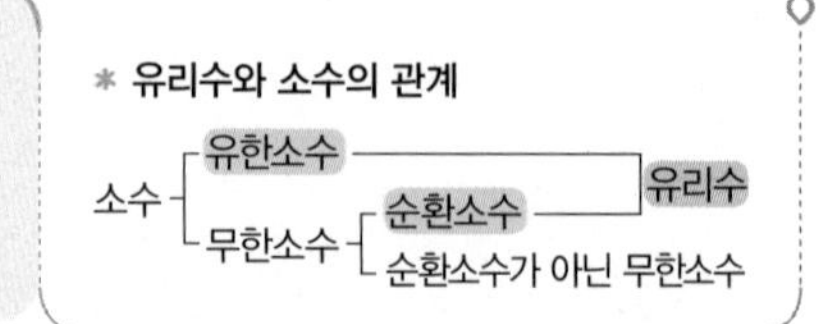

예제 3 다음 중 옳은 것에는 ○표, 옳지 않은 것에는 ×표를 하시오.

(1) 모든 유한소수는 유리수이다. (　　)

(2) 모든 무한소수는 순환소수이다. (　　)

(3) 모든 순환소수는 분수로 나타낼 수 있다. (　　)

1 다음 중 순환소수 $2.384384\cdots$를 순환마디를 이용하여 나타낸 것으로 옳은 것은?

① $2.3\dot{8}$　② $\dot{2}.3\dot{8}$　③ $2.\dot{3}8\dot{4}$　④ $2.\dot{3}\dot{8}\dot{4}$　⑤ $\dot{2}.38\dot{4}$

- 순환마디의 숫자가
  - 1개 또는 2개이면
    ➡ 그 숫자 위에 점을 찍는다.
  - 3개 이상이면
    ➡ 양 끝의 숫자 위에 점을 찍는다.

2 순환소수 $0.\dot{5}1\dot{6}$에서 소수점 아래 20번째 자리의 숫자를 구하시오.

3 다음 중 $x=1.\dot{3}\dot{5}$를 분수로 나타내려고 할 때, 가장 편리한 식은?

① $10x-x$　② $100x-x$　③ $100x-10x$
④ $1000x-x$　⑤ $1000x-100x$

4 다음 중 순환소수를 분수로 나타낸 것으로 옳은 것은?

① $0.\dot{3}\dot{4}=\frac{34}{9}$　② $0.4\dot{7}=\frac{43}{90}$　③ $2.\dot{3}=\frac{23}{90}$
④ $1.\dot{1}2\dot{7}=\frac{1127}{909}$　⑤ $3.1\dot{2}\dot{8}=\frac{3128}{99}$

- 순환소수를 분수로 나타내기
  - $0.\dot{a}=\frac{a}{9}$
  - $0.\dot{a}b\dot{c}=\frac{abc}{999}$
  - $a.\dot{b}c\dot{d}=\frac{abcd-a}{999}$
  - $a.b\dot{c}\dot{d}=\frac{abcd-ab}{990}$

5 기약분수 $\frac{x}{30}$를 소수로 나타내면 $0.5666\cdots$일 때, 자연수 x의 값은?

① 11　② 13　③ 17　④ 23　⑤ 29

6 다음 중 옳지 <u>않은</u> 것은?

① 모든 순환소수는 유리수이다.
② 무한소수 중에는 유리수가 아닌 것도 있다.
③ 모든 유한소수는 분수로 나타낼 수 있다.
④ 순환소수가 아닌 무한소수도 있다.
⑤ 정수가 아닌 유리수는 모두 유한소수로 나타낼 수 있다.

- 유리수와 소수의 관계

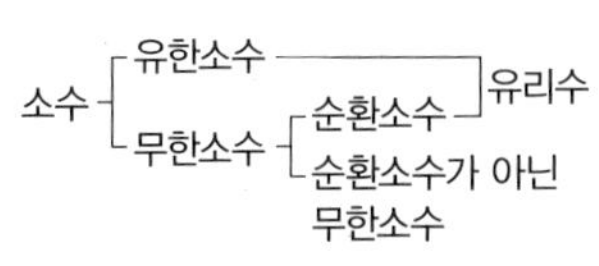

기초를 좀 더 다지려면~! 11쪽 »

기초 내공 다지기

01강 유리수와 순환소수 (1)

[1~2] 다음 분수를 소수로 나타낼 때, 유한소수로 나타낼 수 있는 것에는 ○표, 유한소수로 나타낼 수 없는 것에는 ×표를 (　) 안에 쓰시오.

1 (1) $\frac{6}{24}$ (　　)

(2) $\frac{11}{40}$ (　　)

(3) $\frac{4}{63}$ (　　)

(4) $\frac{9}{75}$ (　　)

(5) $\frac{7}{90}$ (　　)

(6) $\frac{42}{176}$ (　　)

(7) $\frac{56}{280}$ (　　)

(8) $\frac{22}{308}$ (　　)

2 (1) $\frac{5}{2^2\times3}$ (　　)

(2) $\frac{18}{2^3\times3^2}$ (　　)

(3) $\frac{16}{2^3\times5^2}$ (　　)

(4) $\frac{15}{3^2\times5^3}$ (　　)

(5) $\frac{9}{2\times3^2\times5}$ (　　)

(6) $\frac{14}{2^2\times5\times7^2}$ (　　)

(7) $\frac{11}{3\times5^2\times7^2}$ (　　)

(8) $\frac{21}{2\times3^2\times5\times7}$ (　　)

02강 유리수와 순환소수 (2) - 순환소수를 분수로 나타내기

3 다음 순환소수를 10의 거듭제곱을 이용하여 기약분수로 나타내시오.

(1) $0.\dot{5}$

(2) $0.1\dot{3}$

(3) $0.\dot{2}\dot{4}$

(4) $0.\dot{3}7\dot{8}$

(5) $1.\dot{6}$

(6) $1.8\dot{3}$

(7) $3.\dot{7}4\dot{1}$

(8) $2.1\dot{5}\dot{7}$

4 다음 순환소수를 공식을 이용하여 기약분수로 나타내시오.

(1) $0.\dot{0}\dot{5}$

(2) $0.0\dot{7}$

(3) $0.\dot{3}\dot{6}$

(4) $0.4\dot{8}$

(5) $0.2\dot{7}\dot{5}$

(6) $2.\dot{0}\dot{1}$

(7) $2.4\dot{2}\dot{7}$

(8) $2.63\dot{8}$

내공 쌓는

족집게 문제

Step 1 반드시 나오는 문제

1 길이가 $2\,\mathrm{m}$인 철사를 사용하여 정다각형을 만들 때, 다음 중 그 한 변의 길이를 순환소수로 나타낼 수 없는 것은?

① 정육각형 ② 정칠각형 ③ 정팔각형
④ 정구각형 ⑤ 정십이각형

2 다음은 분수 $\frac{3}{250}$을 유한소수로 나타내는 과정이다. 이때 a, b, c의 값을 차례로 나열한 것은?

$$\frac{3}{250}=\frac{3}{2\times5^3}=\frac{3\times a}{2\times5^3\times b}=c$$

① 2, 2, 0.012 ② 2^2, 2^2, 0.012
③ 2^2, 2^2, 0.024 ④ 5, 5, 0.012
⑤ 5^2, 5^2, 0.024

아차! 돌다리 문제

3 다음 분수 중 유한소수로 나타낼 수 있는 것을 모두 고르면? (정답 2개)

① $\frac{15}{2\times5^2\times7}$ ② $\frac{21}{2^2\times7}$ ③ $\frac{7}{2\times3^2}$
④ $\frac{3^2}{2^4\times3\times5}$ ⑤ $\frac{4}{5\times11}$

중요 **4** $\frac{25}{120}\times A$를 소수로 나타내면 유한소수가 될 때, A의 값이 될 수 있는 가장 작은 자연수는?

① 2 ② 3 ③ 5
④ 7 ⑤ 11

5 x가 20 이하의 자연수일 때, 분수 $\frac{7}{5^2\times x}$을 유한소수로 나타낼 수 있도록 하는 자연수 x의 개수는?

① 4개 ② 5개 ③ 6개
④ 8개 ⑤ 10개

6 다음 중 분수 $\frac{4}{15}$를 순환소수로 나타낸 것으로 옳은 것은?

① $0.2\dot{5}$ ② $0.2\dot{6}$ ③ $0.\dot{2}\dot{5}$
④ $0.\dot{2}\dot{6}$ ⑤ $0.\dot{2}5\dot{6}$

7 야구에서 타율은 $\frac{(\text{안타 수})}{(\text{타수})}$로 나타낸다. 18타수 5안타를 기록한 야구 선수의 타율을 소수로 나타내면 순환소수가 될 때, 순환마디를 구하시오.

8 두 분수 $\frac{4}{11}$와 $\frac{7}{18}$을 소수로 나타내면 순환마디를 이루는 숫자의 개수가 각각 x개, y개인 순환소수로 나타내어진다. 이때 $x+y$의 값을 구하시오.

전국 중학교의 기출문제와 새로운 교육과정의 문제를 종합, 분석하여 핵심 문제만을 모았습니다.

중요 9 분수 $\frac{6}{11}$을 소수로 나타낼 때, 소수점 아래 101번째 자리의 숫자는?

① 2　② 3　③ 4　④ 5　⑤ 6

10 다음 분수 중 소수로 나타내었을 때, 순환소수가 되는 것은?

① $\frac{3}{8}$　② $\frac{13}{40}$　③ $\frac{11}{42}$　④ $\frac{14}{56}$　⑤ $\frac{33}{120}$

중요 11 다음은 순환소수 $0.1\dot{4}\dot{2}$를 분수로 나타내는 과정이다. □ 안에 알맞은 수로 옳지 않은 것은?

> $0.1\dot{4}\dot{2}$를 x라 하면
> $x=0.1424242\cdots$ 　…㉠
> ㉠의 양변에 [①]을 곱하면
> [①] $x=1.424242\cdots$ 　…㉡
> ㉠의 양변에 [②]을 곱하면
> [②] $x=142.424242\cdots$ 　…㉢
> 따라서 ㉢에서 ㉡을 변끼리 빼면
> [③] $x=$ [④]
> $\therefore x=$ [⑤]

① 10　② 1000　③ 990　④ 142　⑤ $\frac{47}{330}$

12 다음 중 순환소수를 분수로 나타낸 것으로 옳은 것은?

① $0.\dot{4}=\frac{2}{5}$　② $0.6\dot{7}=\frac{67}{90}$　③ $1.\dot{8}\dot{9}=\frac{188}{99}$　④ $0.\dot{2}\dot{6}=\frac{8}{33}$　⑤ $0.\dot{3}4\dot{5}=\frac{115}{303}$

13 기약분수 $\frac{x}{15}$를 소수로 나타내면 $0.4666\cdots$일 때, 자연수 x의 값은?

① 4　② 5　③ 6　④ 7　⑤ 8

14 $0.\dot{7}8\dot{9}=$ □ $\times 789$에서 □ 안에 알맞은 순환소수는?

① $0.\dot{0}0\dot{9}$　② $0.\dot{0}0\dot{1}$　③ $0.\dot{0}\dot{1}$　④ $0.00\dot{1}$　⑤ $0.\dot{1}$

중요 15 순환소수 $1.231231231\cdots$에 관한 다음 설명 중 옳은 것을 모두 고르면? (정답 2개)

① 순환마디는 231이다.
② $1.\dot{2}\dot{3}\dot{1}$로 표현할 수 있다.
③ 분수로 나타내면 $\frac{41}{33}$이다.
④ 순환소수이므로 유리수이다.
⑤ 기약분수로 나타내면 분모의 소인수가 2 또는 5뿐이다.

Step 2 자주 나오는 문제

16 두 분수 $\frac{a}{88}$, $\frac{a}{120}$를 모두 유한소수로 나타낼 수 있도록 하는 두 자리의 자연수 a의 개수는?

① 1개 ② 2개 ③ 3개
④ 4개 ⑤ 5개

17 두 분수 $\frac{1}{7}$과 $\frac{3}{5}$ 사이의 분모가 35인 분수 중에서 유한소수로 나타낼 수 있는 분수의 개수는?

① 1개 ② 2개 ③ 3개
④ 4개 ⑤ 5개

18 $x=0.\dot{8}\dot{3}$일 때, $1000x-ax$의 값은 자연수이다. 이때 가장 작은 자연수 a의 값을 구하시오.

19 두 순환소수 $0.\dot{5}$, $1.\dot{6}$을 분수로 나타내었을 때, 그 역수를 각각 a, b라고 하자. 이때 $\frac{a}{b}$의 값은?

① $\frac{1}{3}$ ② $\frac{25}{27}$ ③ $\frac{80}{81}$
④ $\frac{27}{25}$ ⑤ 3

20 순환소수 $0.41\dot{6}$에 어떤 자연수를 곱하면 유한소수로 나타낼 수 있다고 한다. 이때 곱할 수 있는 가장 작은 자연수를 구하시오.

21 다음 중 $\frac{a}{b}$(a, b는 정수, $b\neq0$)의 꼴로 나타낼 수 있는 것은 모두 몇 개인가?

-0.13, $\frac{5}{11}$, -42, 0, $6.105105105\cdots$
$\frac{26}{111}$, $-0.\dot{7}$, 5, π, $0.121231234\cdots$

① 2개 ② 6개 ③ 8개
④ 9개 ⑤ 10개

중요 **22** 다음 중 보기에서 옳은 것을 모두 고른 것은?

보기
ㄱ. 모든 유한소수는 유리수이다.
ㄴ. 정수가 아닌 유리수는 순환소수로 나타낼 수 없다.
ㄷ. 모든 순환소수는 무한소수이다.
ㄹ. 모든 무한소수는 순환소수이다.
ㅁ. 기약분수의 분모의 소인수가 2 또는 5뿐이면 유한소수로 나타낼 수 있다.

① ㄴ, ㄹ ② ㄱ, ㄴ, ㄹ
③ ㄱ, ㄷ, ㅁ ④ ㄱ, ㄷ, ㄹ
⑤ ㄴ, ㄷ, ㄹ, ㅁ

Step3 만점! 도전 문제

23 분수 $\frac{a}{280}$를 소수로 나타내면 유한소수가 되고, 기약분수로 나타내면 $\frac{11}{b}$이 된다. a가 두 자리의 자연수일 때, $a+b$의 값을 구하시오.

24 다음 조건을 모두 만족시키는 자연수 a의 값 중 가장 작은 수를 구하시오.

• 조건 •
(가) 분수 $\frac{a}{2\times3\times5^2}$를 소수로 나타내면 유한소수가 된다.
(나) a는 7의 배수이고, 세 자리의 자연수이다.

25 다음은 각 음계에 숫자를 대응시켜 나타낸 것이다.

이를 이용하여 $\frac{8}{33}=0.\dot{2}\dot{4}$는  와 같이 나타내어 '미솔'의 음을 반복하여 연주한다고 할 때, 다음 중 분수 $\frac{7}{11}$을 나타내는 것은?

①  ②  ③  ④ 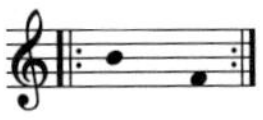 ⑤

26 $x=0.9\dot{4}$일 때, $1-\frac{1}{x+1}$의 값을 구하시오.

서술형 문제

27 분수 $\frac{11}{2^3\times x\times5}$을 유한소수로 나타낼 수 없을 때, 12 이하의 자연수 중 x의 값이 될 수 있는 수의 개수를 구하시오. (단, 풀이 과정을 자세히 쓰시오.)

풀이 과정

답

28 분수 $\frac{3}{40}$을 $\frac{a}{10^n}$의 꼴로 나타낼 때, 두 자연수 a, n에 대하여 $a+n$의 최솟값을 구하시오.
(단, 풀이 과정을 자세히 쓰시오.)

풀이 과정

답

지수법칙

❶ 지수법칙 (1)

m, n이 자연수일 때,

(1) 지수의 합: $a^m \times a^n = a^{m+n}$ (2) 지수의 곱: $(a^m)^n = a^{mn}$

* 지수법칙 (1)
[1] $a^2 \times a^3 = a^{2+3} = a^5$
[2] $(a^2)^3 = a^{2\times3} = a^6$

* 거듭제곱
$\underbrace{a\times a\times\cdots\times a}_{n개} = a^n$ ← 지수, a ← 밑

예제 1 다음 식을 간단히 하시오.

(1) $a^3 \times a^5$ (2) $x^4 \times x^2 \times x$

(3) $a^5 \times b^2 \times a^2$ (4) $y \times x^3 \times y^2 \times x^3$

예제 2 다음 식을 간단히 하시오.

(1) $(a^3)^2 \times a^3$ (2) $x^2 \times y^3 \times (x^2)^2 \times (y^2)^4$

❷ 지수법칙 (2)

(1) 지수의 차: $a\neq0$이고 m, n이 자연수일 때,

$$a^m \div a^n = \begin{cases} a^{m-n} & (m>n) \\ 1 & (m=n) \\ \dfrac{1}{a^{n-m}} & (m<n) \end{cases}$$

(2) 지수의 분배: m이 자연수일 때,

$$(ab)^m = a^m b^m,\quad \left(\frac{a}{b}\right)^m = \frac{a^m}{b^m}\ (b\neq0)$$

* 지수법칙 (2)
[1] $a^3 \div a^2 = a^{3-2} = a$
$a^3 \div a^3 = 1$
$a^2 \div a^3 = \dfrac{1}{a^{3-2}} = \dfrac{1}{a}$
[2] $(ab)^3 = a^3b^3$
$\left(\dfrac{a}{b}\right)^3 = \dfrac{a^3}{b^3}$

예제 3 다음 식을 간단히 하시오.

(1) $x^9 \div x^3$ (2) $a^4 \div a^4$

(3) $y^2 \div y^3$ (4) $a^5 \div a^3 \div a^4$

예제 4 다음 식을 간단히 하시오.

(1) $(a^2b^3)^4$ (2) $\left(\dfrac{x^2}{y^3}\right)^2$

(3) $(x^2y^3)^2 \times (x^2y)^3$ (4) $(a^2b)^3 \times \dfrac{1}{(a^4b^2)^2}$

핵심 유형 익히기

정답과 해설 4쪽

1 다음 중 옳은 것은?

① $a^2 \times a^5 = a^{10}$　② $a^3 \times b^4 = a^7$　③ $x \times x^5 = x^5$
④ $y^2 + y^2 + y^2 = y^6$　⑤ $3^4 \times 3^2 = 3^6$

2 $a^2 \times (a^{\square})^3 = a^{17}$일 때, □ 안에 알맞은 수를 구하시오.

3 다음 중 옳지 않은 것은?

① $a \times a \times a = a^3$　② $a^6 \div a^2 = a^4$　③ $a^3 \div a^3 = 1$
④ $(a^4)^2 = a^8$　⑤ $\left(\frac{b^2}{a}\right)^3 = \frac{b^5}{a^3}$

4 다음 □ 안에 알맞은 수의 합은?

$$2^2 \times 2^{\square} = 64, \quad x^6 \div x^{\square} \div x^3 = x$$

① 5　② 6　③ 7　④ 8　⑤ 9

5 $(a^m b^2)^3 = a^{12} b^n$일 때, $m+n$의 값을 구하시오. (단, m, n은 자연수)

6 $\left(\frac{a^{\square} b^5}{a^7 b^{\square}}\right)^2 = \frac{b^4}{a^8}$일 때, □ 안에 공통으로 들어갈 알맞은 수를 구하시오.

● m, n이 자연수일 때,
- $a^m \times a^n = a^{m+n}$
- $(a^m)^n = a^{mn}$

● $a \neq 0$이고 m, n이 자연수일 때,
- $a^m \div a^n = \begin{cases} a^{m-n} & (m>n) \\ 1 & (m=n) \\ \frac{1}{a^{n-m}} & (m<n) \end{cases}$
- l이 자연수일 때,
  $(a^l b^n)^m = a^{lm} b^{nm}$
  $\left(\frac{a^l}{b^n}\right)^m = \frac{a^{lm}}{b^{nm}}$ (단, $b \neq 0$)

기초를 좀 더 다지려면~! 20쪽 »

04강 단항식의 계산

❶ 단항식의 곱셈

(1) 계수는 계수끼리, 문자는 문자끼리 곱하여 계산한다.

❶ 괄호 풀기 ➡ ❷ 부호 결정 ➡ ❸ 계수끼리의 곱 ➡ ❹ 문자끼리의 곱

(2) 같은 문자끼리의 곱은 지수법칙을 이용하여 간단히 한다.

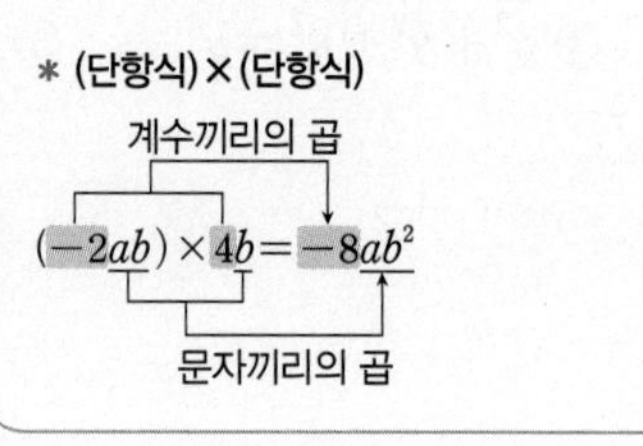

예제 1 다음 식을 간단히 하시오.

(1) $(-5a)\times(-2b)$ (2) $8x^4\times(-x)^3$

(3) $(-x)\times 6x^2y\times(-4y)$ (4) $(2a^2b^3)^2\times(-3a^2b)$

❷ 단항식의 나눗셈

[방법 1] 분수 꼴로 고친 후 계산한다.

➡ $A\div B=\dfrac{A}{B}$

[방법 2] 역수를 이용하여 나눗셈을 곱셈으로 고쳐서 계산한다.

(역수: 곱해서 1이 되게 하는 수나 식)

➡ $A\div B=A\times\dfrac{1}{B}=\dfrac{A}{B}$

참고 나누는 식의 계수가 분수인 경우에는 역수를 곱하여 계산하는 [방법 2]가 편리하다.

* (단항식)÷(단항식)

$2x^2y\div\dfrac{4}{3}y=2x^2y\times\dfrac{3}{4y}=\dfrac{3}{2}x^2$

계수가 분수이므로 역수를 곱한다.

$\dfrac{4}{3}y$ ⇄ 역수 ⇄ $\dfrac{3}{4y}$

예제 2 다음 식을 간단히 하시오.

(1) $12ab^3\div 4b$ (2) $(-3a^2b^3)^2\div(-a^2b)$

(3) $\dfrac{3}{8}a^4b^3\div\dfrac{9}{16}ab^2$ (4) $\dfrac{5}{2}x^3y^4\div 5xy^2\div\dfrac{1}{2}x^2y$

❸ 단항식의 곱셈과 나눗셈의 혼합 계산

❶ 괄호가 있는 거듭제곱은 지수법칙을 이용하여 괄호를 먼저 푼다.

❷ 나눗셈은 분수 꼴 또는 곱셈으로 고친다.

❸ 계수는 계수끼리, 문자는 문자끼리 계산한다.

참고 곱셈과 나눗셈이 섞여 있는 식은 앞에서부터 순서대로 계산한다.

* 단항식의 곱셈과 나눗셈의 혼합 계산

$(-2x^3y)^2\div 4xy\times 3xy^3$

$=4x^6y^2\div 4xy\times 3xy^3$ ❶

$=4x^6y^2\times\dfrac{1}{4xy}\times 3xy^3$ ❷

$=\left(4\times\dfrac{1}{4}\times 3\right)\times\left(x^6y^2\times\dfrac{1}{xy}\times xy^3\right)$ ❸

$=3x^6y^4$

예제 3 다음 식을 간단히 하시오.

(1) $12x^2y\times(-x)\div(-2xy)$ (2) $6x^3y^4\div 3x^4y\times(-2x^2y)^2$

1 다음 중 옳은 것은?

① $3a^2\times(-2a^2)=-6a^2$　② $(ab)^3\times\left(\frac{a}{b}\right)^2=a^6b$

③ $(3x^2y)^2\times(-xy)^3=-3x^7y^5$　④ $4x^3y^2\div(2xy)^2=\frac{1}{x}$

⑤ $(-3x)^2\div\left(-\frac{3}{2}x\right)=-6x$

- (단항식)÷(단항식)에서
  - 단항식의 계수가 정수일 때
    ➡ $A\div B=\frac{A}{B}$
  - 단항식의 계수에 분수가 있을 때
    ➡ $A\div B=A\times\frac{1}{B}=\frac{A}{B}$

2 $(-2x^3y)^3\div\frac{4x^5}{y}\div\left(\frac{y^2}{x}\right)^2$을 간단히 하시오.

3 $(xy^2)^2\times\frac{x^2y}{6}\div\left(-\frac{1}{3}xy\right)^2$을 간단히 하시오.

4 $(-18x^5y^4)\div9x^4y^3\times5xy^C=Ax^By^3$에서 $A+B+C$의 값을 구하시오.
(단, A, B, C는 상수)

5 다음 □ 안에 알맞은 식을 구하시오.

(1) $24x^3y^2\div12xy\times\square=6x^5y$

(2) $(-8a^2b)\times ab^2\div\square=2a^2b$

- $A\div B\times\square=C$
  ➡ $\square=C\times\frac{1}{A}\times B$
- $A\times B\div\square=C$
  ➡ $\square=A\times B\times\frac{1}{C}$

6 오른쪽 그림과 같이 가로의 길이가 $2a^2b$, 넓이가 $6a^4b^6$인 직사각형이 있다. 이 직사각형의 세로의 길이는?

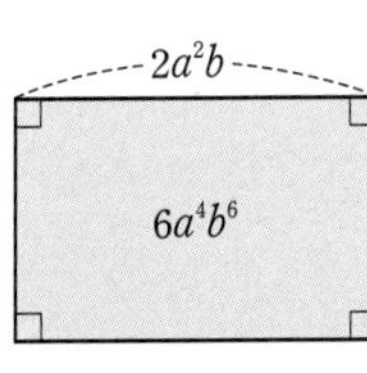

① a^2b^3　② $3a^2b^5$　③ $4a^2b^5$
④ $3a^3b^5$　⑤ $4a^6b^7$

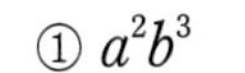

기초를 좀 더 다지려면~! 21쪽 »

내공 다지기

03강 지수법칙

[1~3] 다음 식을 간단히 하시오.

1 (1) $2^2\times 2^4$

(2) $a\times a^4\times a^5$

(3) $x^3\times y^2\times x\times y^4$

(4) $(3^4)^5$

(5) $(b^2)^2\times(b^4)^5$

(6) $(x^2)^3\times(y^2)^4\times x^3$

2 (1) $a^7\div a^5$

(2) $a\div a^4$

(3) $(a^4)^3\div(a^2)^4$

(4) $x^7\div x^5\div x^3$

(5) $(x^4)^3\div x\div(x^2)^5$

(6) $x^2\div x^5\times x^{10}$

3 (1) $(-2a^2)^3$

(2) $(a^2b^3)^5$

(3) $\left(\frac{3}{a}\right)^2$

(4) $(5x^2y^3)^2$

(5) $\left(\frac{y}{x^2}\right)^3$

(6) $\left(-\frac{b^5}{a^2}\right)^4$

4 다음 □ 안에 알맞은 수를 구하시오.

(1) $x^{\square}\times x^2=x^6$

(2) $(x^2)^{\square}=x^{10}$

(3) $a^2\div a^{\square}=\frac{1}{a^5}$

(4) $(a^{\square}b^3)^2=a^{12}b^{\square}$

(5) $\left(\frac{y}{x^{\square}}\right)^3=\frac{y^3}{x^9}$

(6) $\left(\frac{a^3b^{\square}}{a^{\square}b^3}\right)^3=\frac{b^9}{a^{12}}$

04강 단항식의 계산

[5~7] 다음 식을 간단히 하시오.

5 (1) $(-2x)\times(-5y)$

(2) $4x^2y^3\times(-2xy^4)$

(3) $(xy)^2\times(x^2y^3)^3$

(4) $(-ab^2)^4\times 5ab^2$

(5) $(-a)\times 3a^2b\times(-2b^3)$

(6) $3ab^2\times(-2ab^2)^3\times(-a^3b^2)^2$

6 (1) $6x^4\div 3x^2$

(2) $(-15ab)\div 3a$

(3) $9a^2b^3\div 3ab^5$

(4) $(-x^2y)^3\div(-2xy)^2$

(5) $\frac{3}{4}xy\div\left(-\frac{3}{8}xy^2\right)$

(6) $\left(-\frac{3}{2}a^4b^2\right)^2\div\frac{3}{4}ab^4\div 3a^4b$

7 (1) $2ab^2\times 3ab\div 9ab^3$

(2) $2x^2y^3\times(x^2y)^2\div x^4y$

(3) $5xy\times(2x^2y^2)^2\div 10x^3y$

(4) $(2a^2x^3)^3\div\frac{2}{3}ax^2\times(-x)$

(5) $(3a^3)^2\times(-2a^2b)^3\div(3a^2b)^2$

8 다음 □ 안에 알맞은 수를 구하시오.

(1) $(-3a)^2\times\frac{5}{3}a\div\square=-3a^2$

(2) $10x^2y^3\div 30y^2\times\square=\frac{x^4y^4}{12}$

(3) $(-6x^3y)\times\square\div 12xy=2x^4y^3$

(4) $3x^2y\div\square\times 4xy^2=y^2$

족집게 문제

Step 1 반드시 나오는 문제

아차! 돌다리 문제

1 다음 중 옳은 것은?

① $(a^3)^5=a^8$　② $b^3\div b^3=0$
③ $a^6\times a^3=a^9$　④ $(3x^2)^3=3x^6$
⑤ $3x^2+x^2=x^4$

2 다음 중 계산 결과가 나머지 넷과 다른 하나는?

① $a^5\times a$　② $(a^3)^2$
③ $(a^2)^4\div a^2$　④ $(ab)^3\times\left(\frac{a}{b}\right)^3$
⑤ $a^{12}\div a^2$

3 다음 중 옳은 것은?

① $2^3\times 2^3=2^9$
② $2^4+2^4=2^8$
③ $(2^5)^5=2^{10}$
④ $(-2)^2\times(-2)^5=(-2)^7$
⑤ $\left(\frac{2}{3^2}\right)^3=\frac{2^3}{3^2}$

중요 **4** 다음 보기에서 옳은 것을 모두 고른 것은?

보기
ㄱ. $(a^2)^2\times a^3=a^7$
ㄴ. $a^3\div a^6=a^3$
ㄷ. $\{(-2)^3\}^2=-2^6$
ㄹ. $\left(\frac{x^2}{y}\right)^4=\frac{x^8}{y^4}$ (단, $y\neq0$)
ㅁ. $(2a^2b^3)^3=6a^6b^9$

① ㄱ, ㄴ　② ㄱ, ㄹ　③ ㄷ, ㅁ
④ ㄱ, ㄷ, ㄹ　⑤ ㄷ, ㄹ, ㅁ

5 $(x^4)^a\times x^3=x^{15}$일 때, 자연수 a의 값은?

① 3　② 4　③ 5
④ 6　⑤ 7

6 $x^5\div(x^2)^a=x$일 때, 자연수 a의 값을 구하시오.

중요 **7** $2^{12}\div 2^4\div\square=1$일 때, □ 안에 알맞은 수는?

① 2^4　② 2^6　③ 2^8
④ 2^{10}　⑤ 2^{12}

전국 중학교의 기출문제와 새로운 교육과정의 문제를
종합, 분석하여 핵심 문제만을 모았습니다.

8 $24^3=2^x\times3^y$을 만족하는 자연수 x, y에 대하여 $x+y$의 값은?

① 10 ② 12 ③ 14
④ 16 ⑤ 18

중요 **9** $3^{x+2}=\square\times3^x$일 때, □ 안에 알맞은 수는?

① 5 ② 6 ③ 7
④ 9 ⑤ 27

아차! 돌다리 문제

10 $\dfrac{3^2+3^2+3^2}{5^3+5^3+5^3}$을 지수법칙을 이용하여 계산하시오.

11 $(2x^a)^b=32x^{15}$일 때, $a+b$의 값은? (단, a, b는 자연수)

① 3 ② 4 ③ 7
④ 8 ⑤ 12

12 $\left(\dfrac{ab^y}{a^xb^7}\right)^2=\dfrac{b^{12}}{a^6}$일 때, $x+y$의 값은? (단, x, y는 자연수)

① 13 ② 14 ③ 15
④ 16 ⑤ 17

중요 **13** 다음 중 옳은 것은?

① $\left(\dfrac{xy^2}{x^3}\right)^3=\dfrac{y^5}{x^6}$
② $\left(\dfrac{x^4}{xy^2}\right)^3=\dfrac{x^9}{y^5}$
③ $(a^3b)^2\times\left(\dfrac{a}{b^2}\right)^3=\dfrac{a^{12}}{b^6}$
④ $(a^3b^2)^3\div(a^2b)^5=\dfrac{b}{a}$
⑤ $(xy^2)^3\times(x^3y^4)^2=x^8y^{11}$

14 $(-8x^3y)\div\left(\dfrac{2}{3}xy^2\right)^2$을 간단히 하면?

① $-\dfrac{18x}{y^3}$ ② $-\dfrac{9x^2}{y^3}$ ③ $-27x^2y^3$
④ $-18x^5y^5$ ⑤ $-9x^2y^2$

중요 **15** 오른쪽 그림과 같이 밑면의 가로의 길이가 $3ab^4$, 세로의 길이가 $4ab^2$인 직육면체 모양의 물통에 담겨 있는 물의 부피가 $24a^6b^7$일 때, 수면의 높이를 구하시오. (단, 물통의 두께는 무시한다.)

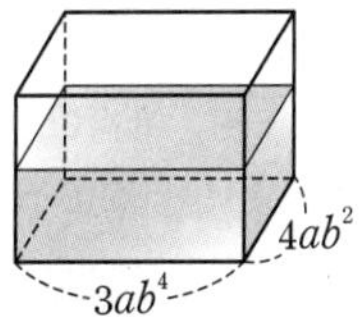

$4ab^2$
$3ab^4$

16 $12x^2y^2 \div (-2x)^2 \times (-3y^2)$을 간단히 하면?

① $27y^4$ ② $-9y^4$ ③ -1
④ 1 ⑤ $\dfrac{2x}{y^2}$

Step2 자주 나오는 문제

17 자연수 a, b, c, d가 다음을 만족할 때, $a+b+c+d$의 값을 구하시오.

$$1\times2\times3\times4\times5\times6\times7\times8\times9\times10=2^a\times3^b\times5^c\times7^d$$

18 $x+y=3$이고 $a=2^{3x}$, $b=2^{3y}$일 때, ab의 값은?

① 2^3 ② 2^6 ③ 2^9
④ 2^{12} ⑤ 2^{18}

19 전자파는 1초 동안 진동하는 횟수인 주파수에 따라 저주파, 적외선, 가시광선, 감마선, X선 등으로 분류된다. 감마선의 주파수가 10^{21} Hz, 적외선의 주파수가 10^{12} Hz일 때, 감마선의 주파수는 적외선의 주파수의 몇 배인지 구하시오.

20 $8^{a+2}=2^{15}$일 때, 자연수 a의 값은?

① 3 ② 4 ③ 5
④ 6 ⑤ 7

21 $(-6xy^a)^2 \div \left(\dfrac{2y}{x^b}\right)^3 \div \dfrac{1}{4}x^3y = cx^5y^2$일 때, $a+b+c$의 값은? (단, a, b, c는 자연수)

① 20 ② 21 ③ 22
④ 23 ⑤ 24

22 다음 □ 안에 알맞은 식은?

$$(-8a^3b^2)\times 3ab^3 \div \square = 3a^2b^2$$

① $8a^2b^3$ ② $8ab^3$ ③ $-8a^2b^3$
④ $-8a^3b^2$ ⑤ $-8a^2b^4$

23 $a=-2$일 때, $(-2a^2)^2 \div 6a^3 \times (-3a)$의 값은?

① 12 ② 8 ③ 4
④ -8 ⑤ -12

» 93쪽 다시 보는 핵심 문제로 자신의 실력을 확인하세요!

Step 3 만점! 도전 문제

중요 24 $4^9\times5^{17}$은 n자리의 자연수이다. 이때 n의 값은?

① 14 ② 15 ③ 16
④ 17 ⑤ 18

25 $3^{10}=A$일 때, 27^{10}을 A를 사용하여 나타내면 A^x이다. 이때 자연수 x의 값은?

① 1 ② 2 ③ 3
④ 4 ⑤ 5

26 $a^{24}b^{42}c^{72}=(a^lb^mc^n)^x$으로 나타낼 때, x의 값이 될 수 있는 1보다 큰 자연수의 합을 구하시오.

(단, l, m, n은 자연수)

27 다음 그림과 같이 넓이가 $243\ \text{cm}^2$인 직사각형 모양의 종이를 3등분하여 그중 한 조각을 잘라 내고, 남은 종이를 다시 3등분하여 그중 한 조각을 잘라 낸다. 이와 같은 과정을 반복할 때, 남은 종이의 넓이가 $32\ \text{cm}^2$가 되려면 종이를 몇 번 잘라 내야 하는지 구하시오.

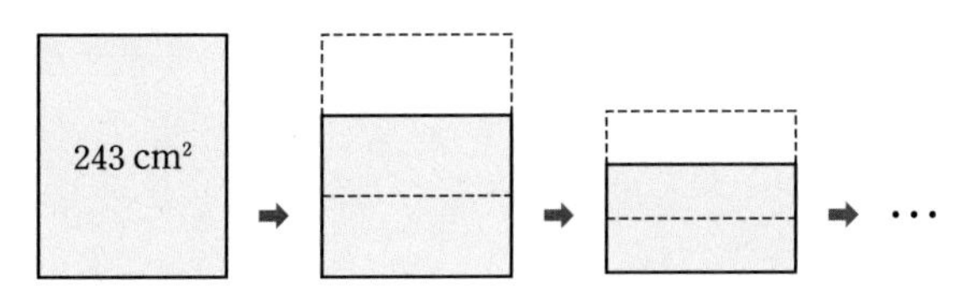

서술형 문제

28 $\left(\frac{3^a}{5^2}\right)^4=\frac{3^{20}}{5^8}$, $\left(\frac{2^3}{7^b}\right)^6=\frac{2^c}{7^{12}}$을 만족하는 세 자연수 a, b, c에 대하여 $a-b+c$의 값을 구하시오.

(단, 풀이 과정을 자세히 쓰시오.)

풀이 과정

답

29 오른쪽 그림과 같은 직사각형 ABCD에서 $\overline{AD}$와 $\overline{CD}$를 각각 축으로 하여 1회전시킬 때 생기는 두 회전체의 부피를 각각 V_1, V_2라 하자. 이때 $\frac{V_2}{V_1}$의 값을 구하시오.

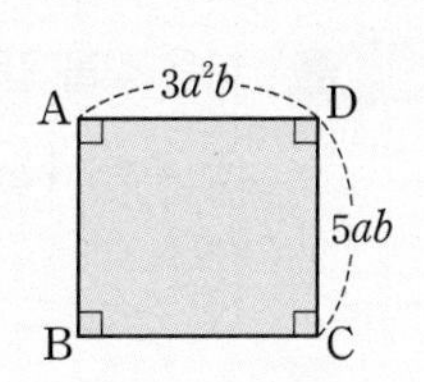

(단, 풀이 과정을 자세히 쓰시오.)

풀이 과정

답

05강 다항식의 계산 (1)

① 다항식의 덧셈과 뺄셈

(1) 다항식의 덧셈: 괄호를 풀고 동류항(→ 문자와 차수가 같은 항)끼리 모아서 계산한다.

(2) 다항식의 뺄셈: 빼는 식의 각 항의 부호를 바꾸어 더한다.

(3) 여러 가지 괄호가 있는 다항식의 덧셈과 뺄셈

➡ (소괄호) → {중괄호} → [대괄호]의 순서대로 풀어서 계산한다.

주의 괄호를 풀 때

$+(A-B)=A-B$ ➡ 괄호 안의 각 항의 부호가 그대로

$-(A-B)=-A+B$ ➡ 괄호 안의 각 항의 부호가 반대로

* 다항식의 덧셈과 뺄셈

$(6x-4y)-(-5x+y)$ ↓ 부호 주의! — 괄호를 풀고

$=6x-4y+5x-y$ — 동류항끼리 모아서 계산한다.

$=6x+5x-4y-y$

$=11x-5y$

부호 주의!!

-(-) -(+)

↓ ↓

\+ \-

예제 1 다음 식을 간단히 하시오.

(1) $(2x+y)+(x-2y)$ (2) $(2x+y)-(x-2y)$

(3) $(3a+b-2)-(-a+b-4)$ (4) $\dfrac{a+b}{2}+\dfrac{2a-b}{3}$

예제 2 다음 식을 간단히 하시오.

(1) $4x+\{3y-(x-2y)\}$ (2) $a-2b-\{4a-(2a-3b)\}$

② 이차식의 덧셈과 뺄셈

(1) 이차식: 다항식의 각 항의 차수 중에서 가장 큰 차수가 2인 다항식

예 다항식 $3x^2-x+4$는 차수가 가장 큰 항 $3x^2$의 차수가 2이므로 이차식이다.

(2) 이차식의 덧셈과 뺄셈: 괄호를 풀고 동류항끼리 모아서 계산한다.

* 이차식의 덧셈과 뺄셈

$(x^2-2x+3)+(2x^2-5)$ — 괄호를 풀고

$=x^2-2x+3+2x^2-5$ — 동류항끼리 모아서 계산한 후 정리한다.

$=x^2+2x^2-2x+3-5$

$=3x^2-2x-2$

예제 3 다음 중 x에 대한 이차식인 것은?

① $x+5y+3$ ② $3x^2+2x$ ③ $-x+2$

④ $2xy-4$ ⑤ x^3+5x-x^2+1

예제 4 다음 식을 간단히 하시오.

(1) $(3x^2-5x+1)+(x^2+3x-2)$

(2) $(x^2+2x-4)-(6x^2-x-3)$

정답과 해설 7쪽

1 다음 식을 간단히 하시오.

(1) $(x+2y-1)+(-2x+3y-4)$　　(2) $(5a-2b+1)-(3a-b+6)$

2 $\frac{x-3y}{3}-\frac{2x+y}{4}$를 간단히 하면?

① $10x-9y$　② $-2x-9y$　③ $\frac{-2x-15y}{12}$
④ $\frac{-2x-9y}{12}$　⑤ $\frac{10x-9y}{12}$

• 다항식의 계수가 분수일 때
➡ 분수를 분모의 최소공배수로 통분하여 계산한다.

3 다음 식을 간단히 하시오.

(1) $2x-\{3x-y-(8x-3y)\}$　　(2) $5a-[2b+\{3a-(a-b)\}]$

4 다음 중 x에 대한 이차식인 것은?

① $(2x^2-3x)-2x^2$　② $5x-3y+5$　③ $2x^2-3x+5$
④ $5x+2$　⑤ $2y+6$

5 $(x^2-4x-3)-(-2x^2+x-5)=Ax^2+Bx+C$일 때, $A+B+C$의 값은? (단, A, B, C는 상수)

① -4　② -2　③ 0　④ 2　⑤ 4

• 이차식의 덧셈과 뺄셈
➡ 동류항끼리 모아서 계산한다.
$(\quad)x^2+(\quad)x+(\quad)$

6 어떤 식에서 $-2x^2+3x+1$을 빼야 할 것을 잘못하여 더했더니 $3x^2-x+5$가 되었다. 바르게 계산한 식을 구하면?

① $3x^2-7x+3$　② $5x^2-4x-4$　③ $5x^2+4x-4$
④ $7x^2-7x+3$　⑤ $7x^2+7x-3$

기초를 좀 더 다지려면~! 30쪽 »

06강 다항식의 계산 (2)

① 단항식과 다항식의 곱셈

(1) 단항식과 다항식의 곱셈

분배법칙을 이용하여 단항식을 다항식의 각 항에 곱한다.

→ $m(a+b)=ma+mb$, $(a+b)m=am+bm$

(2) 전개: 단항식과 다항식의 곱을 하나의 다항식으로 나타내는 것

참고 전개하여 얻은 다항식을 전개식이라 한다.

* (단항식)×(다항식)

$3a(a-2b)=3a\times a-3a\times 2b$
$=3a^2-6ab$

전개

예제 1 다음 식을 전개하시오.

(1) $3a(2a-4b)$　　(2) $-2x(x-3y+5)$

(3) $(6a-b)\times 3ab$　　(4) $(2x^2-x+1)\times(-4x)$

예제 2 다음 식을 간단히 하시오.

(1) $a(3a-2b)+2(a^2+4b)$　　(2) $5x(x-1)-3x(x+2)$

② 다항식과 단항식의 나눗셈

[방법 1] 분수 꼴로 고친 후 분자의 각 항을 분모로 나눈다.

$$\Rightarrow (A+B)\div C=\frac{A+B}{C}=\frac{A}{C}+\frac{B}{C}$$

[방법 2] 다항식의 각 항에 단항식의 역수를 곱하여 계산한다.

$$\Rightarrow (A+B)\div C=(A+B)\times\frac{1}{C}=A\times\frac{1}{C}+B\times\frac{1}{C}=\frac{A}{C}+\frac{B}{C}$$

(역수로 / 나눗셈을 곱셈으로)

* (다항식)÷(단항식)

[방법 1] $(4a^2+2a)\div 2a$
$=\frac{4a^2+2a}{2a}=\frac{4a^2}{2a}+\frac{2a}{2a}$
$=2a+1$

[방법 2] $(x^2-3x)\div\frac{1}{2}x$
$=(x^2-3x)\times\frac{2}{x}$
$=x^2\times\frac{2}{x}-3x\times\frac{2}{x}$
$=2x-6$

예제 3 다음 식을 간단히 하시오.

(1) $(4a^2-6ab)\div 2a$　　(2) $(15x^2y-3xy^3)\div(-3xy)$

(3) $(3y^2-12xy)\div\frac{1}{3}y$　　(4) $(8x^3-4x^2+6x)\div 2x$

③ 덧셈, 뺄셈, 곱셈, 나눗셈이 혼합된 식의 계산

❶ 지수법칙을 이용하여 거듭제곱을 먼저 계산한다.

❷ 분배법칙을 이용하여 곱셈과 나눗셈을 한다.

❸ 동류항끼리 덧셈, 뺄셈을 한다.

참고 괄호는 (소괄호) → {중괄호} → [대괄호]의 순서대로 푼다.

* 거듭제곱 → ×, ÷ 계산 → +, − 계산

예제 4 다음 식을 간단히 하시오.

(1) $x(2x-3)-(2x^3y-4x^2y)\div 2xy$

(2) $(8x^3y+6xy^2)\div 2x+3y(-4x^2+3x)$

핵심 유형 익히기

정답과 해설 8쪽

1 다음 식을 간단히 하시오.

(1) $-2x(x-3)+4x^2$

(2) $5a(a+b)-(a-2b+3)\times(-2a)$

• $A(B+C)=AB+AC$

$(A+B)C=AC+BC$

2 $2x(2x+4y-1)+(-3x+4y-2)\times(-2y)$를 전개하여 간단히 하였을 때, xy의 계수는?

① -14 ② -2 ③ 0 ④ 2 ⑤ 14

3 $(x^2y-xy^2)\div(-xy)$를 간단히 하시오.

4 다음 (가)~(라)에 알맞은 식을 구하시오.

$$(a^3+a)\div\left(-\frac{1}{3}a\right)=(a^3+a)\times(\boxed{(가)})$$
$$=\boxed{(나)}\times\left(-\frac{3}{a}\right)+a\times(\boxed{(다)})$$
$$=\boxed{(라)}$$

5 $(4xy-3y^2)\times2x+(12x^2y^2-9xy^3)\div(-3y)$를 간단히 하면?

① $4x^2y-3xy^2$ ② $12x^2y-9xy^2$ ③ $12x^2y-6xy^2$
④ $21x^2y^2$ ⑤ $12x^2y-3xy^2$

• 덧셈, 뺄셈, 곱셈, 나눗셈의 혼합 계산을 할 때, 반드시 ×, ÷ 계산을 +, − 계산보다 먼저 한다.

6 $a=2$, $b=-3$일 때, $\dfrac{6a^2-4ab}{2a}+\dfrac{3ab-6b^2}{3b}$의 값은?

① -4 ② 4 ③ 8 ④ 16 ⑤ 20

• 주어진 식을 간단히 정리한 후 문자에 수를 대입한다.

기초를 좀 더 다지려면~! 31쪽 »

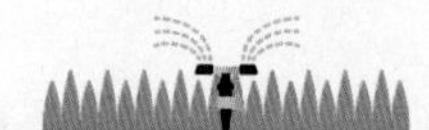

내공 다지기

05강 다항식의 계산 (1)

[1~3] 다음 식을 간단히 하시오.

1 (1) $(4x+3y)+(5x-2y)$

(2) $(-2x+5y)-(4x-6y)$

(3) $3(a-b)+(-2a+9b)$

(4) $4(-a+3b)-2(3a-5b)$

(5) $(x+7y-1)+(4x-8y+5)$

(6) $2(3x+y-4)-3(x-2y+1)$

2 (1) $\left(\frac{1}{2}x-\frac{1}{3}y\right)-\left(\frac{3}{4}x+\frac{2}{3}y\right)$

(2) $\frac{1}{2}(a-3b)+\frac{1}{5}(-2a+b)$

(3) $\frac{x-2y}{3}+\frac{3x-y}{4}$

(4) $\frac{3a-b}{2}-\frac{a-5b}{3}$

3 (1) $x-\{4y-(6x+y)\}$

(2) $2a+b-\{7a+3(-2b+a)\}$

(3) $3x-[y-\{2x-(y+4x)\}]$

(4) $b-[3a+\{a-4b-2(a+b)\}]$

4 다음 식을 간단히 하시오.

(1) $(x^2-5x+1)+(4x^2+7x-2)$

(2) $(6a^2-3a-2)-(a^2+5a-4)$

(3) $2(3x^2-2x+5)+3(-x^2+4x-1)$

(4) $5(2a^2+a-3)-2(4a^2-5a+6)$

06강 다항식의 계산 (2)

5 다음 식을 간단히 하시오.

(1) $2x(8x+y)$

(2) $(3x+4y)\times(-2x)$

(3) $-4x(3x+2y+1)$

(4) $(-x-2y+5)\times(-3x)$

(5) $\frac{1}{3}a(9a-6b-12)$

(6) $(8a+4b-10)\times\left(-\frac{a}{2}\right)$

(7) $x(2x-3y)+2x(x-4y)$

(8) $2x(-x+5y)-3x(2x-y)$

6 다음 식을 간단히 하시오.

(1) $(8x^2-6x)\div 2x$

(2) $(9a^2b-12ab^2)\div(-3ab)$

(3) $(x^2y-6x)\div\frac{1}{3}x$

(4) $(4x^2y-2xy)\div\frac{2}{3}xy$

(5) $\frac{12a^2b+8ab-4ab^2}{2ab}$

(6) $\frac{x^3y^2-3x^2y^2+2xy}{-xy}$

7 다음 식을 간단히 하시오.

(1) $3a(a-2b)+(-2a^2b+6ab^2)\div 2b$

(2) $(3a^3+4a^2b^2)\div\left(-\frac{1}{3}a\right)+4a(5b^2-a)$

1·2 3·4 5·6 7·8·9 10·11 12 13 14·15 16·17·18

내공 쌓는 족집게 문제

Step1 반드시 나오는 문제

1 $-3(5a-4b+1)-2(-6a+5b-2)$를 간단히 하면?

① $-27a+22b+7$ ② $-3a-2b-7$
③ $-3a+2b+1$ ④ $3a+2b-1$
⑤ $27a+22b+7$

2 $3a-2b-\square=7a-9b$일 때, □ 안에 알맞은 식은?

① $-4a+7b$ ② $-4a+11b$
③ $4a-7b$ ④ $4a-11b$
⑤ $10a-11b$

3 $x+2y-\frac{x-3y}{4}=ax+by$일 때, $a+b$의 값은? (단, a, b는 상수)

① 1 ② 3 ③ $\frac{7}{2}$
④ $\frac{15}{4}$ ⑤ 7

중요 **4** $2x-[3y+\{x-(y+2)\}]=Ax+By+C$일 때, $A+B+C$의 값은? (단, A, B, C는 상수)

① -1 ② 0 ③ 1
④ 2 ⑤ 3

아차! 돌다리 문제

5 다음 중 x에 대한 이차식인 것은?

① $2x+2$
② $3x-2y+2$
③ $x^2+2x+1-x(x+1)$
④ x^2-3x
⑤ $4x^2+2x(x^2+1)$

6 $(x^2-3x+4)-(-2x^2+5x-1)$을 간단히 하였을 때, x^2의 계수와 상수항의 곱은?

① -5 ② 3 ③ 7
④ 9 ⑤ 15

7 다음 식에 대한 설명으로 옳지 않은 것은?

$$\underbrace{(x^2+2x+1)}_{㉮}+\underbrace{(2x^2-3x+4)}_{㉯}$$

① ㉮와 ㉯는 모두 x에 대한 이차식이다.
② ㉯의 일차항의 계수는 3이다.
③ x^2과 $2x^2$, $2x$와 $-3x$, 1과 4는 각각 동류항이다.
④ 간단히 하면 $3x^2-x+5$이다.
⑤ 간단히 하였을 때, 이차항과 일차항의 계수의 합은 2이다.

8 다음 □ 안에 알맞은 식을 구하시오.

$$(-2x^2+3x-1)+\square=3x^2-4x-5$$

9 다음 중 옳지 않은 것은?

① $(3x-y)+(2x+5y)=5x+4y$
② $-3\left(2a-\frac{5}{3}b\right)=-6a+5b$
③ $(x^2-4x)\div(-x)=-x+4$
④ $2x(x-3)-3(x^2-x)=-x^2+3x$
⑤ $5x-3(2x+4)=-x-12$

10 $\frac{x}{2}(3x-6)-\frac{x}{4}(8-10x)$를 간단히 하시오.

11 $(12x^2y^2+15x^2y-9xy^2)\div(-3xy)$를 간단히 하면?

① $-4xy-5x+3y$　② $-4xy-5x-3y$
③ $4x^2y+5x-3y$　④ $4x^2y^2+5x^2y+3xy^2$
⑤ $4x^2y^2+5x^2y-3xy^2$

12 다음 식을 간단히 하시오.

$$(9x^2y+6xy^2-12y^2)\div\frac{3}{2}y$$

중요 **13** $\frac{6x^2-8x}{2x}-\frac{3x^2+12x}{3x}$를 간단히 하면?

① $2x-8$　② $2x$　③ $4x-8$
④ $4x$　⑤ $2x^2-8x$

14 $\square\times\left(-\frac{2}{3}x\right)=8x^3-\frac{5}{6}x$일 때, □ 안에 알맞은 식을 구하시오.

중요 **15** $x=-2$, $y=5$일 때, 다음 식의 값은?

$$2x(2y-3)+(15x^2y-9x^2)\div(-3x)$$

① -12　② -4　③ 4
④ 12　⑤ 16

16 오른쪽 그림과 같이 가로, 세로의 길이가 각각 $5a+2b$, $4a$인 직사각형에서 가로, 세로의 길이가 각각 $3a+b$, $2a$인 직사각형을 제외한 부분의 넓이를 구하시오.

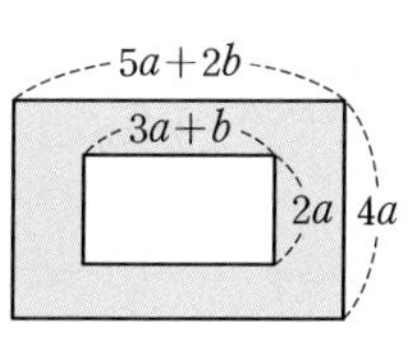

Step 2 자주 나오는 문제

17 $\frac{3x+y}{2}-\frac{\square}{6}=\frac{4x+5y}{6}$일 때, □ 안에 알맞은 식은?

① $5x-2y$ ② $5x-y$
③ $5x+y$ ④ $5x+2y+2$
⑤ $x-4y$

18 $x-[5x-3y-\{4x+2y-(y-\square)\}]$를 간단히 하였더니 $x+2y$이었다. 이때 □ 안에 알맞은 식은?

① $x+2y$ ② $x+4y$ ③ $x-y$
④ $x-2y$ ⑤ $-x+2y$

19 $-x(2x-6)+(x-2)\times(-3x)$를 간단히 한 식에서 x^2의 계수를 a, x의 계수를 b라 할 때, $a+b$의 값은?

① 3 ② 5 ③ 7
④ 9 ⑤ 10

20 $\frac{3x^2-12x}{x-a}=bx$일 때, $a-b$의 값은?

(단, $x\neq a$, b는 상수)

① -8 ② -5 ③ 1
④ 5 ⑤ 8

21 다음 식을 간단히 하면?

$$(12a^2b-2ab+6b)\div(-2b)+(3a^2b-6ab)\div\frac{1}{3}b$$

① $-5a^2-a-3$ ② $-5a^2$
③ $3a^2-17a-3$ ④ $3a^2-20a+3$
⑤ $9a^2-15a-3$

22 어떤 다항식에 $\frac{1}{8}ab$를 곱하였더니 $a^2b-\frac{1}{2}ab^2+\frac{3}{4}ab$가 되었다. 어떤 다항식을 구하시오.

23 $x=2$, $y=-1$일 때, 다음 식의 값은?

$$\frac{-8x^2y^4+9x^5y}{x^2y}-\frac{6xy^5-4x^4y^2}{2xy^2}$$

① 88 ② 99 ③ 101
④ 111 ⑤ 121

24 오른쪽 그림과 같은 전개도를 이용하여 직육면체를 만들었을 때, 평행한 두 면에 있는 두 다항식의 합이 모두 같다고 한다. 이때 A에 알맞은 식을 구하시오.

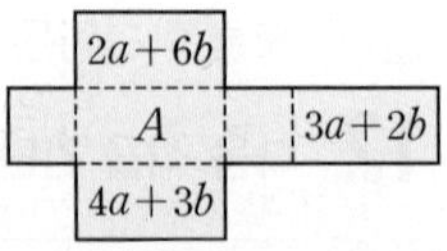

	$2a+6b$		
	A		$3a+2b$
	$4a+3b$		

Step3 만점! 도전 문제

25 다음 그림에서 주어진 연산 기호에 따라 □ 안의 식을 계산하여 빈칸을 채울 때, A에 알맞은 식을 구하시오.

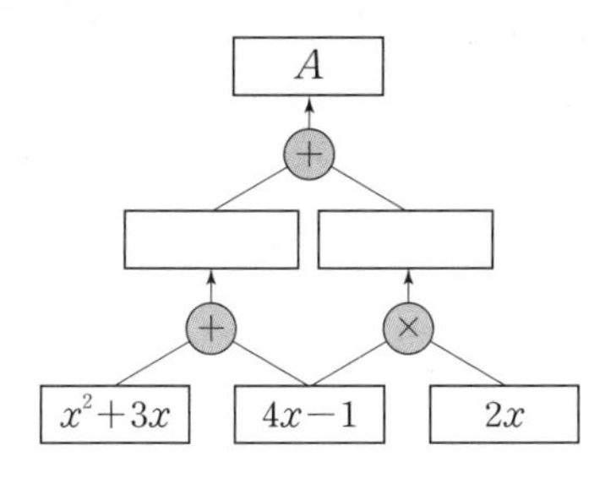

26 $(-3x^a)^b=9x^6$을 만족하는 두 자연수 a, b에 대하여 다음 식의 값을 구하시오.

$$(6a^2-12ab)\div(-3a)$$

27 오른쪽 그림과 같이 가로의 길이가 $6a$, 세로의 길이가 $4b$인 직사각형이 있다. 이때 색칠한 부분의 넓이는?

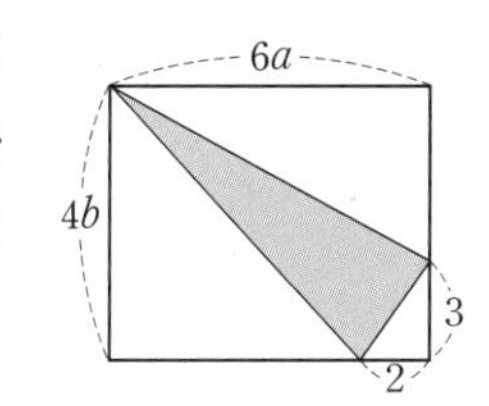

① $3a-b-1$ ② $3a+b-3$
③ $6a+3b-1$ ④ $9a-4b+3$
⑤ $9a+4b-3$

28 오른쪽 그림은 부피가 $12a^2+18ab$인 큰 직육면체 위에 부피가 $6a^2-10ab$인 작은 직육면체를 올려놓은 것이다. 이 입체도형의 전체 높이 h를 구하시오.

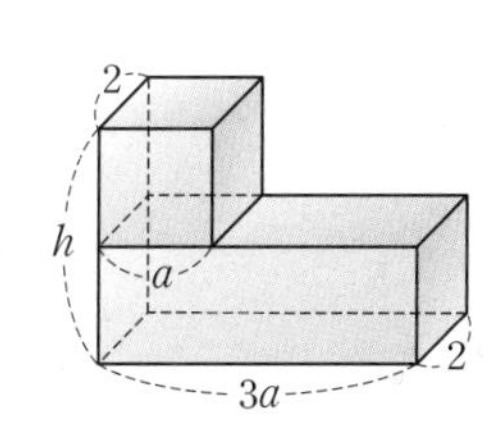

서술형 문제

중요 **29** x^2+2x+5에 어떤 식을 더해야 할 것을 잘못하여 빼었더니 $2x^2+x-2$가 되었다. 이때 바르게 계산한 식을 구하시오. (단, 풀이 과정을 자세히 쓰시오.)

풀이 과정

답

30 $8x\left(\frac{1}{2}x-2\right)+(2x-5)\times(-3x)$를 간단히 한 식에서 x^2의 계수를 a, x의 계수를 b, 상수항을 c라 할 때, $a+b+c$의 값을 구하시오.

(단, 풀이 과정을 자세히 쓰시오.)

풀이 과정

답

부등식의 해와 그 성질

① 부등식

부등호 >, <, ≥, ≤를 사용하여 수 또는 식 사이의 대소 관계를 나타낸 식

예 x는 2보다 크다. ➡ $x>2$

x는 3보다 작거나 같다. ➡ $x\le 3$

$2x-3\ge 1$ (좌변: $2x-3$, 우변: 1, 양변)

* 부등식의 표현
- $a>b$: a는 b보다 크다. a는 b 초과이다.
- $a<b$: a는 b보다 작다. a는 b 미만이다.
- $a\ge b$: a는 b보다 크거나 같다.(작지 않다.) a는 b 이상이다.
- $a\le b$: a는 b보다 작거나 같다.(크지 않다.) a는 b 이하이다.

예제 1 다음 문장을 부등식으로 나타내시오.

(1) a의 2배에 3을 더한 값은 4보다 작지 않다.

(2) 몸무게가 50 kg인 엄마가 x kg인 아기를 안고 몸무게를 측정하였더니 60 kg보다 작았다.

② 부등식의 해

미지수가 사용된 부등식에서

(1) 부등식의 해: 부등식을 참이 되게 하는 미지수의 값

예 부등식 $x+1<4$에서

$x=2$일 때, $2+1<4$ (참) ➡ 2는 부등식의 해이다.

$x=4$일 때, $4+1>4$ (거짓) ➡ 4는 부등식의 해가 아니다.

(2) 부등식을 푼다: 부등식의 해를 모두 구하는 것

* 부등식의 해 구하기

x의 값이 -1 이상 2 이하의 정수일 때, 부등식 $x+2<3$에서

$x=-1$일 때, $-1+2<3$(참)

$x=0$일 때, $0+2<3$(참)

$x=1$일 때, $1+2=3$(거짓)

$x=2$일 때, $2+2>3$(거짓)

따라서 부등식 $x+2<3$의 해는 -1, 0이다.

예제 2 x의 값이 0, 1, 2, 3일 때, 다음 부등식을 푸시오.

(1) $2x-1<4$　　(2) $-5+3x>-2x+1$

③ 부등식의 성질

→ 방정식의 성질과 같으나 음수를 곱하거나 나눌 때, 부등호의 방향에 유의한다.

(1) 부등식의 양변에 같은 수를 더하거나 양변에서 같은 수를 빼어도 부등호의 방향은 바뀌지 않는다.

(2) 부등식의 양변에 같은 양수를 곱하거나 양변을 같은 양수로 나누어도 부등호의 방향은 바뀌지 않는다.

(3) 부등식의 양변에 같은 음수를 곱하거나 양변을 같은 음수로 나누면 부등호의 방향이 바뀐다.

* 부등식의 성질

$a>b$일 때

[1] $a+c>b+c$, $a-c>b-c$

[2] $c>0$이면 $ac>bc$, $\frac{a}{c}>\frac{b}{c}$

[3] $c<0$이면 $ac<bc$, $\frac{a}{c}<\frac{b}{c}$

음수를 곱하거나 나누면 부등호의 방향이 바뀐다.

참고 부등식의 성질은 부등호 <를 ≤로, >를 ≥로 바꾸어도 성립한다.

예제 3 $a<b$일 때, 다음 □ 안에 알맞은 부등호를 쓰시오.

(1) $2a-3$ □ $2b-3$　　(2) $-a+5$ □ $-b+5$

(3) $\frac{a}{3}+1$ □ $\frac{b}{3}+1$　　(4) $-\frac{a}{5}-3$ □ $-\frac{b}{5}-3$

핵심 유형 익히기

1 다음 중 부등식이 아닌 것을 모두 고르면? (정답 2개)

① $x+1\geq 5$　② $x-2=2-x$　③ $3-4<0$
④ $2x-(x+3)$　⑤ $5a<-2a+3$

2 다음 중 주어진 문장을 부등식으로 바르게 나타낸 것은?

① x의 2배는 10 이상이다. ➡ $2x>10$
② x는 -2 초과 5 이하이다. ➡ $-2<x\leq 5$
③ x에 3을 더한 값은 x의 3배보다 작다. ➡ $x+3>3x$
④ 7에서 x를 뺀 값은 x의 2배보다 크지 않다. ➡ $7-x<2x$
⑤ 한 권에 400원 하는 공책 x권의 값이 3000원 미만이다. ➡ $400x>3000$

• 문장을 적당히 끊어서 수 또는 식 사이의 대소 관계를 부등호 $>$, $<$, $\geq$, $\leq$를 사용하여 나타낸다.

3 다음 중 [ ] 안의 수가 주어진 부등식의 해인 것은?

① $x+2<6$ [5]　② $3x-2\geq 1$ [1]　③ $-2x\geq -6$ [4]
④ $2-x\leq \frac{1}{2}$ [0]　⑤ $-x+5>x$ [3]

• $x=a$를 주어진 부등식에 대입하였을 때, 부등식이 성립하면
➡ a는 주어진 부등식의 해이다.

4 x의 값이 -2 이상 2 이하의 정수일 때, 다음 중 부등식 $2x+3\leq x+2$를 참이 되게 하는 x의 값을 모두 고르면? (정답 2개)

① -2　② -1　③ 0　④ 1　⑤ 2

5 $a<b$일 때, 다음 중 □ 안에 들어갈 부등호의 방향이 나머지 넷과 다른 하나는?

① $5a+2$ □ $5b+2$　② $4a-3$ □ $4b-3$　③ $3-2a$ □ $3-2b$
④ $\frac{a}{4}-1$ □ $\frac{b}{4}-1$　⑤ $\frac{3}{2}a$ □ $\frac{3}{2}b$

6 $-2<a<1$이고 $A=3-2a$일 때, A의 값의 범위는?

① $-7<A<1$　② $-7<A<-1$　③ $-1<A<7$
④ $-1\leq A\leq 7$　⑤ $1<A<7$

기초를 좀 더 다지려면~! 40쪽 »

08강 일차부등식의 풀이

❶ 일차부등식

부등식의 모든 항을 좌변으로 이항하여 정리한 식이

(일차식)>0, (일차식)<0, (일차식)≥ 0, (일차식)≤ 0

중에서 어느 하나의 꼴로 나타나는 부등식을 일차부등식이라 한다.

* 이항

등식 또는 부등식에서 한 변에 있는 항을 부호를 바꾸어 다른 변으로 옮기는 것

$2x-5<3 \Rightarrow 2x<3+5$

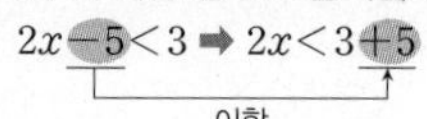

예제 1 다음 중 일차부등식인 것은?

① $x+3=0$ ② $x+4>-8$ ③ $x(x+2)<0$
④ $x<x-5$ ⑤ $3x=x-4$

❷ 일차부등식의 풀이

❶ x항은 좌변으로, 상수항은 우변으로 이항한다.

❷ 양변을 정리하여 $ax>b$, $ax<b$, $ax\geq b$, $ax\leq b(a\neq 0)$ 중 하나의 꼴로 나타낸다.

❸ 양변을 x의 계수 a로 나눈다. 이때 a가 음수이면 부등호의 방향이 바뀐다.

참고 x의 값에 대하여 특별한 말이 없을 때는 x의 값의 범위를 수 전체로 생각하여 부등식을 푼다.

* 부등식의 해를 수직선 위에 나타내기

[1] $x>a$ [2] $x<a$

[3] $x\geq a$ [4] $x\leq a$

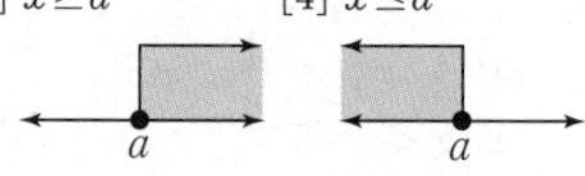

참고 해가 $x<a$(또는 $x>a$)일 때
➡ 수직선에서 ○로 표시
해가 $x\geq a$(또는 $x\leq a$)일 때
➡ 수직선에서 ●로 표시

예제 2 다음 일차부등식을 풀고, 그 해를 수직선 위에 나타내시오.

(1) $x-2>3$ (2) $-3x\geq 9$

예제 3 다음 일차부등식을 푸시오.

(1) $-3x<x+12$ (2) $-x-6\leq 6-5x$

❸ 복잡한 일차부등식의 풀이

(1) 괄호가 있을 때: 분배법칙을 이용하여 괄호를 풀고 간단히 정리한다. ($a(b+c)=ab+ac$, $(a+b)c=ac+bc$)

(2) 계수가 소수일 때: 양변에 10, 100, 1000, ⋯을 곱하여 계수를 정수로 고친다.

(3) 계수가 분수일 때: 양변에 분모의 최소공배수를 곱하여 계수를 정수로 고친다.

* 계수가 소수 또는 분수인 일차부등식의 풀이

[1] $0.3x-1<0.2$의 양변에 10을 곱하면
➡ $3x-10<2$

[2] $\frac{x}{3}+\frac{1}{2}\geq\frac{5}{6}$의 양변에 6을 곱하면
➡ $2x+3\geq 5$

예제 4 다음 일차부등식을 푸시오.

(1) $0.5x+2.1\geq 0.4x-0.9$ (2) $\frac{2}{3}x-1<x+3$

정답과 해설 12쪽

1 다음 중 일차부등식인 것은?

① $3(x-1)<3x$　② $-2x+1\geq-3x$　③ $2x(x-1)>x^2$
④ $3x+1=0$　⑤ $2x-1<2x+1$

● 일차부등식을 찾을 때는 모든 항을 좌변으로 이항하여 정리한 다음, 좌변이 일차식인지 확인한다.

2 다음 중 일차부등식 $-5x<-10$의 해를 수직선 위에 나타낸 것으로 옳은 것은?

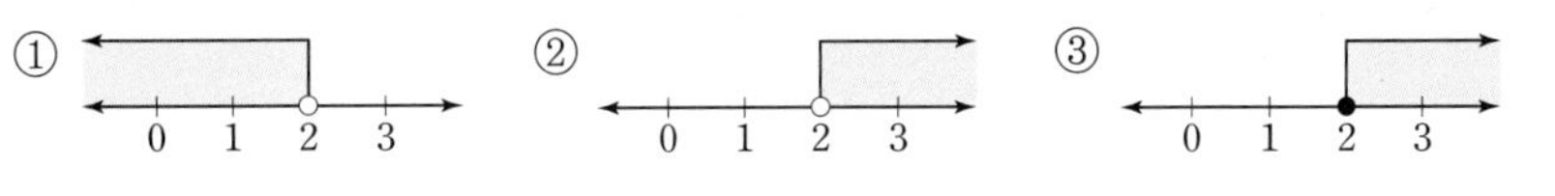

① 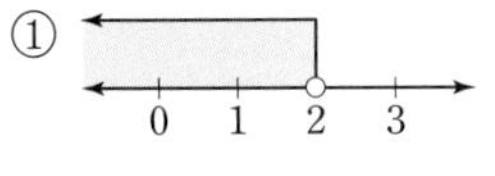

② 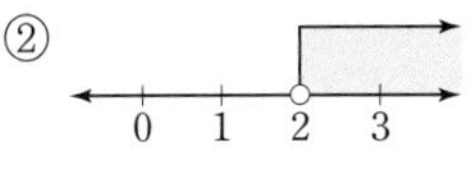

③

④ 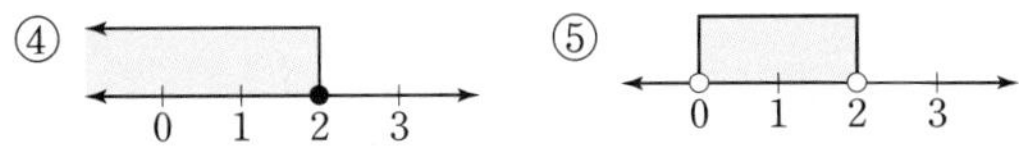

⑤ 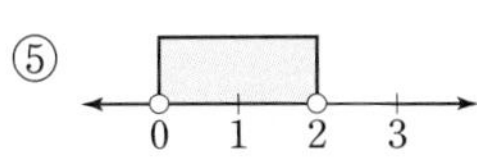

● 일차부등식 $ax<b$에서
$a>0$이면 ➡ $x<\frac{b}{a}$
$a<0$이면 ➡ $x>\frac{b}{a}$

3 일차부등식 $3x-8<5x+6$을 풀면?

① $x<-14$　② $x>-14$　③ $x>-7$
④ $x<-7$　⑤ $x>1$

4 일차부등식 $x+1\geq4x-11$을 만족시키는 자연수 x의 개수를 구하시오.

5 다음 일차부등식을 푸시오.

(1) $1.3(2x-3)<3.5x+1.5$　(2) $\frac{1}{2}x-1\geq\frac{3}{4}x+2$

6 일차부등식 $\frac{x-4}{3}-\frac{x}{2}<-2$를 만족시키는 x의 값 중 가장 작은 정수는?

① -5　② -4　③ 3　④ 4　⑤ 5

기초를 좀 더 다지려면~! 41쪽 »

기초 내공 다지기

07강 부등식의 해와 그 성질

1 다음 문장을 부등식으로 나타내시오.

(1) x에 3을 더한 값은 5 이하이다. ________

(2) x에서 2를 뺀 값은 8보다 크지 않다. ________

(3) x의 2배에 1을 더한 값은 10보다 크거나 같다. ________

(4) 12에서 x를 뺀 값은 x의 3배보다 작지 않다. ________

(5) x를 5로 나누고 6을 더한 값은 20보다 작거나 같다. ________

(6) 한 자루에 x원인 연필 4자루의 가격은 1500원 이상이다. ________

(7) 무게가 5 kg인 나무 상자에 한 통에 2 kg인 수박 x통을 담으면 전체 무게가 10 kg 이상이다. ________

(8) 가로의 길이가 x cm, 세로의 길이가 10 cm인 직사각형의 둘레의 길이는 30 cm 미만이다. ________

2 x의 값이 다음과 같이 주어졌을 때, 주어진 부등식을 푸시오.

(1) x의 값이 -1, 0, 1일 때, $x-2<1$

(2) x의 값이 0, 1, 2, 3일 때, $x+1>3$

(3) x의 값이 -2, -1, 0, 1일 때, $-x<2$

(4) x의 값이 -3, -2, -1, 0일 때, $2x<-5$

(5) x의 값이 -1, 0, 1, 2일 때, $2x-1\geq1$

(6) x의 값이 -2, -1, 0, 1일 때, $2x+1\leq-1$

(7) x의 값이 -6, -5, -4, -3일 때, $-\dfrac{x}{5}>1$

(8) x의 값이 -4, -3, -2, -1일 때, $\dfrac{x}{3}\leq-1$

3 $a>b$일 때, 다음 □ 안에 알맞은 부등호를 쓰시오.

(1) $a+5$ □ $b+5$

(2) $a-3$ □ $b-3$

(3) $a+(-2)$ □ $b+(-2)$

(4) $5a$ □ $5b$

(5) $-\frac{a}{3}$ □ $-\frac{b}{3}$

(6) $\frac{a}{2}-1$ □ $\frac{b}{2}-1$

(7) $-\frac{2}{5}a+3$ □ $-\frac{2}{5}b+3$

4 다음 □ 안에 알맞은 부등호를 쓰시오.

(1) $a+7>b+7$이면 a □ b

(2) $a-\frac{1}{2}<b-\frac{1}{2}$이면 a □ b

(3) $3a\geq 3b$이면 a □ b

(4) $\frac{a}{4}\leq\frac{b}{4}$이면 a □ b

(5) $-2a+1>-2b+1$이면 a □ b

(6) $-2+4a\leq -2+4b$이면 a □ b

(7) $-(a+1)<-(b+1)$이면 a □ b

08강 일차부등식의 풀이

5 다음 일차부등식을 푸시오.

(1) $3x\leq x+2$

(2) $-2x+1<-x-2$

(3) $2(x-3)>-x$

(4) $4x-(5-x)\leq 5$

(5) $0.8x<0.5x-0.6$

(6) $0.2x+1\geq 0.4-0.1x$

(7) $\frac{x}{2}-3>\frac{x}{6}-\frac{1}{3}$

(8) $\frac{3x+1}{4}<3+\frac{x-3}{2}$

일차부등식의 활용

1 일차부등식을 활용하여 문제를 해결하는 과정

❶ 문제의 상황에 맞게 미지수를 정한다.
❷ 문제의 뜻에 따라 일차부등식을 세운다.
❸ 일차부등식을 푼다.
❹ 구한 해가 문제의 뜻에 맞는지 확인한다.

주의 사람 수, 물건의 개수, 횟수 등을 미지수로 놓았을 때는 구한 해 중에서 자연수만을 답으로 택해야 한다.

* 미지수 정하기 → 부등식 세우기 → 부등식 풀기 → 확인하기

예제 1 어떤 자연수의 3배에 5를 빼면 40보다 크거나 같다고 한다. 다음은 이를 만족시키는 어떤 자연수 중 가장 작은 수를 구하는 과정이다. □ 안에 알맞은 것을 쓰시오.

> 어떤 자연수를 x라 하면
> 어떤 자연수의 3배에서 5를 뺀 수는 (□)이다.
> 이 수가 40보다 크거나 같으므로 부등식을 세우면 □≥ 40
> 이 부등식을 풀면 $x\geq$□
> 따라서 어떤 자연수 중 가장 작은 수는 □이다.

* **수에 대한 문제**
어떤 자연수를 x로 놓고, 문제의 뜻에 맞게 x에 대한 부등식을 세운다.

예제 2 한 번에 최대 600 kg까지 실을 수 있는 엘리베이터에 몸무게가 55 kg인 사람이 10 kg짜리 상자를 여러 개 싣고 타려고 한다. 다음은 최대로 실을 수 있는 상자의 개수를 구하는 과정이다. □ 안에 알맞은 것을 쓰시오.

> 실을 수 있는 상자의 개수를 x개라 하면
> 10 kg짜리 상자 x개의 무게는 □kg이다.
> 사람의 몸무게와 상자의 무게의 합이 600 kg 이하이어야 하므로
> 부등식을 세우면 $55+$□≤ 600
> 이 부등식을 풀면 $x\leq$□
> 따라서 상자는 최대 □개를 실을 수 있다.

예제 3 학교 앞 문구점에서 한 자루에 800원 하는 볼펜을 할인점에서는 600원에 판매하고 있다. 할인점에 다녀오는 데 왕복 교통비가 1800원이 든다고 할 때, 다음은 볼펜을 몇 자루 이상 사는 경우 할인점에서 사는 것이 유리한지 구하는 과정이다. □ 안에 알맞은 것을 쓰시오.

> 볼펜을 x자루 산다고 하면
> 문구점에서 사는 가격은 □원이고, 할인점에서 사는 가격은 □원이다.
> 할인점에서 사는 것이 문구점에서 사는 것보다 유리해야 하므로
> 부등식을 세우면 □$+1800<$□
> 이 부등식을 풀면 $x>$□
> 따라서 □자루 이상 사는 경우 할인점에서 사는 것이 유리하다.

* **유리한 방법을 선택하는 문제**
두 가지 방법에 대하여 각각의 비용을 구한 후 비용이 적게 드는 쪽이 유리함을 이용하여 부등식을 세운다.

핵심 유형 익히기

1 연속하는 세 홀수의 합이 87보다 크게 되도록 하는 가장 작은 세 수를 구하시오.

2 수진이는 한 송이에 500원인 장미와 한 송이에 800원인 백합을 합하여 모두 20송이를 사려고 한다. 전체 금액이 13000원을 넘지 않게 하려고 할 때, 백합을 최대 몇 송이 살 수 있는지 구하시오.

• 구하고자 하는 물건의 개수를 x로 놓고 다른 물건의 개수를 (총 개수)$-x$로 놓는다.

3 현재 형의 예금액은 50000원, 동생의 예금액은 20000원이다. 앞으로 매월 형은 3000원씩, 동생은 2000원씩 예금한다면 형의 예금액이 동생의 예금액의 2배보다 적어지는 것은 몇 개월 후부터인가? (단, 이자는 생각하지 않는다.)

① 8개월 후 ② 9개월 후 ③ 10개월 후
④ 11개월 후 ⑤ 12개월 후

• 매월 일정한 금액을 x개월 동안 예금할 때, x개월 후의 예금액은
(현재 예금액)$+$(매월 예금액)$\times x$

4 현우는 집에서 출발하여 도로를 따라 산책을 하는데 갈 때는 시속 2 km, 돌아올 때는 같은 길을 시속 3 km로 걸어서 2시간 30분 이내에 집에 도착하려고 한다. 이때 집에서 최대 몇 km 떨어진 곳까지 다녀올 수 있는지 구하시오.

• 

5 5 %의 소금물 200 g과 8 %의 소금물을 섞어서 7 % 이상의 소금물을 만들려고 한다. 이때 8 %의 소금물은 최소 몇 g을 섞어야 하는가?

① 200 g ② 250 g ③ 300 g
④ 350 g ⑤ 400 g

• (농도)$=\frac{(소금의 양)}{(소금물의 양)}\times 100(\%)$
(소금의 양)$=\frac{(농도)}{100}\times$(소금물의 양)

내공 쌓는 족집게 문제

Step 1 반드시 나오는 문제

1 다음 중 일차부등식인 것을 모두 고르면? (정답 2개)

① $x+5>3x-2$ ② $2x-(x+3)$
③ $x-1=2-x$ ④ $3\le-2+x$
⑤ $2(x-1)<2x+5$

2 '500원짜리 공책 a권과 200원짜리 볼펜 b자루의 값이 3000원보다 작다.'를 부등식으로 나타내시오.

아차! 돌다리 문제

3 x의 값이 -2 이상 2 이하인 정수일 때, 일차부등식 $-3x+4\ge7$의 해를 구하면?

① -2 ② $-2,\ -1$ ③ $-1,\ 0$
④ $-1,\ 0,\ 1$ ⑤ $-1,\ 0,\ 1,\ 2$

중요 **4** $-2+5a>-2+5b$일 때, 다음 중 옳은 것을 모두 고르면? (정답 2개)

① $a<b$ ② $2a<2b$
③ $-5a<-5b$ ④ $-3a-7<-3b-7$
⑤ $a+5<b+5$

중요 **5** $-1\le x<3$이고 $A=2-5x$일 때, A의 값의 범위는?

① $-13<A\le7$ ② $-25<A\le-5$
③ $-13\le A<7$ ④ $-25\le A<5$
⑤ $-25\le A$

6 다음 일차부등식 중 그 해가 나머지 넷과 다른 하나는?

① $3-x>1$ ② $3(x-1)<6$
③ $-\frac{x}{2}>-1$ ④ $x-2<-x+2$
⑤ $0.6x<1.2$

7 다음 중 일차부등식 $-4x-3>2x+9$와 해가 같은 것은?

① $\frac{x}{2}-1<0$ ② $-3x-5>4$
③ $\frac{x}{6}<-\frac{1}{12}$ ④ $2x-7>1$
⑤ $-\frac{x}{4}-\frac{1}{2}>0$

중요 **8** 일차부등식 $-3(x+4)\ge2x-a$의 해가 $x\le-2$일 때, 상수 a의 값은?

① 1 ② 2 ③ 3
④ 4 ⑤ 5

전국 중학교의 기출문제와 새로운 교육과정의 문제를 종합, 분석하여 핵심 문제만을 모았습니다.

9 일차부등식 $5x-2(x+1)\geq a$의 해가 오른쪽 그림과 같을 때, 상수 a의 값은?

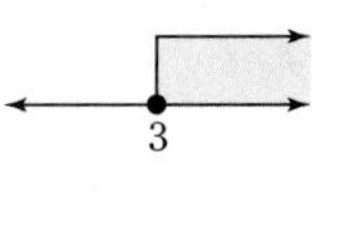

① -3 ② 1 ③ 3
④ 5 ⑤ 7

10 일차부등식 $0.3(x-1)\geq 0.1x+0.9$를 풀면?

① $x\geq 3$ ② $x\leq 4$ ③ $x\geq 6$
④ $x\geq 7$ ⑤ $x\leq 8$

11 일차부등식 $\frac{2}{3}x-\frac{1}{6}\geq\frac{x}{2}-\frac{2}{3}$를 풀면?

① $x\leq 6$ ② $x\leq 4$ ③ $x\leq 2$
④ $x\geq -3$ ⑤ $x\geq -5$

12 민수는 두 번의 수학 시험에서 각각 78점과 87점을 받았다. 세 번째 시험까지의 평균이 85점 이상이 되려면 세 번째 시험에서 최소한 몇 점을 받아야 하는지 구하시오.

13 반지름의 길이가 3 cm인 원을 밑면으로 하는 원뿔의 부피가 $48\pi\text{ cm}^3$ 이상이 되게 할 때, 높이는 몇 cm 이상이어야 하는지 구하시오.

14 어느 독서실의 이용 요금은 3시간까지는 5000원이고, 3시간이 지나면 1시간에 2000원씩 요금이 추가된다고 한다. 이용 요금이 15000원 이하가 되게 하려면 최대 몇 시간까지 이용할 수 있는지 구하시오.

중요 **15** 어떤 국립공원의 1인당 입장료는 1500원이다. 30명 이상의 단체일 경우에는 입장료의 20 %를 할인해 준다고 할 때, 몇 명부터 단체 요금으로 입장하는 것이 유리한가?

① 21명 ② 22명 ③ 23명
④ 24명 ⑤ 25명

16 A, B 두 지점을 왕복하는데 갈 때는 분속 60 m, 올 때는 분속 80 m로 걸어서 걸린 시간이 1시간 10분 이내였다고 한다. 두 지점 A, B 사이의 거리의 범위는?

① 2.4 km 이내 ② 3.2 km 이내
③ 3.6 km 이내 ④ 4.2 km 이내
⑤ 4.8 km 이내

Step 2 자주 나오는 문제

아차! 돌다리 문제

중요 17 $a<b$일 때, 다음 보기에서 옳은 것을 모두 고른 것은?

보기

ㄱ. $-5a-1<-5b-1$ ㄴ. $-7a>-7b$

ㄷ. $9a-4>9b-4$ ㄹ. $2-\frac{a}{3}>2-\frac{b}{3}$

ㅁ. $-a+3<-b+3$ ㅂ. $\frac{a}{2}+5<\frac{b}{2}+5$

① ㄱ, ㄴ, ㅁ ② ㄱ, ㅁ, ㅂ ③ ㄴ, ㄷ, ㄹ
④ ㄴ, ㄹ, ㅂ ⑤ ㄷ, ㅁ, ㅂ

18 $a<0$일 때, x에 대한 일차부등식 $ax<-5a$의 해는?

① $x<-5$ ② $x>-5$ ③ $x<-\frac{1}{5}$
④ $x>-\frac{1}{5}$ ⑤ $x>5$

19 일차방정식 $x-\frac{1}{5}(x-2a)=4$의 해가 1보다 클 때, 상수 a의 값의 범위는?

① $a>-8$ ② $a>-5$ ③ $a>5$
④ $a<8$ ⑤ $a<10$

중요 20 다음 두 일차부등식의 해가 서로 같을 때, 상수 a의 값을 구하시오.

$$\frac{1}{3}x+1>\frac{5x+3}{4}-x,\ x-1<3x+a$$

21 $a<1$일 때, x에 대한 $(a-1)x+3a-3<0$의 해를 구하시오.

중요 22 삼각형의 세 변의 길이가 각각 $x+1$, $x+3$, $x+5$일 때, x의 값의 범위는?

① $x>1$ ② $x>4$ ③ $x>5$
④ $x>7$ ⑤ $x<9$

23 오른쪽 그림과 같은 사다리꼴 ABCD에서 점 P가 꼭짓점 B를 출발하여 변 BC를 따라 움직인다. $\triangle$APD의 넓이가 20 cm^2 이하가 되게 할 때, $\overline{BP}$의 길이는 최소 몇 cm인지 구하시오.

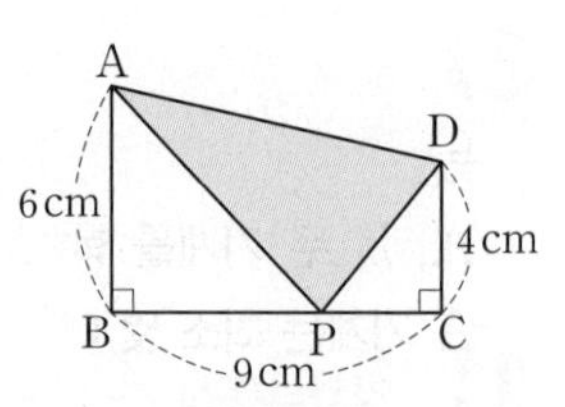

24 10 %의 설탕물 300 g에 설탕을 더 넣어 25 % 이상의 설탕물을 만들려고 한다. 이때 설탕은 최소한 몇 g을 더 넣어야 하는가?

① 40 g ② 60 g ③ 80 g
④ 90 g ⑤ 100 g

» 99쪽 다시 보는 핵심 문제로
자신의 실력을 확인하세요!

Step3 만점! 도전 문제

25 일차부등식 $2x-3a>1$을 만족하는 가장 작은 정수가 2일 때, 상수 a의 값의 범위를 구하시오.

26 일차부등식 $4(x-2)-8x\geq 4x-8a$를 만족하는 자연수 x가 2개일 때, 상수 a의 값의 범위를 구하시오.

27 어떤 공장에서 주문량을 완성하는 데 A 기계 한 대로는 10시간, B 기계 한 대로는 12시간이 걸린다고 한다. A, B 두 기계를 합하여 11대로 1시간 이내에 끝내려면 A 기계는 최소 몇 대가 필요한지 구하시오.

28 원가가 2400원인 물건을 정가의 20 %를 할인하여 팔아서 원가의 5 % 이상의 이익을 얻으려고 한다. 이때 정가를 최소한 얼마로 정해야 하는지 구하시오.

서술형 문제

29 일차부등식 $\frac{x}{6}-\frac{x-3}{4}<2+x$를 참이 되게 하는 가장 작은 정수 x의 값을 구하시오.
(단, 풀이 과정을 자세히 쓰시오.)

풀이 과정

답

30 은정이는 기차를 타기 위해 역에 도착하였는데 출발 시각까지 1시간이 남아 그동안 한 상점에 들려 선물을 사려고 한다. 역에서 상점까지의 거리는 다음 표와 같고, 각 상점에서 선물을 사는 데는 10분이 걸린다. 은정이가 시속 4 km로 걷는다고 할 때, 갔다 올 수 있는 상점을 모두 구하시오. (단, 풀이 과정을 자세히 쓰시오.)

상점	꽃집	옷 가게	인형 가게	서점	문구점
거리	1.6 km	2 km	1.9 km	1.5 km	1.85 km

풀이 과정

답

10강 연립방정식과 그 해

① 미지수가 2개인 일차방정식

미지수가 2개이고 그 차수가 모두 1인 방정식을 미지수가 2개인 일차방정식 또는 간단히 일차방정식이라 하고 다음과 같은 꼴로 나타낼 수 있다.

$ax+by+c=0$(a, b, c는 상수, $a\neq0$, $b\neq0$)

예 $x-y+1=0$, $x+3y-2=0$

* 미지수가 2개인 일차방정식이 아닌 예
- $x+y-4$ (×) ➡ 등식이 아니다.
- $3x+6=0$ (×) ➡ 미지수가 1개
- $x^2+2y-8=0$ (×) ➡ x의 차수가 2
- $xy+2=0$ (×) ➡ x, y에 대한 2차

예제 1 다음 보기에서 미지수가 2개인 일차방정식을 모두 고르시오.

보기
ㄱ. $5x+2y-1=0$　ㄴ. $3xy=1$　ㄷ. $2x+y=x+y-2$
ㄹ. $2x^2+y+1=0$　ㅁ. $x+3y$　ㅂ. $\frac{x}{2}-\frac{y}{2}=3$

② 미지수가 2개인 일차방정식의 해

(1) 일차방정식의 해(근): 미지수가 x, y인 일차방정식을 참이 되게 하는 x, y의 값 또는 그 순서쌍 (x, y)

예 일차방정식 $x+y=4$에서
$x=2$, $y=2$를 대입하면 $2+2=4$ (참) ➡ $(2, 2)$는 해이다.
$x=2$, $y=3$을 대입하면 $2+3\neq4$ (거짓) ➡ $(2, 3)$은 해가 아니다.

(2) 일차방정식을 푼다: 일차방정식의 해를 모두 구하는 것

* 일차방정식의 해 구하기
x, y의 값이 자연수일 때, 일차방정식 $x+y=4$의 해를 대응표를 이용하여 구해 보면

x	1	2	3	4	…
y	3	2	1	0	…

x, y의 값이 자연수이므로 구하는 해는 $(1, 3)$, $(2, 2)$, $(3, 1)$

예제 2 x, y의 값이 자연수일 때, 다음 일차방정식을 푸시오.

(1) $x+2y=6$　(2) $3x+y=8$

③ 미지수가 2개인 연립일차방정식

(1) 미지수가 2개인 두 일차방정식을 한 쌍으로 묶어 나타낸 것을 미지수가 2개인 연립일차방정식 또는 간단히 연립방정식이라 한다.

예 $\begin{cases} x+y=3 \\ 3x-2y=4 \end{cases}$

(2) 연립방정식의 해: 두 일차방정식의 공통의 해

(3) 연립방정식을 푼다: 연립방정식의 해를 구하는 것

* 연립방정식의 해 구하기
x, y의 값이 자연수일 때, 연립방정식 $\begin{cases} 2x+y=7 \cdots ㉠ \\ 3x-y=8 \cdots ㉡ \end{cases}$의 해를 구하면 일차방정식 ㉠의 해는
$(1, 5)$, $(2, 3)$, $(3, 1)$
일차방정식 ㉡의 해는
$(3, 1)$, $(4, 4)$, $(5, 7)$, $(6, 10)$, …
따라서 일차방정식 ㉠, ㉡의 공통의 해인 $x=3$, $y=1$이 연립방정식의 해이다.

예제 3 x, y의 값이 자연수일 때, 연립방정식 $\begin{cases} x+y=5 \\ 2x-y=7 \end{cases}$을 푸시오.

정답과 해설 16쪽

1 다음 중 미지수가 2개인 일차방정식이 아닌 것은?

① $x+2y=0$ ② $x^2+x+y=x^2$ ③ $2x-y+1=0$

④ $3+x=x+y$ ⑤ $\frac{2}{3}x-\frac{1}{4}y=5$

2 100원짜리 동전 x개와 500원짜리 동전 y개를 모두 합한 금액이 4300원이라고 한다. 이를 미지수가 2개인 일차방정식으로 나타내시오.

3 x, y의 값이 자연수일 때, 다음 일차방정식을 푸시오.

(1) $2x+y=9$ (2) $3x+2y=20$

- x, y의 값이 자연수일 때, $x=1, 2, 3, \cdots$을 대입하여 y의 값이 자연수인 것만을 고른다.

4 다음 중 일차방정식 $2x+y=16$의 해가 아닌 것은?

① $(2, 12)$ ② $(4, 8)$ ③ $(5, 6)$ ④ $(7, 2)$ ⑤ $(8, 1)$

5 일차방정식 $x+ay=9$의 한 해가 $(3, 2)$일 때, 상수 a의 값을 구하시오.

- 일차방정식 $ax+by+c=0$의 해가 (p, q)이다.
  ➡ $ax+by+c=0$에 $x=p$, $y=q$를 대입하면 등식이 성립한다.

6 x, y의 값이 자연수일 때, 다음 연립방정식을 푸시오.

(1) $\begin{cases} x+2y=9 \\ 2x-y=3 \end{cases}$ (2) $\begin{cases} 2x-3y=5 \\ 3x+2y=14 \end{cases}$

7 연립방정식 $\begin{cases} 2ax-y=4 \\ 3x+2by=1 \end{cases}$의 해가 $x=1$, $y=2$일 때, 두 상수 a, b의 값을 각각 구하시오.

- 연립방정식의 해가 $x=p$, $y=q$이다.
  ➡ 두 일차방정식에 $x=p$, $y=q$를 각각 대입하면 등식이 성립한다.

연립방정식의 풀이

① 연립방정식의 풀이

(1) 대입법: 한 일차방정식을 다른 일차방정식에 대입하여 연립방정식의 해를 구하는 방법

주의 문자에 식을 대입할 때는 반드시 괄호를 사용하여 대입한다.

(2) 가감법: 두 일차방정식을 변끼리 더하거나 빼어서 연립방정식의 해를 구하는 방법 (→ 더하거나 뺀다.(가감))

① 두 일차방정식의 양변에 적당한 수를 곱하여 없애려는 미지수의 계수의 절댓값을 같게 만든다.

② 없애려는 미지수의 계수의 부호가 같으면 두 식을 빼고, 다르면 두 식을 더한다.

* 대입법으로 연립방정식 풀기

$\begin{cases} y=2x-4 & \cdots ㉠ \\ x+3y=9 & \cdots ㉡ \end{cases}$ 에서 ㉠을 ㉡에 대입하면

$x+3(2x-4)=9 \quad \therefore x=3$

$x=3$을 ㉠에 대입하면 $y=2$

* 가감법으로 연립방정식 풀기

$\begin{cases} 4x+3y=1 & \cdots ㉠ \\ 2x-y=-7 & \cdots ㉡ \end{cases}$ 에서

y를 없애기 위해 ㉠+㉡×3을 하면

$$\begin{array}{rl} & 4x+3y=1 \\ +) & 6x-3y=-21 \\ \hline & 10x \qquad =-20 \end{array} \quad \therefore x=-2$$

$x=-2$를 ㉡에 대입하면 $y=3$

예제 1 다음 연립방정식을 주어진 방법으로 푸시오.

(1) 대입법

$\begin{cases} y=-x+2 \\ 2x+3y=1 \end{cases}$

(2) 가감법

$\begin{cases} 2x-y=4 \\ x+2y=-3 \end{cases}$

② 복잡한 연립방정식의 풀이

(1) 괄호가 있을 때: 분배법칙을 이용하여 괄호를 푼 후, 동류항끼리 정리한다. (→ $a(b+c)=ab+ac$, $(a+b)c=ac+bc$)

(2) 계수가 소수일 때: 양변에 10, 100, 1000, …을 곱하여 계수를 정수로 고친다.

(3) 계수가 분수일 때: 양변에 분모의 최소공배수를 곱하여 계수를 정수로 고친다.

주의 계수를 정수로 고치기 위해 양변에 수를 곱할 때는 각 항에 모두 곱해야 한다.

* 계수가 소수 또는 분수인 연립방정식 풀기

$\begin{cases} \frac{x}{2}+\frac{y}{3}=1 & \cdots ㉠ \\ 0.4x-0.3y=0.5 & \cdots ㉡ \end{cases}$ 에서

㉠×6, ㉡×10을 하여 계수를 정수로 고친다.

➡ $\begin{cases} 3x+2y=6 \\ 4x-3y=5 \end{cases}$

예제 2 다음 연립방정식을 푸시오.

(1) $\begin{cases} 2(3-x)-4(y-1)=8 \\ 0.3x+0.4y=0.6 \end{cases}$

(2) $\begin{cases} \frac{x-2}{3}=\frac{y+1}{2} \\ \frac{x}{2}-y=2 \end{cases}$

③ $A=B=C$ 꼴의 방정식의 풀이

세 연립방정식 $\begin{cases} A=B \\ A=C \end{cases}$, $\begin{cases} A=B \\ B=C \end{cases}$, $\begin{cases} A=C \\ B=C \end{cases}$ 중 간단한 것을 택하여 푼다.

참고 세 가지 연립방정식의 해는 모두 같다.

* $A=B=$(상수) 꼴의 방정식 풀기

$x+y=2x-y=3$에서 3이 상수이므로

➡ 연립방정식 $\begin{cases} x+y=3 \\ 2x-y=3 \end{cases}$ 을 푼다.

예제 3 방정식 $2x-y-4=7x+2y=4x+y$를 푸시오.

정답과 해설 16쪽

핵심 유형 익히기

1 연립방정식 $\begin{cases} x-2y=3 \\ 2x-y=-6 \end{cases}$을 대입법으로 푸시오.

• 두 방정식 중 한 방정식을 $x=$(y에 대한 식) 또는 $y=$(x에 대한 식)의 꼴로 고쳐서 다른 한 방정식에 대입한다.

2 연립방정식 $\begin{cases} y=-3x+18 \\ 2x+y=16 \end{cases}$의 해가 $x=a$, $y=b$일 때, $a-b$의 값을 구하시오.

3 연립방정식 $\begin{cases} 5x-2y=3 \\ 3x+5y=8 \end{cases}$을 가감법으로 푸시오.

• ① 없애려는 미지수의 계수의 절댓값이 같아지도록 두 일차방정식의 양변에 적당한 수를 곱한다.
② 계수의 부호가 [같으면 ➡ 뺀다. / 다르면 ➡ 더한다.]

4 연립방정식 $\begin{cases} 5ax+4by=7 \\ 3ax-2by=13 \end{cases}$의 해가 $(1, 1)$일 때, 두 상수 a, b에 대하여 $a+b$의 값을 구하시오.

5 연립방정식 $\begin{cases} 0.6x+0.5y=2.8 \\ \frac{1}{3}x+\frac{1}{2}y=2 \end{cases}$를 풀면?

① $x=3$, $y=2$　② $x=3$, $y=-2$　③ $x=-3$, $y=2$
④ $x=5$, $y=3$　⑤ $x=-5$, $y=3$

6 방정식 $x-2y=2x-y=6$을 풀면?

① $x=-2$, $y=2$　② $x=2$, $y=-2$　③ $x=4$, $y=-1$
④ $x=-4$, $y=-5$　⑤ $x=5$, $y=4$

• C가 상수이면 $\begin{cases} A=C \\ B=C \end{cases}$를 푼다.

기초를 좀 더 다지려면~! 52쪽 »

내공 다지기

11강 연립방정식의 풀이

1 다음 연립방정식을 대입법으로 푸시오.

(1) $\begin{cases} y=x+2 \\ 2x-y=-1 \end{cases}$

(2) $\begin{cases} 3x-2y=5 \\ y=2x+3 \end{cases}$

(3) $\begin{cases} 2x-y=6 \\ 3x-2y=8 \end{cases}$

(4) $\begin{cases} x=3y+2 \\ x=2y+1 \end{cases}$

(5) $\begin{cases} x+2y=5 \\ 2x+3y=9 \end{cases}$

(6) $\begin{cases} 11-3x=y \\ -x+2y=8 \end{cases}$

2 다음 연립방정식을 가감법으로 푸시오.

(1) $\begin{cases} x+2y=-5 \\ x-y=1 \end{cases}$

(2) $\begin{cases} x-2y=-3 \\ -x+4y=9 \end{cases}$

(3) $\begin{cases} 3x-y=5 \\ 5x-2y=8 \end{cases}$

(4) $\begin{cases} 9x-4y=-5 \\ x+2y=-3 \end{cases}$

(5) $\begin{cases} 2x+3y=1 \\ 3x+2y=-1 \end{cases}$

(6) $\begin{cases} 5x-4y=3 \\ 2x-3y=4 \end{cases}$

[3~5] 다음 연립방정식을 푸시오.

3

(1) $\begin{cases} x+3(x-y)=11 \\ 2x-(x+y)=3 \end{cases}$

(2) $\begin{cases} 2x+y=8 \\ -2x+3(x+2y)=15 \end{cases}$

(3) $\begin{cases} 3x-2(x-y)=2 \\ 3(x-2y)+4y=-6 \end{cases}$

(4) $\begin{cases} 3(x+y)-2y=5 \\ -x+2(x-y)=-3 \end{cases}$

4

(1) $\begin{cases} 0.3x+0.2y=0.1 \\ 2x-y=3 \end{cases}$

(2) $\begin{cases} 0.2x-0.3y=0.5 \\ 0.1x-0.2y=0.6 \end{cases}$

(3) $\begin{cases} x-0.5y=1.5 \\ 0.2x-0.3y=0.5 \end{cases}$

(4) $\begin{cases} 0.3x+0.2y=0.7 \\ 0.09x-0.1y=-0.11 \end{cases}$

5

(1) $\begin{cases} \dfrac{x}{2}-\dfrac{y}{3}=\dfrac{1}{3} \\ \dfrac{x}{3}+\dfrac{y}{4}=\dfrac{7}{6} \end{cases}$

(2) $\begin{cases} \dfrac{1}{4}x+\dfrac{1}{2}y=2 \\ \dfrac{1}{2}x+\dfrac{1}{3}y=6 \end{cases}$

(3) $\begin{cases} -\dfrac{1}{2}x+\dfrac{1}{4}y=-\dfrac{1}{3} \\ \dfrac{6x-5}{7}=\dfrac{1}{2}y \end{cases}$

(4) $\begin{cases} 0.3(x-y)+0.2y=1 \\ \dfrac{x}{4}+\dfrac{y}{3}=\dfrac{5}{12} \end{cases}$

6 다음 방정식을 푸시오.

(1) $2x+y=3x-y=5$

(2) $3x-6y+2=2x-y=x+2$

(3) $\dfrac{x+y}{3}=\dfrac{3x-y}{2}=4$

(4) $4(x+2y)=2x-y-7=-x+3y$

1·2
3·4
5·6
7·8·9
10·11
12
13
14·15
16·17·18

족집게 문제

Step 1 반드시 나오는 문제

중요 1 다음 중 미지수가 2개인 일차방정식을 모두 고르면? (정답 2개)

① $x+y=0$ ② $y=3x^2-2$
③ $2x=-y+1$ ④ $xy=1$
⑤ $3(x-y)=3x-4y$

2 300원짜리 연필 x자루와 500원짜리 공책 y권의 값이 2900원일 때, 다음 중 미지수가 2개인 일차방정식으로 바르게 나타낸 것은?

① $300x-500y=2900$
② $500x+300y=2900$
③ $300x+500y=2900$
④ $500x-300y=2900$
⑤ $300x+300y=2900$

중요 3 x, y의 값이 자연수일 때, 일차방정식 $3x+y=12$의 해의 개수는?

① 0개 ② 1개 ③ 2개
④ 3개 ⑤ 4개

4 다음 중 일차방정식 $x-2y=5$의 해를 모두 고르면? (정답 2개)

① $(-3, -4)$ ② $(-1, 2)$
③ $\left(3, -\frac{1}{2}\right)$ ④ $\left(5, \frac{1}{2}\right)$
⑤ $(7, 1)$

5 다음 일차방정식 중 해가 $(2, 3)$인 것은?

① $3x-4y=5$ ② $3x+2y=4$
③ $x-5y=7$ ④ $3x+y=9$
⑤ $2x+5y=11$

중요 6 일차방정식 $3x-2y=4$의 한 해가 $(-2, a)$일 때, a의 값을 구하시오.

7 다음 중 x, y에 대한 일차방정식 $x+3y=8$에 대한 설명으로 옳지 <u>않은</u> 것은?

① 미지수가 2개인 일차방정식이다.
② $x+3y-8=0$과 같은 식이다.
③ x, y의 값이 자연수일 때, 해의 개수는 3개이다.
④ $(2, 2)$는 이 방정식의 한 해이다.
⑤ $(5, a)$가 이 방정식의 해이면 $a=1$이다.

8 순서쌍 $(2, a)$, $(b, 3)$이 모두 일차방정식 $2x-3y=1$의 해일 때, $a+b$의 값은?

① 5 ② 6 ③ 7
④ 8 ⑤ 9

전국 중학교의 기출문제와 새로운 교육과정의 문제를 종합, 분석하여 핵심 문제만을 모았습니다.

9 다음 중 연립방정식 $\begin{cases} x+y=8 \\ 2x-3y=1 \end{cases}$ 을 만족시키는 순서쌍은?

① (2, 6) ② (3, 5) ③ (4, 4)
④ (5, 3) ⑤ (6, 2)

10 다음 연립방정식 중 그 해가 $(-1, 4)$인 것은?

① $\begin{cases} x+y=3 \\ 5x-2y=3 \end{cases}$ ② $\begin{cases} x+3y=10 \\ 2x-3y=14 \end{cases}$
③ $\begin{cases} 2x+y=2 \\ 6x+y=-10 \end{cases}$ ④ $\begin{cases} 3x+y=1 \\ 2x+y=2 \end{cases}$
⑤ $\begin{cases} 2x-3y=-11 \\ x-y=-5 \end{cases}$

아차! 돌다리 문제

중요 **11** 연립방정식 $\begin{cases} 4x+2y=3 & \cdots ㉠ \\ 3x+5y=7 & \cdots ㉡ \end{cases}$ 의 해를 구하기 위해 y를 없애려고 한다. 다음 중 알맞은 식은?

① ㉠×7−㉡×3 ② ㉠×5−㉡×2
③ ㉠×4−㉡×5 ④ ㉠×3−㉡×4
⑤ ㉠×2−㉡×5

12 연립방정식 $\begin{cases} ax+y=6 \\ x=y-3 \end{cases}$ 의 해가 $x=1$, $y=b$일 때, ab의 값을 구하시오. (단, a, b는 상수)

13 연립방정식 $\begin{cases} 0.3x-0.4y=0.5 \\ \frac{x}{3}+\frac{2}{5}y=\frac{7}{5} \end{cases}$ 을 풀면?

① $x=-\frac{1}{3}$, $y=-1$ ② $x=\frac{1}{3}$, $y=1$
③ $x=1$, $y=-\frac{1}{2}$ ④ $x=1$, $y=3$
⑤ $x=3$, $y=1$

14 연립방정식 $\begin{cases} 3(2x+y)=2x+5 \\ 2x : 3y=2 : 1 \end{cases}$ 을 만족시키는 x, y에 대하여 xy의 값은?

① $\frac{1}{5}$ ② $\frac{1}{3}$ ③ $\frac{2}{3}$
④ 1 ⑤ 2

아차! 돌다리 문제

15 방정식 $x-6y-3=3x-8y-3=2$의 해를 $x=a$, $y=b$라 할 때, $a+b$의 값을 구하시오.

16 연립방정식 $\begin{cases} 6x+2y=1 \\ ax+y=-2 \end{cases}$ 의 해가 없을 때, 상수 a의 값은?

① −2 ② −1 ③ 0
④ 3 ⑤ 6

Step2 자주 나오는 문제

17 다음 문장에서 x, y 사이의 관계를 식으로 나타낼 때, 미지수가 2개인 일차방정식이 아닌 것은?

① x개의 사과와 y개의 귤을 합하여 모두 12개를 샀다.
② 10원짜리 동전 x개와 100원짜리 동전 y개를 합한 금액은 1500원이었다.
③ 수학 시험에서 3점짜리 문제 x개와 4점짜리 문제 y개를 맞혀서 86점을 맞았다.
④ 밑변의 길이가 $x$cm, 높이가 3cm인 삼각형의 넓이는 $y\text{cm}^2$이다.
⑤ 가로의 길이가 $x$cm, 세로의 길이가 $y$cm인 직사각형의 넓이는 100cm^2이다.

18 일차방정식 $5x-2y=12$의 한 해가 $x=2a$, $y=3a$일 때, 상수 a의 값은?

① -5 ② -3 ③ 1
④ 3 ⑤ 5

19 순서쌍 $(2, 3)$, $(k, 2k)$가 모두 일차방정식 $ax-3y=5$의 해일 때, $a-k$의 값은? (단, a는 상수)

① -3 ② -2 ③ -1
④ 2 ⑤ 3

중요 **20** 연립방정식 $\begin{cases} ax+by=4 \\ bx-ay=10 \end{cases}$의 해가 $x=3$, $y=7$일 때, 두 상수 a, b의 값을 각각 구하면?

① $a=-1$, $b=-1$ ② $a=-1$, $b=1$
③ $a=1$, $b=-1$ ④ $a=1$, $b=1$
⑤ $a=1$, $b=2$

21 연립방정식 $\begin{cases} -2x+y=5 & \cdots ㉠ \\ x-y=-2 & \cdots ㉡ \end{cases}$를 대입법으로 풀기 위해 ㉡을 ㉠에 대입하여 y를 없앴더니 $ax+b=5$가 되었다. 이때 $a-b$의 값은? (단, a, b는 상수)

① -5 ② -3 ③ -1
④ 3 ⑤ 5

22 두 일차방정식 $2x+3y=10$과 $4x-y=6$의 공통의 해가 $x=a$, $y=b$일 때, $(2a+b)^2-(a-2b)^2$의 값을 구하시오.

중요 **23** 다음 두 연립방정식의 해가 서로 같을 때, $2a+b$의 값을 구하시오. (단, a, b는 상수)

$$\begin{cases} x-y=2 \\ 2ax+by=3 \end{cases}, \quad \begin{cases} 2x+y=1 \\ ax+by=2 \end{cases}$$

» 101쪽 다시 보는 핵심 문제로
자신의 실력을 확인하세요!

24 방정식 $\frac{2x-1}{2}=\frac{1-2y}{3}=\frac{-2x-y}{4}$를 푸시오.

Step3 만점! 도전 문제

중요 **25** 연립방정식 $\begin{cases} ax+by=5 \\ bx+ay=1 \end{cases}$에서 a와 b를 바꾸어 풀었더니 해가 $x=3$, $y=-1$이 되었다. 이때 처음 연립방정식의 해를 구하시오. (단, a, b는 상수)

26 연립방정식 $\begin{cases} 0.\dot{4}x+y=1.\dot{3} \\ 0.0\dot{2}x+0.0\dot{3}y=0.1 \end{cases}$을 푸시오.

27 방정식 $ax-y=x+2y-1=3$을 만족하는 x와 y의 값의 비가 $2:1$일 때, 상수 a의 값은?

① 1　　② 2　　③ 3
④ 4　　⑤ 5

서술형 문제

28 연립방정식 $\begin{cases} ax+y=8 \\ x-by=5 \end{cases}$의 해가 $(3,\ 2)$일 때, 두 상수 a, b에 대하여 $a+b$의 값을 구하시오.
(단, 풀이 과정을 자세히 쓰시오.)

풀이 과정

답

29 연립방정식 $\begin{cases} x-2y=6 \\ -2x+3y=a \end{cases}$의 해가 일차방정식 $2x+y=-8$을 만족시킬 때, 상수 a의 값을 구하시오.
(단, 풀이 과정을 자세히 쓰시오.)

풀이 과정

답

12강 연립방정식의 활용

① 연립방정식을 활용하여 문제를 해결하는 과정

❶ 문제의 상황에 맞게 미지수를 정한다.
❷ 문제의 뜻에 따라 연립방정식을 세운다. → 두 개의 조건을 찾으면 두 개의 식을 세울 수 있다.
❸ 연립방정식을 푼다.
❹ 구한 해가 문제의 뜻에 맞는지 확인한다.

＊ 미지수 정하기 → 연립방정식 세우기 → 연립방정식 풀기 → 확인하기

예제 1 동희는 학급 대항 농구 경기에서 2점슛과 3점슛을 합하여 모두 9골을 넣고 21점을 얻었다. 이때 2점슛과 3점슛은 각각 몇 골을 넣었는지 구하시오.

② 거리, 속력, 시간에 관한 문제

(거리)=(속력)×(시간), (시간)=$\frac{(\text{거리})}{(\text{속력})}$, (속력)=$\frac{(\text{거리})}{(\text{시간})}$

참고 거리, 속력, 시간에 관한 문제는 대부분 다음 두 가지를 이용하여 식을 세운다.
(1) (처음 거리)+(나중 거리)=(총 거리)
(2) (처음 시간)+(나중 시간)=(총 시간)

＊ 거리, 속력, 시간에 관한 문제
거리가 7 km인 길을 가는데 처음에는 시속 2 km로 x km를 걷다가 나중에는 시속 3 km로 y km를 걸어서 모두 3시간이 걸린 경우

➡ $\begin{cases} x+y=7 \\ \frac{x}{2}+\frac{y}{3}=3 \end{cases}$ $\therefore x=4,\ y=3$

예제 2 윤호가 등산을 하는데 올라갈 때는 시속 3 km로 걷고, 내려올 때는 다른 길을 이용하여 시속 4 km로 걸어서 총 2시간 30분이 걸렸다. 윤호가 등산을 한 총 거리가 9 km일 때, 내려온 거리를 구하시오.

③ 농도에 관한 문제

(소금물의 농도)=$\frac{(\text{소금의 양})}{(\text{소금물의 양})}\times 100(\%)$

➡ (소금의 양)=$\frac{(\text{소금물의 농도})}{100}\times$(소금물의 양)

참고 농도가 다른 두 소금물에 관한 문제는 대부분 다음 두 가지를 이용하여 식을 세운다.
(1) (섞기 전 두 소금물의 양의 합)=(섞은 후 소금물의 양)
(2) (섞기 전 두 소금물의 소금의 양의 합)=(섞은 후 소금의 양)

＊ 농도에 대한 문제
2 %의 소금물 x g과 7 %의 소금물 y g을 섞어서 5 %의 소금물 80 g을 만드는 경우

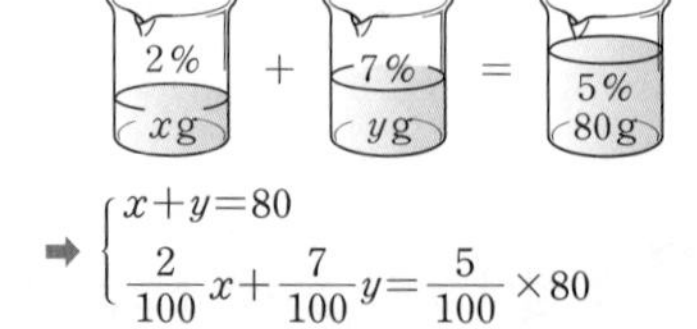

➡ $\begin{cases} x+y=80 \\ \frac{2}{100}x+\frac{7}{100}y=\frac{5}{100}\times 80 \end{cases}$
$\therefore x=32,\ y=48$

예제 3 10 %의 소금물과 5 %의 소금물을 섞어서 8 %의 소금물 100 g을 만들려고 한다. 이때 10 %의 소금물과 5 %의 소금물은 각각 몇 g씩 섞어야 하는지 구하시오.

핵심 유형 익히기

정답과 해설 20쪽

1 현이는 한 개에 800원인 빵과 한 개에 1500원인 음료수를 합하여 모두 7개를 사고 8400원을 내었다. 현이가 산 빵과 음료수의 개수를 각각 구하시오.

2 6년 전에 삼촌의 나이는 지현이의 나이의 3배였고, 4년 후에는 삼촌의 나이가 지현이의 나이의 2배가 된다고 한다. 현재 삼촌의 나이와 지현이의 나이를 각각 구하시오.

- 현재 x세인 사람의
  a년 전의 나이 ➡ $(x-a)$세
  b년 후의 나이 ➡ $(x+b)$세

3 두 자리의 자연수에서 각 자리의 숫자의 합은 8이고, 십의 자리의 숫자와 일의 자리의 숫자를 바꾼 수는 처음 수의 2배보다 10이 크다고 할 때, 처음 두 자리의 자연수를 구하시오.

- 십의 자리의 숫자를 x, 일의 자리의 숫자를 y라 하면
  - 처음 수 ➡ $10x+y$
  - 십의 자리의 숫자와 일의 자리의 숫자를 바꾼 수 ➡ $10y+x$

4 총 거리가 $100\,\text{km}$인 두 지점 A, B 사이에 지점 C가 있다. 자동차로 A에서 출발하여 C까지는 시속 $80\,\text{km}$로 달리고, C에서 B까지는 시속 $60\,\text{km}$로 달려서 1시간 30분 만에 B에 도착하였다. 이때 지점 A에서 지점 C까지의 거리를 구하시오.

5 일정한 속력으로 달리는 기차가 길이 $700\,\text{m}$의 터널을 완전히 지나가는 데 25초가 걸리고, 길이 $400\,\text{m}$의 다리를 완전히 지나가는 데 15초가 걸린다. 이때 기차의 길이를 구하시오.

- (기차가 터널 또는 다리를 완전히 지나가는 데 이동한 거리)
  $=$(터널 또는 다리의 길이)
  $+$(기차의 길이)

6 $12\,\%$의 설탕물과 $8\,\%$의 설탕물을 섞어서 $9\,\%$의 설탕물 $400\,\text{g}$을 만들었다. 이때 $8\,\%$의 설탕물은 몇 g을 섞었는지 구하시오.

- 농도가 다른 두 설탕물을 섞어도 전체 설탕의 양은 변하지 않는다.

족집게 문제

Step1 반드시 나오는 문제

1 합이 39인 두 자연수가 있다. 큰 수를 작은 수로 나누었더니 몫이 5이고, 나머지가 3이었을 때, 두 자연수의 차를 구하시오.

2 어느 미술관의 입장료가 어른은 2000원, 청소년은 1500원이다. 어른과 청소년을 합하여 모두 10명이 입장하는데 총 입장료가 16500원이었다면 입장한 어른의 수는?

① 7명 ② 6명 ③ 5명
④ 4명 ⑤ 3명

3 다음은 중국 명나라의 정대위가 지은 "산법통종"에 실려 있는 문제이다. 이 문제를 푸시오.

> 구미호는 머리가 하나에 꼬리가 아홉 개 달려 있다. 봉조는 머리가 아홉 개에 꼬리가 한 개 달려 있다. 이 두 동물을 우리 안에 넣었더니 머리가 72개, 꼬리가 88개였다고 한다. 구미호와 봉조는 각각 몇 마리씩 있는가?

4 현재 아버지와 지훈이의 나이의 합은 60세이고, 18년 후에는 아버지의 나이가 지훈이의 나이의 2배가 된다고 한다. 현재 아버지와 지훈이의 나이의 차는?

① 28세 ② 30세 ③ 32세
④ 33세 ⑤ 35세

아차! 돌다리 문제

5 서영이의 집은 학교에서 5 km 떨어져 있다. 서영이는 오늘 아침 7시에 집을 나와 시속 4 km의 속력으로 걷다가, 지각을 할 것 같아 도중에 시속 6 km의 속력으로 달려 8시 10분에 학교에 도착하였다. 서영이가 걸어간 거리를 구하시오.

Step2 자주 나오는 문제

중요 **6** 보람이와 나영이가 가위바위보를 하여 이긴 사람은 계단을 3개씩 올라가고, 진 사람은 1개씩 내려가는 게임을 하고 있다. 게임을 시작한 지 얼마 후에 보람이는 처음의 위치에서 7개의 계단을, 나영이는 3개의 계단을 올라가 있었다. 지금까지 보람이는 몇 회 이겼는지 구하시오.

(단, 비긴 경우는 없다고 한다.)

아차! 돌다리 문제

중요 **7** 두 자리의 자연수가 있다. 십의 자리의 숫자와 일의 자리의 숫자의 합은 5이고, 십의 자리의 숫자와 일의 자리의 숫자를 바꾼 수는 처음 수보다 9만큼 크다고 한다. 처음 수를 10으로 나눈 나머지는?

① 0 ② 1 ③ 2
④ 3 ⑤ 4

8 10 %의 소금물에 물을 더 넣어 4 %의 소금물을 만들었다. 더 넣은 물의 양은 처음 소금물의 양보다 100 g이 더 많다고 할 때, 더 넣은 물의 양을 구하시오.

9 보트가 강을 10 km 거슬러 올라가는 데 1시간, 내려오는 데 50분이 걸렸다. 강물이 흐르는 속력과 흐르지 않는 물에서의 보트의 속력을 각각 구하시오.
(단, 강물과 보트의 속력은 각각 일정하다.)

10 어느 학교의 작년 학생 수는 모두 800명이었다. 올해는 남학생이 4 %, 여학생이 6 % 증가하여 전체적으로는 5 %가 증가하였다. 올해의 남학생 수는?

① 384명 ② 395명 ③ 400명
④ 416명 ⑤ 420명

Step3 만점! 도전 문제

11 A는 구리를 20 %, 주석을 30 % 포함한 합금이고, B는 구리를 10 %, 주석을 20 % 포함한 합금이다. 이 두 종류의 합금을 녹인 후 다시 섞어서 구리와 주석을 각각 16 g, 27 g을 포함하는 합금을 만들려고 할 때, 합금 A, B는 각각 몇 g씩 필요한지 구하시오.

12 지연이와 정우가 함께 일을 하면 15일 만에 끝낼 수 있는 일을 지연이가 18일 동안 하고, 나머지 일을 정우가 10일 동안 하여 끝냈다고 한다. 지연이가 혼자서 이 일을 한다면 일을 끝내는 데 며칠이 걸리는지 구하시오.

서술형 문제

13 어느 놀이공원의 롤러코스터에는 2명까지 앉을 수 있는 칸이 12개 있다. 이 롤러코스터에 총 18명이 타고 있고, 1명도 타고 있지 않은 칸이 1개일 때, 1명이 타고 있는 칸의 수를 구하시오. (단, 풀이 과정을 자세히 쓰시오.)

풀이 과정

답

14 규영이는 어제 집에서 8 km 떨어진 도서관에 갔다. 처음에는 시속 4 km의 속력으로 걷다가 서점에 들러서 30분 동안 책을 사고, 서점에서 도서관까지는 시속 6 km의 속력으로 뛰었다. 집을 떠나 2시간 만에 도서관에 도착하였을 때, 규영이가 뛰어간 거리를 구하시오. (단, 풀이 과정을 자세히 쓰시오.)

풀이 과정

답

13강 함수의 뜻

① 함수

(1) 변수: 여러 가지로 변하는 값을 나타내는 문자

참고 변수와 달리 변하지 않는 일정한 값을 가지는 수나 문자를 상수라 한다.

예 $y=2x$에서 x, y를 변수, 2를 상수라 한다.

(2) 함수: 두 변수 x, y에 대하여 x의 값이 변함에 따라 y의 값이 오직 하나씩 정해지는 대응하는 관계가 있을 때, y는 x의 함수라 한다.

기호 $y=f(x)$

참고 x의 값 하나에 대하여 ┌ 오직 하나씩 대응하면 함수이다.
└ 대응하지 않거나 2개 이상 대응하면 함수가 아니다.

* 함수인 것 찾기

[1] 정비례 관계식: $y=3x$

$x=1$일 때, $y=3\times1=3$
$x=2$일 때, $y=3\times2=6$
$x=3$일 때, $y=3\times3=9$
⋮
➡ x의 값이 하나 정해지면 그에 따라 y의 값이 오직 하나씩 대응하므로 함수이다.

[2] 반비례 관계식: $y=\frac{6}{x}$

$x=1$일 때, $y=\frac{6}{1}=6$
$x=2$일 때, $y=\frac{6}{2}=3$
$x=3$일 때, $y=\frac{6}{3}=2$
⋮
➡ x의 값이 하나 정해지면 그에 따라 y의 값이 오직 하나씩 대응하므로 함수이다.

[3] $y=$(x에 대한 일차식): $y=x+2$

$x=1$일 때, $y=1+2=3$
$x=2$일 때, $y=2+2=4$
$x=3$일 때, $y=3+2=5$
⋮
➡ x의 값이 하나 정해지면 그에 따라 y의 값이 오직 하나씩 대응하므로 함수이다.

예제 1 고속도로를 시속 100 km로 달리는 버스가 있다. 이 버스가 x시간 동안 달린 거리를 y km라 할 때, 물음에 답하시오.

(1) 다음 표를 완성하시오.

x(시간)	1	2	3	4	⋯
y(km)					

(2) y는 x의 함수인가?

(3) x, y 사이의 관계식을 구하시오.

예제 2 다음에서 y가 x에 대한 함수인지 말하시오.

(1) 자연수 x보다 작은 수 y

(2) 현재 14살인 라연이의 x년 후의 나이 y살

(3) 180쪽인 책을 x쪽 읽고 남은 쪽수 y쪽

② 함숫값

함수 $y=f(x)$에서 x의 값에 따라 정해지는 y의 값을 함숫값이라 한다.

기호 $f(x)$

* 함숫값 구하기

함수 $y=f(x)$에 대하여
$f(a)$ ➡ $x=a$일 때, 함숫값
➡ $x=a$일 때, y의 값
➡ $f(x)$에 $x=a$를 대입하여 얻은 값

예제 3 함수 $f(x)=-3x$에 대하여 다음을 구하시오.

(1) $f(0)$

(2) $f(1)$

(3) $f(-4)+f(3)$

핵심 유형 익히기

정답과 해설 23쪽

1 하루 동안 잠자는 시간을 x시간, 깨어있는 시간을 y시간이라 할 때, 다음 물음에 답하시오.

(1) y는 x의 함수인가?

(2) x, y 사이의 관계식을 구하시오.

2 다음 중 y가 x의 함수가 아닌 것은?

① $y=2x$ ② $y=x+3$

③ 자연수 x의 역수 y ④ $y=\frac{12}{x}$

⑤ 자연수 x의 배수 y

• x의 값 하나에 대하여 대응하지 않거나, 2개 이상 대응하는 y값이 있으면 함수가 아니다.

3 함수 $f(x)=\frac{-12}{x}$에 대하여 $f(-1)+f(3)$의 값은?

① -6 ② -4 ③ 4 ④ 6 ⑤ 8

4 함수 $f(x)=ax$에 대하여 $f(3)=2$일 때, 상수 a의 값은?

① $-\frac{2}{3}$ ② $-\frac{1}{2}$ ③ $\frac{1}{2}$ ④ $\frac{2}{3}$ ⑤ $\frac{3}{2}$

• $f(a)=b$는 x의 값이 a일 때, y의 값은 b임을 의미한다.

5 넓이가 $12\,\text{cm}^2$인 직사각형의 가로의 길이 $x\,\text{cm}$와 세로의 길이 $y\,\text{cm}$ 사이의 관계를 함수 $y=f(x)$의 식으로 나타낼 때, 다음 중 옳지 않은 것은?

① $y=f(x)$는 정비례 관계식이다. ② $f(1)=12$

③ $f(4)=3$ ④ $f(3)+f(6)=6$

⑤ $2f(2)=12$

족집게 문제

Step 1 반드시 나오는 문제

아차! 돌다리 문제

1 다음 중 y가 x의 함수가 아닌 것은?

① $y=3x$ ② $y=\frac{2}{x}$
③ $y=2x+1$ ④ $y=$(x의 약수)
⑤ $y=$(자연수 x보다 작은 소수의 개수)

2 다음 보기 중 $f(-1)=3$인 함수는 모두 몇 개인지 구하시오.

보기
ㄱ. $f(x)=-3x$ ㄴ. $f(x)=3x$
ㄷ. $f(x)=-\frac{x}{3}$ ㄹ. $f(x)=-\frac{3}{x}$

중요 **3** 두 함수 $f(x)=4x$, $g(x)=\frac{4}{x}$에 대하여 $f(-1)+g(4)$의 값은?

① -3 ② -2 ③ -1
④ 0 ⑤ 1

4 함수 $f(x)=\frac{a}{x}$에 대하여 $f(-3)=2$일 때, 상수 a의 값은?

① -8 ② -6 ③ -47
④ 1 ⑤ 3

Step 2 자주 나오는 문제

5 다음 중 y가 x의 함수가 아닌 것은?

① 넓이가 $4\,\text{cm}^2$인 삼각형의 밑변의 길이가 $x\,\text{cm}$일 때, 높이 $y\,\text{cm}$
② 절댓값이 x인 수 y
③ 시속 $x\,\text{km}$로 5시간 동안 간 거리 $y\,\text{km}$
④ 자연수 x를 3으로 나눈 나머지 y
⑤ x개의 의자에 4명씩 앉을 때, 앉을 수 있는 사람의 수 y명

6 함수 $f(x)=ax$에 대하여 $f(1)=-2$일 때, $f(3)+f(5)$의 값은? (단, a는 상수)

① -16 ② -14 ③ -12
④ 12 ⑤ 14

» 106쪽 다시 보는 핵심 문제로
자신의 실력을 확인하세요!

7 함수 $f(x)=3x$에 대하여 $f(a)+f(a-1)=-9$일 때, a의 값은?

① -3 ② -1 ③ 0
④ 1 ⑤ 3

8 어느 댐의 수문을 $2\,\mathrm{m}$ 열면 초당 40톤의 물이 흘러나온다고 한다. 수문을 $2\,\mathrm{m}$ 열어 x초 동안 흘러나온 물의 양 y톤 사이의 관계를 함수 $y=f(x)$의 식으로 나타낼 때, $f(2)+f(5)$의 값은?

① 80 ② 120 ③ 200
④ 280 ⑤ 320

Step3 만점! 도전 문제

9 함수 $f(x)=\frac{a}{x}$에 대하여 $f(2)=-3$일 때, $4f(1)+f(-1)=f(k)$를 만족시키는 k의 값을 구하시오. (단, a는 상수)

10 함수 $f(n)=$(자연수 n을 9로 나눈 나머지)라 할 때, 다음 중 옳지 않은 것은?

① $f(1)=1$
② $f(2)=f(29)$
③ $f(10)=f(37)$
④ $2f(13)=4f(11)$
⑤ $f(53)+f(47)=9$

서술형 문제

11 함수 $f(x)=-2x$에 대하여 $f(a)=4$, $f(-3)=b$일 때, $a+b$의 값을 구하시오.
(단, 풀이 과정을 자세히 쓰시오.)

풀이 과정

답

일차함수의 뜻과 그래프

① 일차함수의 뜻

함수 $y=f(x)$에서 y가 x에 대한 일차식

$y=ax+b$(a, b는 상수, $a\neq0$)

로 나타날 때, 이 함수를 x에 대한 일차함수라 한다.

＊ 일차함수 찾기

a, b는 상수이고 $a\neq0$일 때

[1] $ax+b$ ➡ 일차식

[2] $ax+b=0$ ➡ 일차방정식

[3] $ax+b>0$ ➡ 일차부등식

[4] $y=ax+b$ ➡ 일차함수

예제 1 다음 보기에서 일차함수인 것을 모두 고르시오.

보기

ㄱ. $y=-3x$　　ㄴ. $y=\frac{1}{x}$

ㄷ. $y=-\frac{1}{2}x+2$　　ㄹ. $y=x^2-3x-4$

예제 2 다음에서 y를 x에 관한 식으로 나타내고, 일차함수인지 말하시오.

(1) 5000원으로 한 장에 500원인 CD x장을 사고 남은 돈 y원

(2) 자전거를 타고 시속 60 km로 x시간 동안 달린 거리 y km

(3) 반지름의 길이가 x cm인 원의 넓이 $y\,\text{cm}^2$

② 일차함수 $y=ax+b(a\neq0)$의 그래프

(1) 평행이동: 한 도형을 일정한 방향으로 일정한 거리만큼 옮기는 것

(2) 일차함수 $y=ax+b$의 그래프: 일차함수 $y=ax$의 그래프를 y축의 방향으로 b만큼 평행이동한 직선이다.

예 $y=2x$ $\xrightarrow[\text{3만큼 평행이동}]{y\text{축의 방향으로}}$ $y=2x+3$,　$y=-x$ $\xrightarrow[-1\text{만큼 평행이동}]{y\text{축의 방향으로}}$ $y=-x-1$

참고 특별한 말이 없으면 일차함수 $y=ax+b$에서 x의 값의 범위는 수 전체로 생각한다.

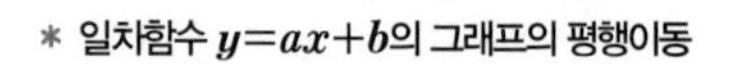

＊ 일차함수 $y=ax+b$의 그래프의 평행이동

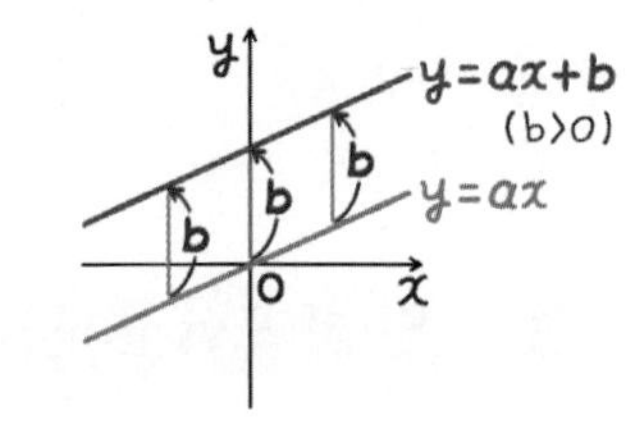

참고 일차함수 $y=ax$의 그래프

일차함수 $y=ax(a\neq0)$의 그래프는 다음 그림과 같이 원점을 지나는 직선이다.

$a>0$　　$a<0$

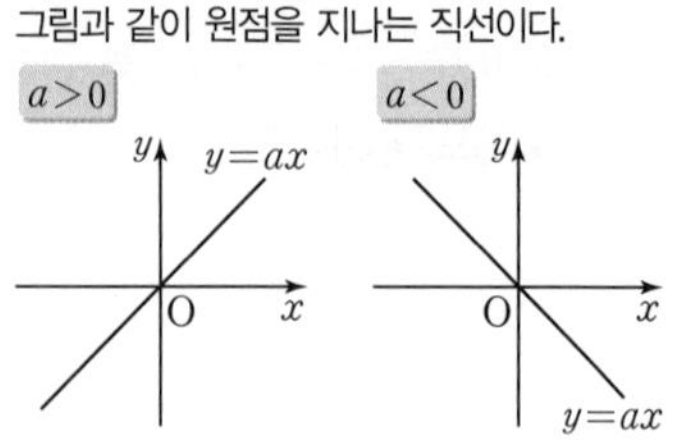

예제 3 일차함수 $y=2x$의 그래프를 평행이동하여 일차함수 $y=2x+1$의 그래프를 오른쪽 좌표평면 위에 그리시오.

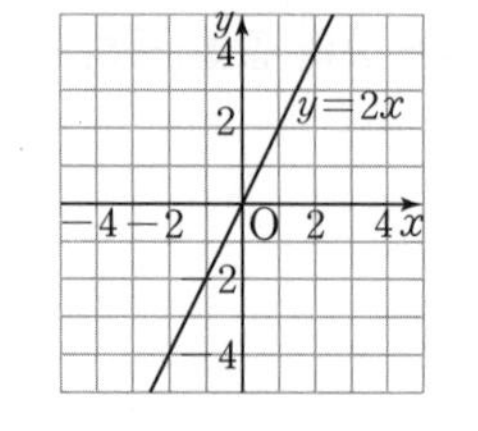

예제 4 다음 일차함수의 그래프를 y축의 방향으로 [　] 안의 수만큼 평행이동한 그래프가 나타내는 일차함수의 식을 구하시오.

(1) $y=x$ [4]　　(2) $y=-2x$ [−1]

(3) $y=3x$ [−2]　　(4) $y=-\frac{2}{5}x$ [3]

핵심 유형 익히기

1 다음 중 일차함수인 것을 모두 고르면? (정답 2개)

① $y=4x-3$　② $y=0\times x+5$　③ $y=3-2x$
④ $y=x(-5+x)$　⑤ $y=\frac{2}{x}$

• 주어진 식의 우변을 정리하여 $y=$(x에 대한 일차식)인 것을 찾는다.

2 다음 보기에서 y가 x의 일차함수인 것을 모두 고르시오.

보기

ㄱ. 반지름의 길이가 x cm인 원의 둘레의 길이는 y cm이다.
ㄴ. 한 변의 길이가 x cm인 정사각형의 넓이는 $y\,\text{cm}^2$이다.
ㄷ. 시속 x km의 속력으로 5시간 동안 달린 거리는 y km이다.
ㄹ. 300원짜리 연필 1자루와 x원짜리 공책 2권의 값은 y원이다.

3 일차함수 $f(x)=-\frac{1}{4}x+b$에 대하여 $f(4)=7$일 때, 상수 b의 값을 구하시오.

4 다음 중 일차함수 $y=-3x+5$의 그래프 위에 있는 점은?

① $(-2, 4)$　② $(-1, 2)$　③ $(0, 6)$
④ $(3, 4)$　⑤ $(4, -7)$

• 일차함수 $y=ax+b$의 그래프가 점 (m, n)을 지난다.
➡ $y=ax+b$에 $x=m$, $y=n$을 대입하면 성립한다.

5 일차함수 $y=2x-3$의 그래프를 y축의 방향으로 4만큼 평행이동하였을 때, 이 그래프가 지나지 않는 사분면은?

① 제1사분면　② 제2사분면　③ 제3사분면
④ 제4사분면　⑤ 알 수 없다.

6 일차함수 $y=-2x$의 그래프를 y축의 방향으로 -3만큼 평행이동한 그래프가 점 $(-4, p)$를 지날 때, p의 값은?

① 5　② 3　③ 2　④ -3　⑤ -5

기초를 좀 더 다지려면~! 70쪽 »

일차함수의 그래프의 x절편과 y절편

❶ x절편과 y절편

일차함수 $y=ax+b$의 그래프에서

(1) x절편: 그래프가 x축과 만나는 점의 x좌표 ➡ $y=0$일 때, x의 값 ➡ $-\frac{b}{a}$

(2) y절편: 그래프가 y축과 만나는 점의 y좌표 ➡ $x=0$일 때, y의 값 ➡ b

예 일차함수 $y=3x-2$의 그래프에서 x절편: $\frac{2}{3}$, y절편: -2

→ 점의 좌표는 $\left(\frac{2}{3}, 0\right)$ → 점의 좌표는 $(0, -2)$

* x절편과 y절편

일차함수 $y=ax+b(a>0, b>0)$의 그래프에서의 x절편과 y절편

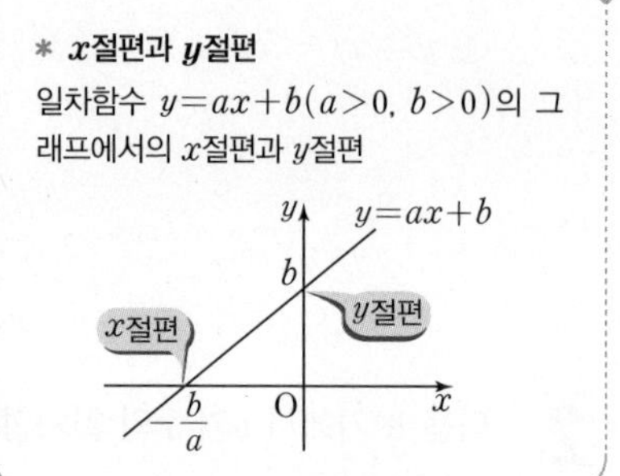

예제 1 오른쪽 그림은 두 일차함수

$y=x-2$ ⋯ ㉠, $y=-\frac{2}{3}x+2$ ⋯ ㉡

의 그래프이다. 두 그래프의 x절편과 y절편을 각각 구하시오.

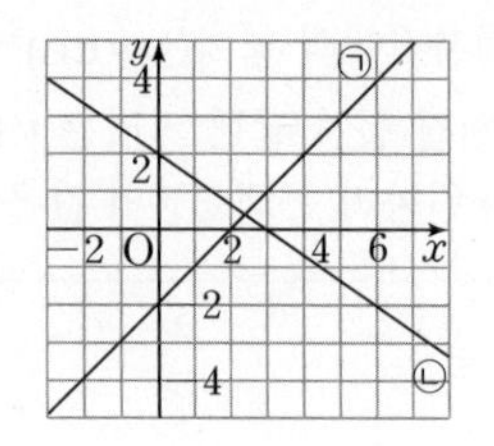

예제 2 다음 일차함수의 그래프의 x절편과 y절편을 각각 구하시오.

(1) $y=-3x+5$

(2) $y=\frac{1}{2}x-2$

❷ x절편과 y절편을 이용하여 일차함수의 그래프 그리기

❶ x절편과 y절편을 각각 구한다.

❷ 좌표평면 위에 두 점 (x절편, 0), (0, y절편)을 나타낸다.

❸ ❷의 두 점을 직선으로 연결한다.

예 일차함수 $y=-\frac{1}{2}x+2$의 그래프는 x절편이 4, y절편이 2이므로 두 점 (4, 0), (0, 2)를 직선으로 연결한다.

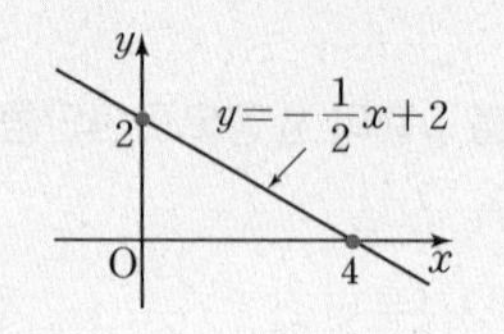

* x절편과 y절편이 나타내는 점

일차함수 $y=ax+b$의 그래프의

[1] x절편이 m이다.

➡ 점 $(m, 0)$을 지난다.

[2] y절편이 n이다.

➡ 점 $(0, n)$을 지난다.

예제 3 x절편, y절편을 이용하여 다음 일차함수의 그래프를 좌표평면 위에 그리시오.

(1) $y=2x-4$

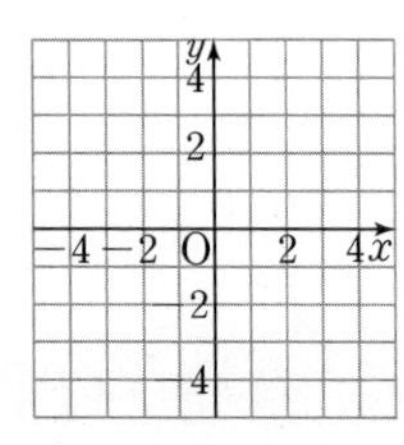

(2) $y=-\frac{1}{3}x+1$

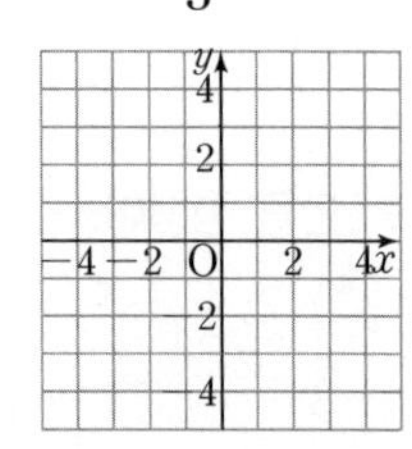

정답과 해설 24쪽

1 일차함수 $y=\frac{3}{4}x-6$의 그래프의 x절편을 a, y절편을 b라 할 때, $a+b$의 값은?

① -14 ② -6 ③ 2 ④ 6 ⑤ 14

- 일차함수 $y=ax+b$의 그래프에서 x절편: $-\frac{b}{a}$, y절편: b

2 일차함수 $y=ax-3$의 그래프의 x절편이 6일 때, 상수 a의 값은?

① -2 ② $-\frac{1}{2}$ ③ $\frac{1}{2}$ ④ 2 ⑤ 4

3 일차함수 $y=3x-1$의 그래프를 y축의 방향으로 k만큼 평행이동한 그래프의 y절편이 -4일 때, k의 값을 구하시오.

4 다음 중 일차함수 $y=-3x+6$의 그래프는?

① 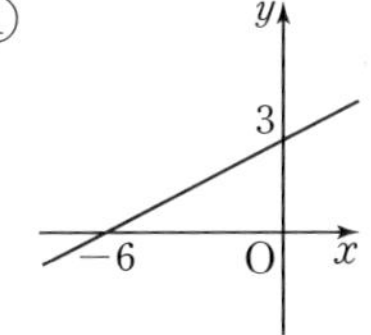

② 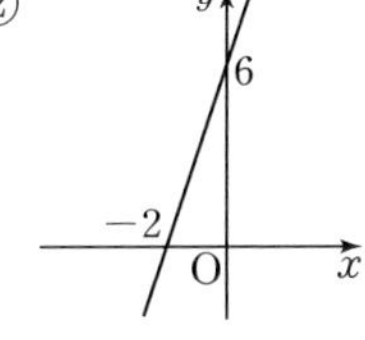

③ 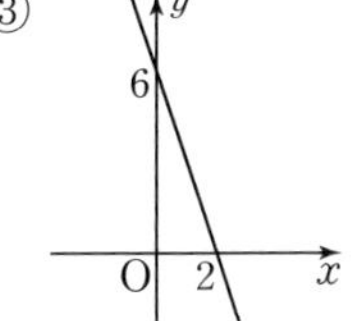

④ y, 2, O, 6, x

⑤ y, 6, -3, O, x

5 일차함수 $y=\frac{1}{2}x-1$의 그래프와 x축, y축으로 둘러싸인 부분의 넓이를 구하시오.

- 일차함수 $y=ax+b$의 그래프와 x축, y축으로 둘러싸인 삼각형의 넓이는
➡ $\frac{1}{2}\times|x\text{절편}|\times|y\text{절편}|$
$=\frac{1}{2}\times\left|-\frac{b}{a}\right|\times|b|$

6 두 일차함수 $y=-\frac{2}{5}x+2$, $y=x+2$의 그래프와 x축으로 둘러싸인 삼각형의 넓이를 구하시오.

기초를 좀 더 다지려면~! 71쪽 »

내공 다지기

14강 일차함수의 뜻과 그래프 - 평행이동을 이용하여 일차함수의 그래프 그리기

1 평행이동을 이용하여 다음 일차함수의 그래프를 좌표 평면 위에 그리시오.

(1) $y=2x+4$

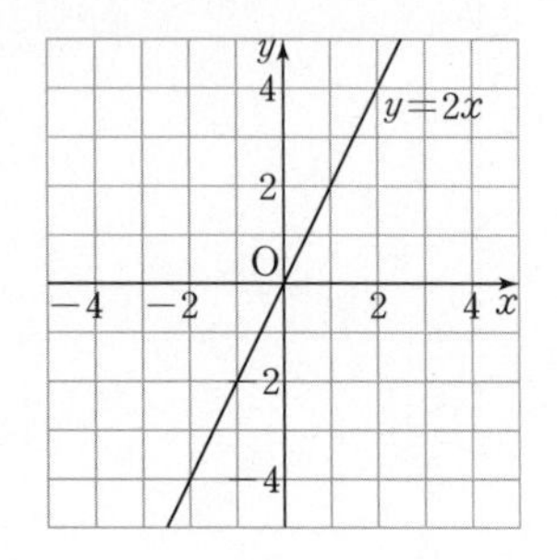

(2) $y=3x-1$

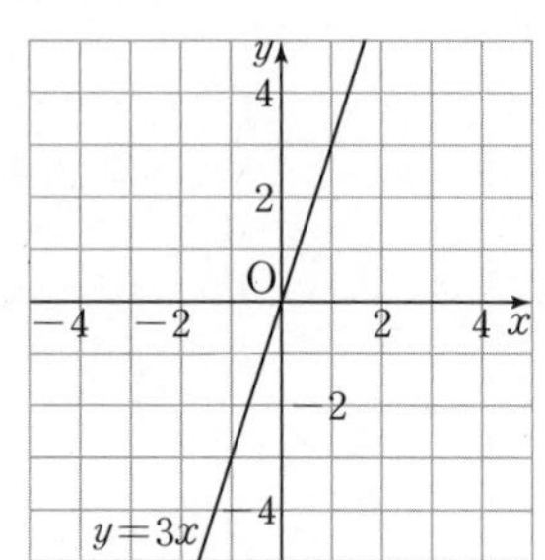

(3) $y=-2x+3$

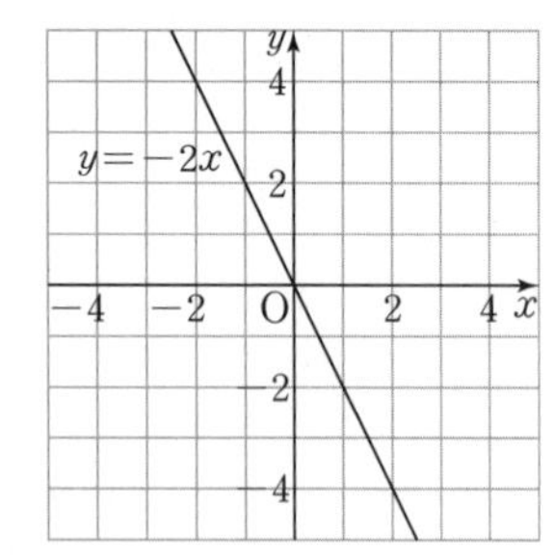

(4) $y=-3x-4$

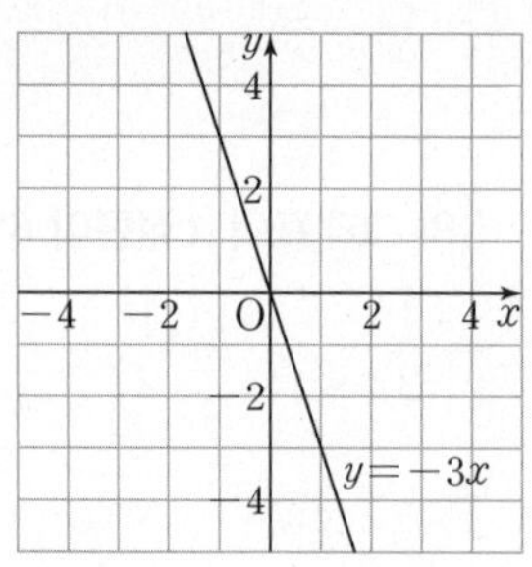

(5) $y=\frac{3}{2}x-1$

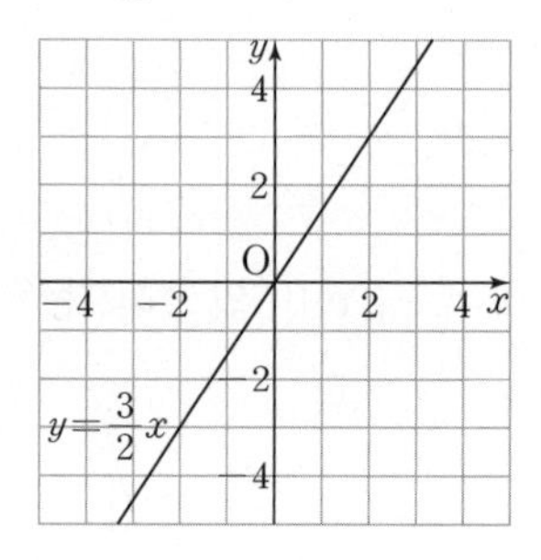

(6) $y=-\frac{3}{4}x+2$

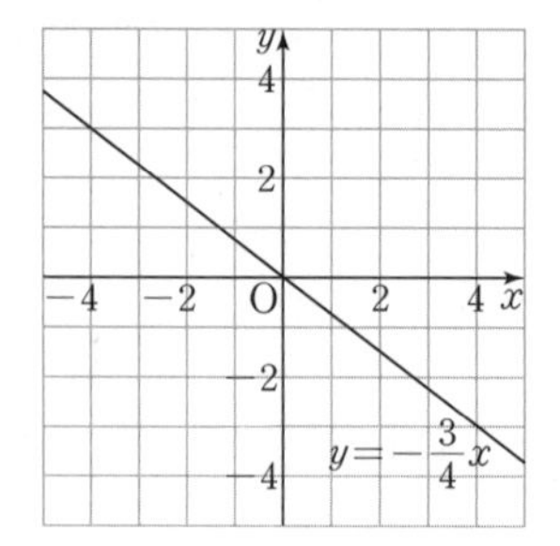

15강 일차함수의 그래프의 x절편과 y절편 - x절편과 y절편을 이용하여 일차함수의 그래프 그리기

2 다음 일차함수의 그래프의 x절편과 y절편을 각각 구하고, 이를 이용하여 그래프를 좌표평면 위에 그리시오.

(1) $y=x+3$

⇨ x절편:

y절편:

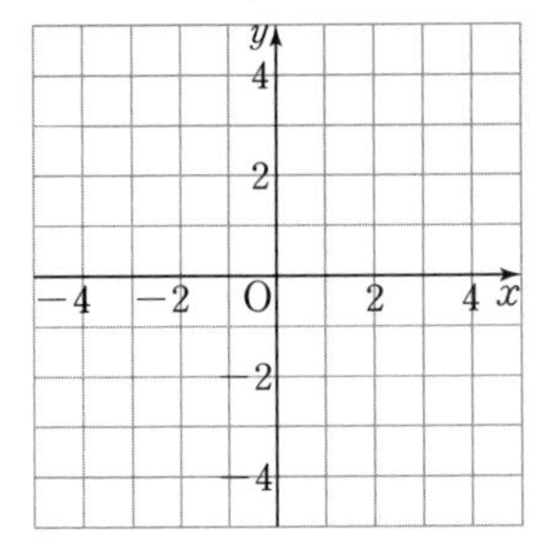

(2) $y=2x-3$

⇨ x절편:

y절편:

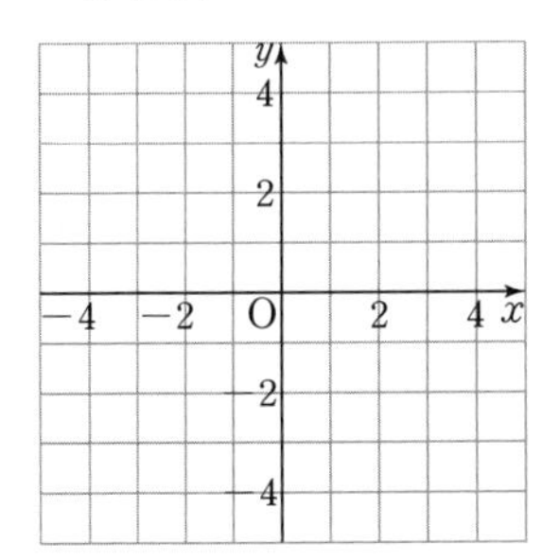

(3) $y=-3x+2$

⇨ x절편:

y절편:

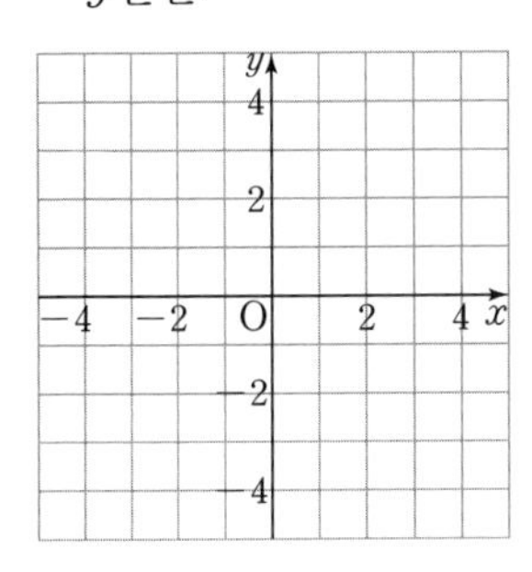

(4) $y=-4x-1$

⇨ x절편:

y절편:

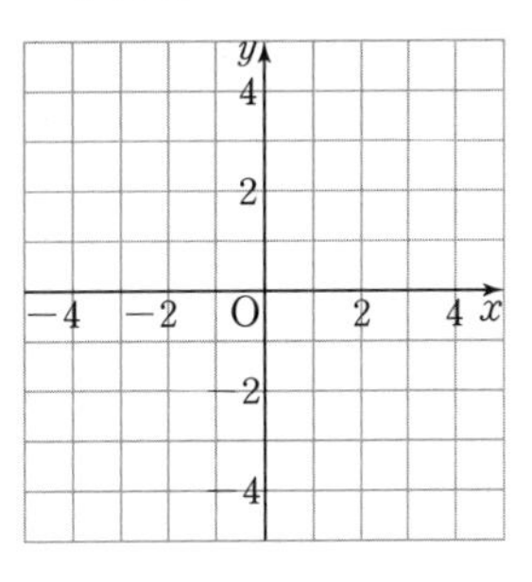

(5) $y=\frac{4}{3}x-2$

⇨ x절편:

y절편:

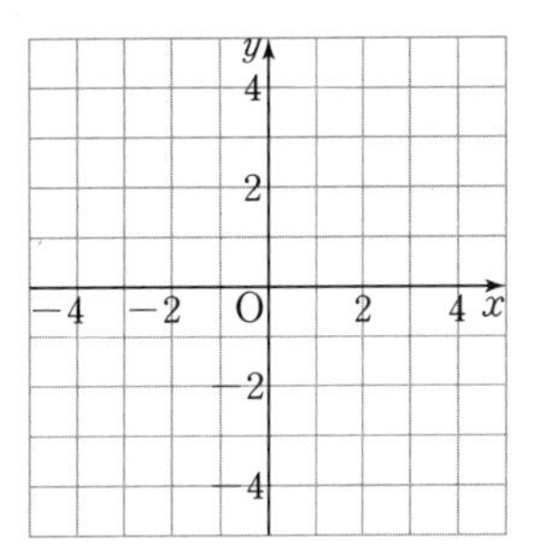

(6) $y=-\frac{3}{2}x+1$

⇨ x절편:

y절편:

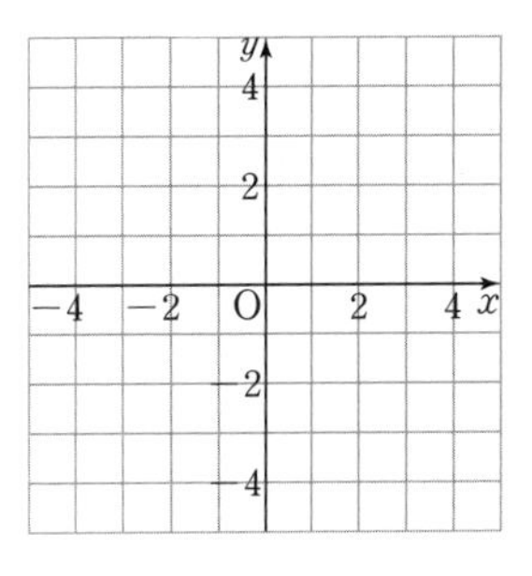

내공 쌓는 족집게 문제

Step1 반드시 나오는 문제

1 다음 보기에서 일차함수인 것은 모두 몇 개인가?

• 보기 •
ㄱ. $3x+5$　　ㄴ. $y=\frac{1}{3}x+5$
ㄷ. $y=\frac{1}{x}-3$　　ㄹ. $y=x(5+x)$
ㅁ. $y=3x^2-5x+1$　　ㅂ. $y=x$

① 2개　② 3개　③ 4개
④ 5개　⑤ 6개

중요 **2** 일차함수 $y=f(x)$에 대하여 $f(x)=-3x+2$일 때, $f(2)+f(-2)$의 값을 구하시오.

3 일차함수 $f(x)=ax-5$에 대하여 $f(3)=4$일 때, $f(-2)$의 값은? (단, a는 상수)

① -11　② -8　③ -4
④ 1　⑤ 3

4 다음 중 일차함수 $y=-3x+2$의 그래프 위에 있는 점이 아닌 것은?

① $(-2, 8)$　② $(2, 0)$　③ $(3, -7)$
④ $(-3, 11)$　⑤ $(6, -16)$

아차! 돌다리 문제

5 다음 중 일차함수 $y=4x+1$의 그래프를 y축의 방향으로 -6만큼 평행이동한 그래프의 식은?

① $y=-4x+6$　② $y=-4x+5$
③ $y=4x+5$　④ $y=4x-5$
⑤ $y=4x-6$

6 다음 일차함수의 그래프 중에서 일차함수 $y=-5x$의 그래프를 평행이동하였을 때, 겹쳐지는 것은?

① $y=-x+2$　② $y=x-1$
③ $y=-\frac{1}{5}x-3$　④ $y=-5x-1$
⑤ $y=5x+1$

중요 **7** 일차함수 $y=\frac{1}{3}x$의 그래프를 y축의 방향으로 -3만큼 평행이동한 그래프가 점 $(6, a)$를 지날 때, a의 값을 구하시오.

8 일차함수 $y=3x-6$의 그래프의 x절편과 y절편을 차례로 구하면?

① $-3, 6$　② $1, 2$　③ $2, -6$
④ $2, -3$　⑤ $3, 5$

전국 중학교의 기출문제와 새로운 교육과정의 문제를
종합, 분석하여 핵심 문제만을 모았습니다.

중요 9 일차함수 $y=\frac{3}{2}x-1$의 그래프가 x축과 만나는 점의 좌표는?

① $(-1, 0)$ ② $(1, 0)$ ③ $(0, -1)$
④ $\left(\frac{2}{3}, 0\right)$ ⑤ $\left(\frac{2}{3}, -1\right)$

10 일차함수 $y=2x+b$의 그래프의 x절편이 -4일 때, y절편은?

① -5 ② -1 ③ 1
④ 5 ⑤ 8

11 일차함수 $y=3x-\frac{1}{2}$의 그래프의 x절편을 a, y절편을 b라 할 때, ab의 값은?

① $-\frac{1}{2}$ ② $-\frac{1}{3}$ ③ $-\frac{1}{4}$
④ $-\frac{1}{6}$ ⑤ $-\frac{1}{12}$

12 일차함수 $y=ax+3$의 그래프의 x절편이 $\frac{1}{2}$, y절편이 b일 때, $a+b$의 값을 구하시오. (단, a, b는 상수)

중요 13 일차함수 $y=-2x+3$의 그래프에 대한 다음 설명 중 옳지 않은 것은?

① y축과 만나는 점의 좌표는 $(0, -3)$이다.
② 일차함수 $y=-2x$의 그래프를 y축의 방향으로 3만큼 평행이동한 것이다.
③ x절편은 $\frac{3}{2}$이다.
④ y절편은 3이다.
⑤ 점 $(2, -1)$을 지난다.

14 x절편과 y절편을 이용하여 일차함수 $y=-\frac{3}{4}x+3$의 그래프를 다음 좌표평면 위에 그리시오.

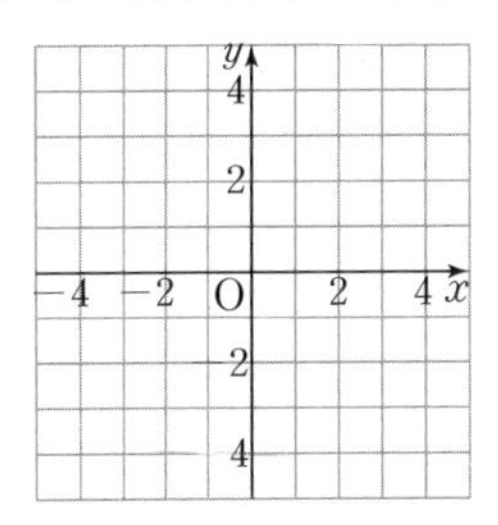

15 다음 중 오른쪽 그림과 같은 그래프를 나타내는 일차함수의 식은?

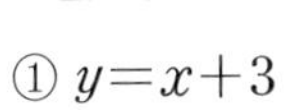

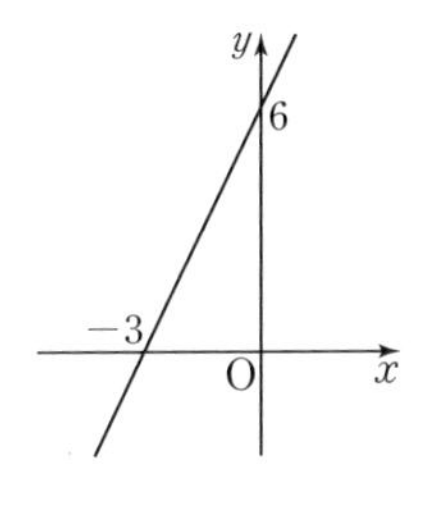

① $y=x+3$
② $y=2x+6$
③ $y=4x+4$
④ $y=-2x+6$
⑤ $y=-3x+6$

중요 16 일차함수 $y=-\frac{2}{3}x+4$의 그래프와 x축, y축으로 둘러싸인 삼각형의 넓이는?

① 10 ② 12 ③ 16
④ 20 ⑤ 24

Step 2 자주 나오는 문제

17 다음 중 y를 x에 관한 식으로 나타낼 때, y가 x의 일차함수가 아닌 것은?

① 한 개에 500원 하는 과일 x개의 값 y원
② 시속 50 km로 x시간 동안 달린 거리 y km
③ 한 변의 길이가 x cm인 정사각형의 둘레의 길이 y cm
④ 밑변의 길이가 x cm이고 높이가 10 cm인 삼각형의 넓이 $y\,\text{cm}^2$
⑤ 넓이가 $20\,\text{m}^2$인 직사각형 모양의 잔디밭의 가로의 길이가 x m일 때, 세로의 길이 y m

18 일차함수 $y=f(x)$에 대하여 $f(1)=1$, $f(-2)=-5$일 때, $f(3)$의 값은?

① -5 ② -3 ③ -1
④ 3 ⑤ 5

중요 **19** 일차함수 $y=-2x$의 그래프를 y축의 방향으로 p만큼 평행이동한 그래프가 점 $(2, 1)$을 지날 때, p의 값은?

① -5 ② -3 ③ -1
④ 3 ⑤ 5

20 일차함수 $y=-3x+b$의 그래프를 y축의 방향으로 2만큼 평행이동하였더니 일차함수 $y=ax+4$의 그래프와 일치하였다. 이때 $a+b$의 값을 구하시오. (단, a, b는 상수)

중요 **21** 일차함수 $y=-4x+8$의 그래프가 지나지 않는 사분면은?

① 제1사분면 ② 제2사분면
③ 제3사분면 ④ 제4사분면
⑤ 알 수 없다.

22 오른쪽 그림은 일차함수 $y=-\frac{3}{4}x+b$의 그래프이다. 점 A의 좌표는? (단, b는 상수)

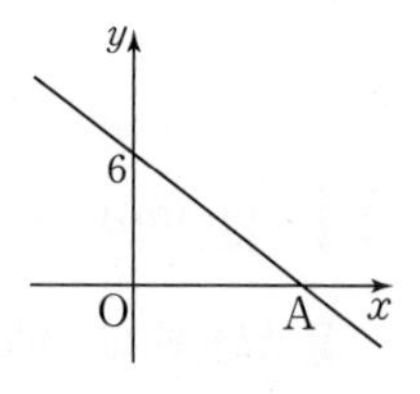

① $(4, 0)$ ② $(4, 3)$
③ $(6, 0)$ ④ $(6, 4)$
⑤ $(8, 0)$

23 일차함수 $y=ax+b$의 그래프가 오른쪽 그림과 같을 때, a의 값은? (단, a, b는 상수)

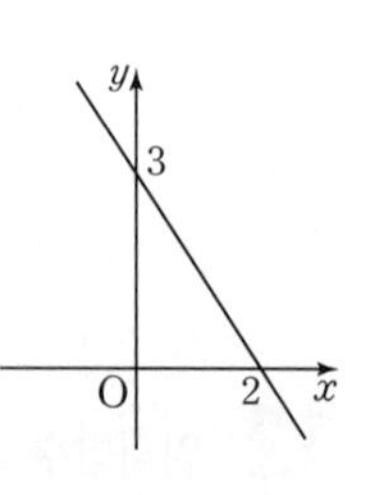

① 3 ② 2
③ 0 ④ $-\frac{3}{2}$
⑤ -2

» 107쪽 다시 보는 핵심 문제로 자신의 실력을 확인하세요!

Step3 만점! 도전 문제

24 일차함수 $y=-\frac{1}{2}ax+3$의 그래프를 y축의 방향으로 -2만큼 평행이동하였더니 일차함수 $y=-2x+b$의 그래프와 겹쳐졌다. 이때 $a+b$의 값을 구하시오.

(단, a, b는 상수)

25 오른쪽 그림과 같이 좌표평면 위에 일정한 간격으로 놓인 25개의 점이 있다. 일차함수 $y=-\frac{1}{2}x$의 그래프를 y축의 방향으로 평행이동한 일차함수의 그래프 중에서 오른쪽 그림의 점들 중 3개를 지나는 것의 개수를 구하시오.

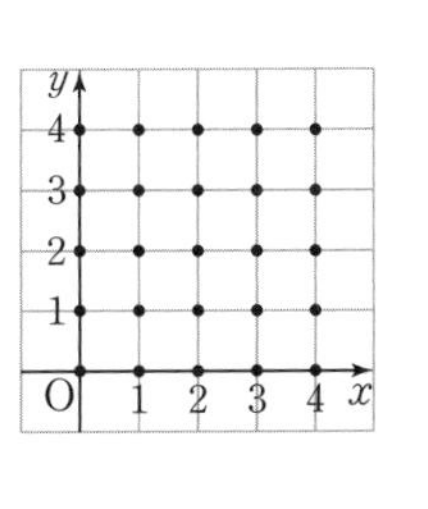

26 오른쪽 그림에서 두 점 A, B는 각각 일차함수 $\frac{x}{a}+\frac{y}{b}=1$의 그래프와 x축, y축의 교점이다. $\triangle$AOB의 넓이가 17일 때, ab의 값을 구하시오. (단, a, b는 상수)

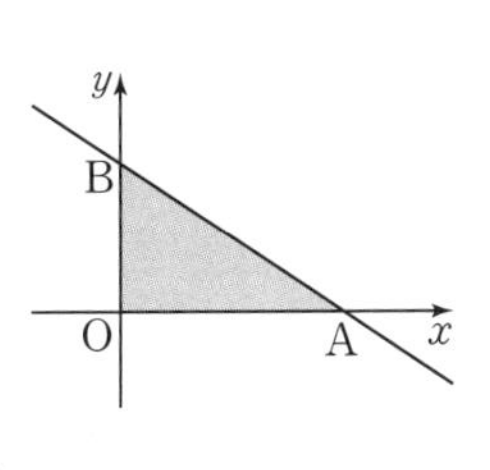

27 오른쪽 그림과 같이 두 일차함수 $y=2x+1$, $y=2x+4$의 그래프와 x축, y축으로 둘러싸인 도형의 넓이를 구하시오.

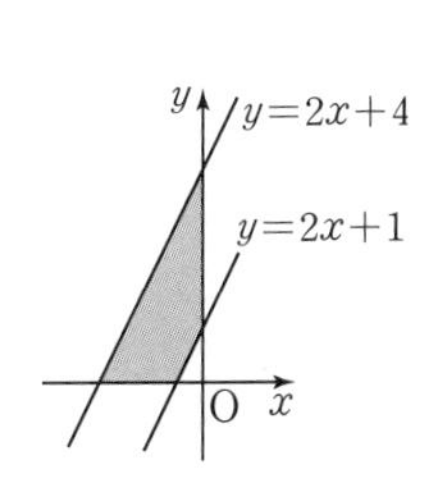

서술형 문제

28 오른쪽 그림은 두 일차함수 $y=ax+2$, $y=-\frac{1}{2}x+b$의 그래프이다. 이때 상수 a, b에 대하여 ab의 값을 구하시오.

(단, 풀이 과정을 자세히 쓰시오.)

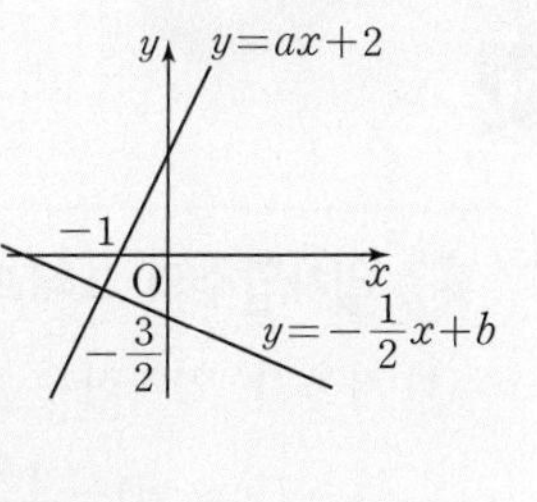

풀이 과정

답

29 x축 위에서 만나는 두 일차함수 $y=\frac{1}{2}x-2$, $y=-2x+k$의 그래프와 y축으로 둘러 싸인 삼각형의 넓이를 구하시오. (단, 풀이 과정을 자세히 쓰시오.)

풀이 과정

답

일차함수의 그래프의 기울기

❶ 일차함수의 그래프의 기울기

(1) 기울기: 일차함수 $y=ax+b(a\neq0)$의 그래프에서

$$(\text{기울기})=\frac{(y\text{의 값의 증가량})}{(x\text{의 값의 증가량})}=a$$

(2) 기울기와 y절편을 이용하여 일차함수의 그래프 그리기

❶ 좌표평면 위에 점 $(0,\ y$절편)을 나타낸다.

❷ 기울기를 이용하여 다른 한 점을 찾는다.

❸ ❶, ❷의 두 점을 직선으로 연결한다.

* 기울기와 y절편을 이용하여 그래프 그리기

일차함수 $y=-\frac{1}{2}x+1$의 그래프는

❶ y절편: 1 ➡ 점 (0, 1)을 지난다.

❷ (기울기)$=-\frac{1}{2}=\frac{-1}{+2}$

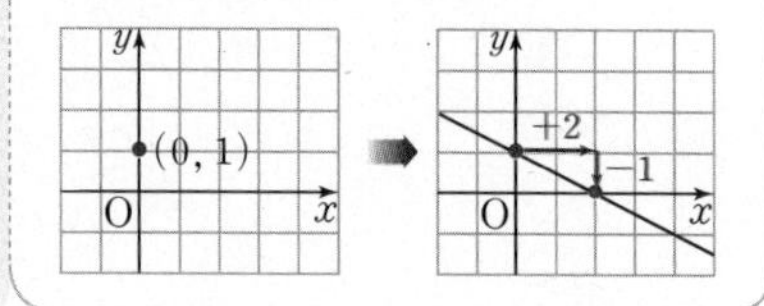

예제 1 일차함수 $y=-2x+3$의 그래프에 대하여 다음을 구하시오.

(1) x의 값이 -1에서 2까지 3만큼 증가할 때, y의 값의 증가량

(2) x의 값이 -4만큼 증가할 때, y의 값의 증가량

❷ 일차함수의 그래프와 기울기의 성질

일차함수 $y=ax+b$의 그래프에서

(1) $a>0$이면 x의 값이 증가할 때, y의 값도 증가한다.

➡ 오른쪽 위로 향하는 직선

(2) $a<0$이면 x의 값이 증가할 때, y의 값은 감소한다.

➡ 오른쪽 아래로 향하는 직선

참고 a의 절댓값이 클수록 그래프는 y축에 가깝다.

* 일차함수 $y=ax+b$의 그래프의 모양

	$b>0$	$b<0$
$a>0$		
$a<0$		

예제 2 다음과 같은 직선을 그래프로 하는 일차함수의 식을 오른쪽 보기에서 모두 고르시오.

(1) x의 값이 증가할 때, y의 값은 감소하는 직선

(2) 오른쪽 위로 향하는 직선

(3) 제3사분면을 지나지 않는 직선

• 보기 •

ㄱ. $y=5x$

ㄴ. $y=-\frac{1}{3}x+1$

ㄷ. $y=3x+5$

ㄹ. $y=-x-1$

❸ 두 일차함수의 그래프의 평행과 일치

(1) 두 일차함수의 그래프에서

① 기울기가 같고 y절편이 다르면 ➡ 두 그래프는 평행하다.

② 기울기가 같고 y절편도 같으면 ➡ 두 그래프는 일치한다.

(2) 서로 평행한 두 일차함수의 그래프의 기울기는 같다.

* 두 일차함수의 그래프의 평행과 일치

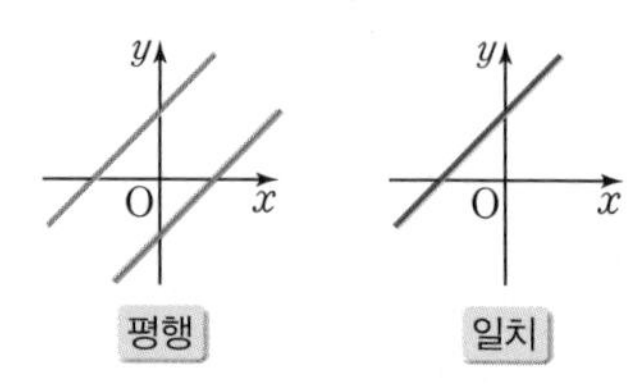

예제 3 다음 일차함수의 그래프 중 일차함수 $y=-3x+2$의 그래프와 평행한 것은?

① $y=3x+2$　② $y=-3x-2$　③ $y=3x-2$

④ $y=-\frac{1}{3}x+2$　⑤ $y=-\frac{1}{3}x-2$

핵심 유형 익히기

정답과 해설 27쪽

1 일차함수 $y=ax+b$의 그래프는 x의 값이 2만큼 증가할 때, y의 값이 -6만큼 증가한다. 이때 a의 값을 구하시오. (단, a, b는 상수)

2 다음 일차함수의 그래프의 기울기를 구하시오.

(1)

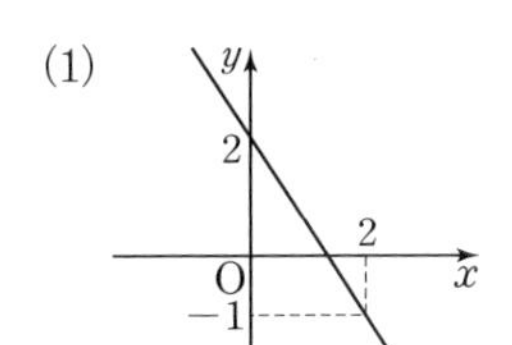

(2)

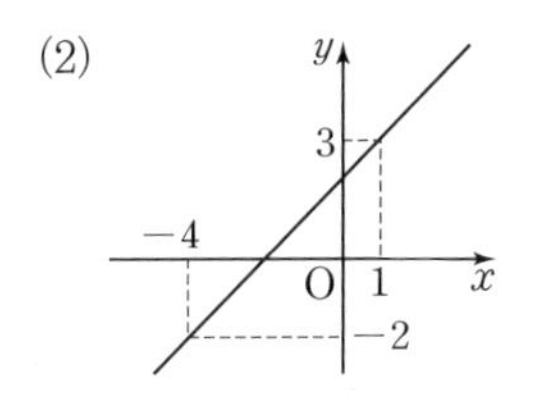

3 일차함수 $y=ax+b$의 그래프가 오른쪽 그림과 같을 때, 다음 중 a, b의 부호를 바르게 나타낸 것은? (단, a, b는 상수)

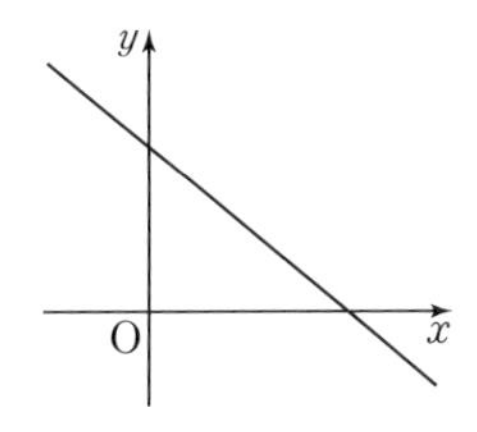

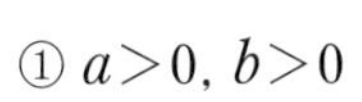

① $a>0$, $b>0$ ② $a>0$, $b<0$

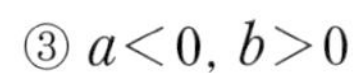

③ $a<0$, $b>0$ ④ $a<0$, $b<0$

⑤ $a<0$, $b=0$

- 일차함수 $y=ax+b$의 그래프에서
  - $a>0$ ➡ 오른쪽 위로 향하는 직선
  - $a<0$ ➡ 오른쪽 아래로 향하는 직선
  - $b>0$ ➡ y축과 양의 부분에서 만난다.
  - $b<0$ ➡ y축과 음의 부분에서 만난다.

4 일차함수 $y=-3x+9$의 그래프에 대한 다음 설명 중 옳지 <u>않은</u> 것은?

① 점 $(2, 3)$을 지난다.
② 제3사분면은 지나지 않는다.
③ x의 값이 증가하면 y의 값은 감소한다.
④ x절편은 -3, y절편은 9이다.
⑤ 일차함수 $y=-3x$의 그래프를 y축의 방향으로 9만큼 평행이동한 그래프이다.

5 다음 일차함수 중 그 그래프가 오른쪽 그림과 같은 일차함수의 그래프와 평행한 것은?

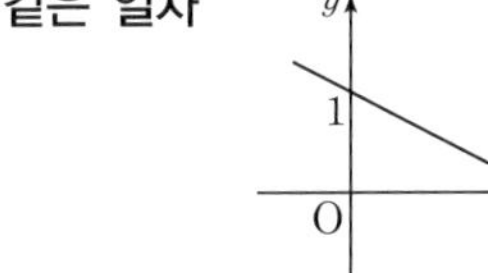

① $y=-2x+1$ ② $y=-x+2$
③ $y=-\frac{1}{2}x+3$ ④ $y=\frac{1}{2}x-2$
⑤ $y=2x+1$

- 두 일차함수 $\begin{cases} y=ax+b \\ y=cx+d \end{cases}$에서
  - $a=c$, $b\neq d$ ➡ 그래프는 평행
  - $a=c$, $b=d$ ➡ 그래프는 일치

6 일차함수 $y=ax-1$의 그래프는 일차함수 $y=4x+3$의 그래프와 평행하고, 점 $(1, b)$를 지난다. 이때 $a+b$의 값을 구하시오. (단, a, b는 상수)

기초를 좀 더 다지려면~! 82쪽 »

17강 일차함수의 식과 일차함수의 활용

① 일차함수의 식 구하기 (1)

(1) 기울기 a와 y절편 b가 주어질 때 ➡ $y=ax+b$ (기울기 a, y절편 b)

(2) 기울기 a와 그래프 위의 한 점 (x_1, y_1)이 주어질 때

❶ 기울기가 a이므로 $y=ax+b$로 놓는다.

❷ $y=ax+b$에 $x=x_1$, $y=y_1$을 대입하여 b의 값을 구한다.

* 기울기가 2이고 y절편이 4인 직선
$y=2x+4$ (기울기 2, y절편 4)

* 기울기가 2이고 점 $(-1, 2)$를 지나는 직선
❶ $y=2x+b$ … ㉠
❷ ㉠에 $x=-1$, $y=2$를 대입하면
$2=-2+b$ $\quad \therefore b=4$
$\therefore y=2x+4$

예제 1 다음과 같은 직선을 그래프로 하는 일차함수의 식을 구하시오.

(1) 기울기가 -2이고, y절편이 3인 직선

(2) 기울기가 $\frac{1}{4}$이고, 점 $(-8, 1)$을 지나는 직선

② 일차함수의 식 구하기 (2)

(1) 그래프 위의 서로 다른 두 점 (x_1, y_1), (x_2, y_2)가 주어질 때

❶ $(\text{기울기})=\frac{(y\text{의 값의 증가량})}{(x\text{의 값의 증가량})}=\frac{y_2-y_1}{x_2-x_1}=a$를 구한다.

❷ $y=ax+b$에 한 점의 좌표를 대입하여 b의 값을 구한다.

(2) x절편 m과 y절편 n이 주어질 때

두 점 $(m, 0)$, $(0, n)$을 지나는 직선을 그래프로 하는 일차함수의 식을 구한다. ➡ $(\text{기울기})=\frac{n-0}{0-m}=-\frac{n}{m}$, $(y\text{절편})=n$

* 두 점 $(-1, 2)$, $(1, 6)$을 지나는 직선
❶ $(\text{기울기})=\frac{6-2}{1-(-1)}=2$
❷ $y=2x+b$에 $x=-1$, $y=2$를 대입하면
$2=-2+b$ $\quad \therefore b=4$
$\therefore y=2x+4$

* x절편이 -2, y절편이 4인 직선
❶ $(\text{기울기})=\frac{4-0}{0-(-2)}=2$ (분자: y의 값의 증가량, 분모: x의 값의 증가량)
❷ $(y\text{절편})=4$ $\quad \therefore y=2x+4$

예제 2 다음과 같은 직선을 그래프로 하는 일차함수의 식을 구하시오.

(1) 두 점 $(4, 1)$, $(5, 4)$를 지나는 직선

(2) x절편이 4, y절편이 3인 직선

③ 일차함수를 활용하여 실생활 문제를 해결하는 과정

❶ 변화하는 두 양을 x, y로 정한다.

❷ x, y 사이의 관계를 일차함수 $y=ax+b$로 나타낸다.

❸ 일차함수의 식이나 그래프를 이용하여 문제에서 주어진 조건에 맞는 값을 구한다.

❹ 구한 값이 문제의 뜻에 맞는지 확인한다.

*
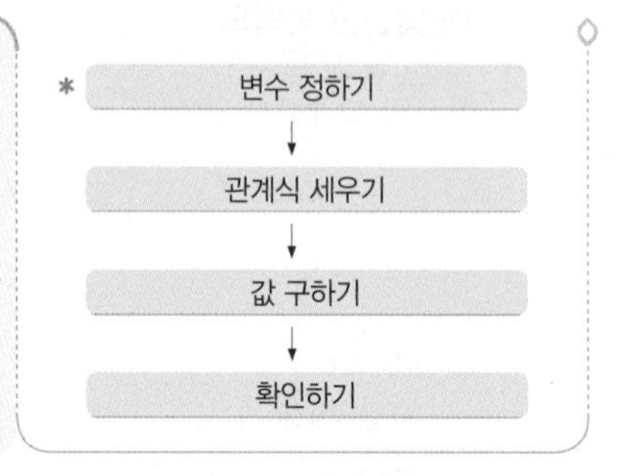

예제 3 공기 중에서 소리의 속력은 기온이 0°C일 때 초속 331 m이고, 기온이 1°C씩 오를 때마다 초속 0.6 m씩 증가한다고 한다. 기온이 30°C일 때, 소리의 속력을 구하시오.

정답과 해설 28쪽

[1~5] 다음과 같은 직선을 그래프로 하는 일차함수의 식을 구하시오.

1 기울기가 -1이고, y절편이 5인 직선

- 기울기가 a이고 y절편이 b인 직선을 그래프로 하는 일차함수의 식은
  ➡ $y=ax+b$

2 기울기가 3이고, 점 $(-2,\ 4)$를 지나는 직선

- 기울기가 a이고 한 점 $(x_1,\ y_1)$을 지나는 직선을 그래프로 하는 일차함수의 식은
  ➡ $y=ax+b$로 놓고, $x=x_1$, $y=y_1$을 대입하여 b의 값을 구한다.

3 일차함수 $y=-2x+1$의 그래프와 평행하고, 점 $(-3,\ -1)$을 지나는 직선

4 두 점 $(2,\ 1)$, $(-2,\ -7)$을 지나는 직선

- 서로 다른 두 점이 주어질 때
  ❶ 두 점을 지나는 직선의 기울기 a를 구한다.
  ❷ $y=ax+b$에 한 점의 좌표를 대입하여 b의 값을 구한다.

5 x절편이 5, y절편이 -3인 직선

- x절편이 m, y절편이 n일 때
  ➡ 두 점 $(m,\ 0)$, $(0,\ n)$을 지나는 직선을 그래프로 하는 일차함수의 식을 구한다.

6 물이 들어 있는 원기둥 모양의 물통이 있다. 이 물통에 일정한 속력으로 물을 채우기 시작하여 10분 후와 20분 후에 물의 높이를 재었더니 각각 40 cm, 60 cm이었다. 처음 채워져 있던 물의 높이가 20 cm이고, x분 후의 물의 높이를 y cm라 할 때, 다음 □ 안에 알맞은 수나 식을 쓰시오.

(1) 10분과 20분 사이에 물의 높이가 40 cm에서 60 cm로 높아졌으므로 1분 동안 채울 수 있는 물의 높이는 □ cm이고, x분 동안 채울 수 있는 물의 높이는 □ cm이다.

(2) 처음 채워져 있던 물의 높이가 20 cm이므로 x분 후의 물의 높이는 $y=$□ (cm)이다.

(3) 물통의 높이가 2 m일 때, 물을 가득 채우는 데 걸리는 시간은 □분이다.

기초를 좀 더 다지려면~! 82쪽 »

일차함수와 일차방정식

1 일차방정식과 일차함수의 그래프

(1) 직선의 방정식: x, y의 값의 범위가 수 전체일 때, 일차방정식 $ax+by+c=0$(a, b, c는 상수, $a\neq0$ 또는 $b\neq0$)을 직선의 방정식이라 한다.

(2) 일차방정식과 일차함수의 그래프
미지수가 2개인 일차방정식 $ax+by+c=0$($a\neq0$, $b\neq0$)의 그래프는 일차함수 $y=-\frac{a}{b}x-\frac{c}{b}$의 그래프와 같다.

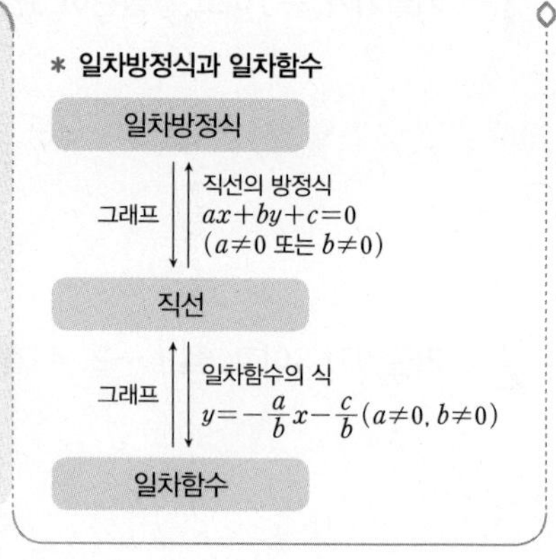

예제 1 일차방정식 $x+2y-3=0$의 그래프에 대하여 다음을 구하시오.

(1) 기울기와 x절편, y절편　　　(2) 그래프가 지나지 않는 사분면

2 일차방정식 $x=m$, $y=n$의 그래프

(1) 일차방정식 $x=m(m\neq0)$의 그래프
➡ 점 $(m, 0)$을 지나고, y축에 평행한(x축에 수직인) 직선

(2) 일차방정식 $y=n(n\neq0)$의 그래프
➡ 점 $(0, n)$을 지나고, x축에 평행한(y축에 수직인) 직선

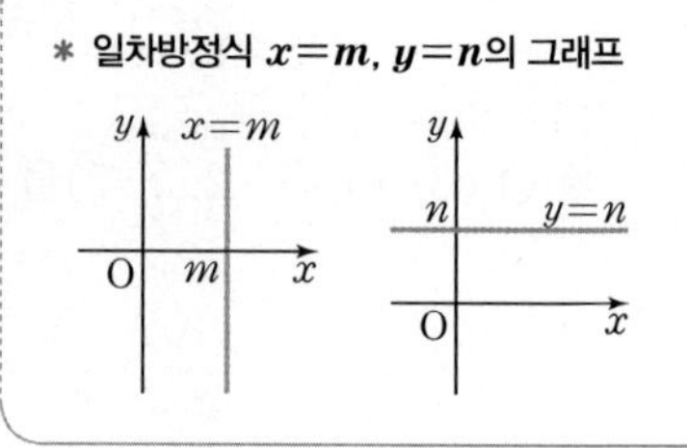

예제 2 다음 일차방정식의 그래프를 그리시오.

(1) $3x-6=0$　　　(2) $2y+8=0$

3 연립방정식의 해와 일차함수의 그래프

(1) 연립방정식 $\begin{cases} ax+by+c=0 \\ a'x+b'y+c'=0 \end{cases}$의 해 (p, q)는 두 일차방정식의 그래프, 즉 두 일차함수의 그래프의 교점의 좌표 (p, q)와 같다.

(2) 연립방정식의 해의 개수와 두 그래프의 위치 관계

한 쌍의 해를 갖는다.	해가 없다.	해가 무수히 많다.
두 직선이 한 점에서 만난다. ➡ $\frac{a}{a'}\neq\frac{b}{b'}$	두 직선이 서로 평행하다. ➡ $\frac{a}{a'}=\frac{b}{b'}\neq\frac{c}{c'}$ $(c'\neq0)$	두 직선이 일치한다. ➡ $\frac{a}{a'}=\frac{b}{b'}=\frac{c}{c'}$ $(c'\neq0)$

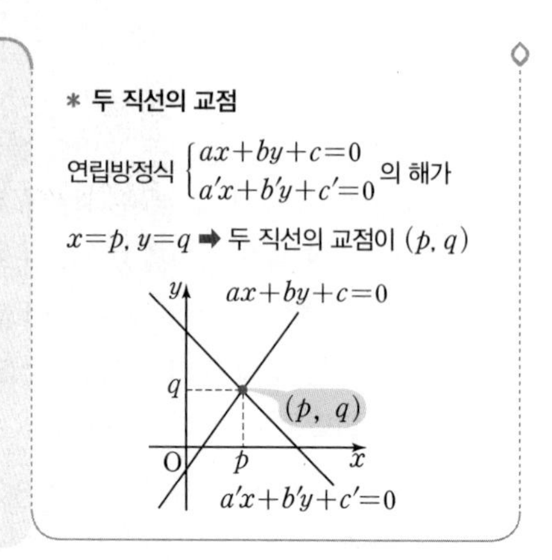

예제 3 연립방정식 $\begin{cases} 2x-y=a \\ bx+3y=6 \end{cases}$에 대하여 다음을 구하시오. (단, a, b는 상수)

(1) 연립방정식의 해가 없을 때, a의 조건과 b의 값

(2) 연립방정식의 해가 무수히 많을 때, a, b의 값

핵심 유형 익히기

1 다음 중 일차방정식 $2x+y=16$의 그래프 위에 있지 않은 점은?

① $(2, 12)$ ② $(4, 8)$ ③ $(5, 6)$ ④ $(7, 2)$ ⑤ $(8, 1)$

• 일차방정식 $ax+by+c=0$의 그래프가 점 (p, q)를 지난다.
➡ $ax+by+c=0$에 $x=p$, $y=q$를 대입하면 성립한다.

2 다음 중 일차방정식 $2x+y+3=0$의 그래프에 대한 설명으로 옳은 것을 모두 고르면? (정답 2개)

① 점 $(-2, 1)$을 지난다.
② 제1사분면, 제3사분면, 제4사분면을 지난다.
③ x의 값이 증가하면 y의 값도 증가한다.
④ x절편이 -2이고, y절편은 -3이다.
⑤ $y=-2x$의 그래프를 y축의 방향으로 -3만큼 평행이동한 그래프이다.

3 다음 조건을 만족하는 직선의 방정식을 구하고, 그 그래프를 오른쪽 좌표평면 위에 그리시오.

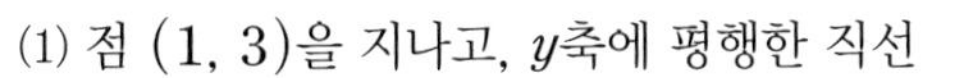
(1) 점 $(1, 3)$을 지나고, y축에 평행한 직선
(2) 두 점 $(0, -1)$, $(4, -1)$을 지나는 직선
(3) 점 $(-2, -3)$을 지나고, y축에 수직인 직선

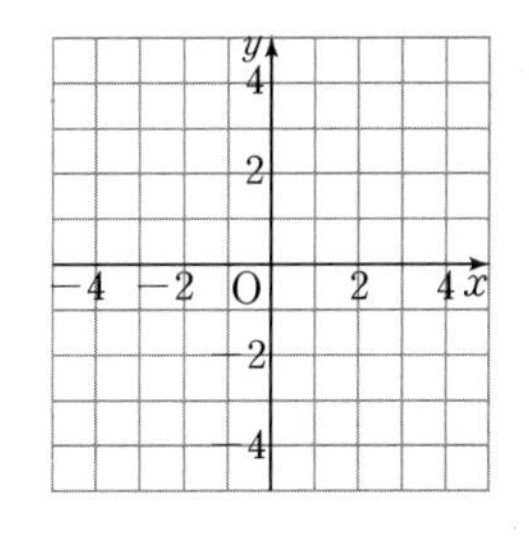

4 두 일차방정식 $ax+y=1$, $x+by=3$의 그래프는 점 $(1, -2)$에서 만난다. 이때 $a-b$의 값을 구하시오. (단, a, b는 상수)

• 두 일차방정식 $ax+by+c=0$과 $a'x+b'y+c'=0$의 그래프의 교점의 좌표가 (p, q)이다.
➡ 연립방정식 $\begin{cases} ax+by+c=0 \\ a'x+b'y+c'=0 \end{cases}$의 해가 $x=p$, $y=q$이다.

5 두 일차방정식 $2x+y=1$, $ax-3y+1=0$의 그래프가 서로 평행할 때, 상수 a의 값은?

① -6 ② -3 ③ 3 ④ 6 ⑤ 12

기초를 좀 더 다지려면~! 83쪽 »

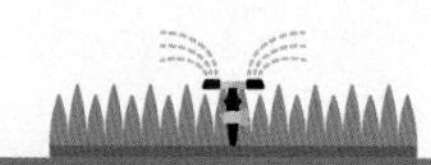

기초 내공 다지기

16강 일차함수의 그래프의 기울기- 기울기와 y절편을 이용하여 일차함수의 그래프 그리기

1 다음 일차함수의 그래프의 기울기와 y절편을 각각 구하고, 이를 이용하여 그래프를 좌표평면 위에 그리시오.

(1) $y=3x+2$

⇨ 기울기:

y절편:

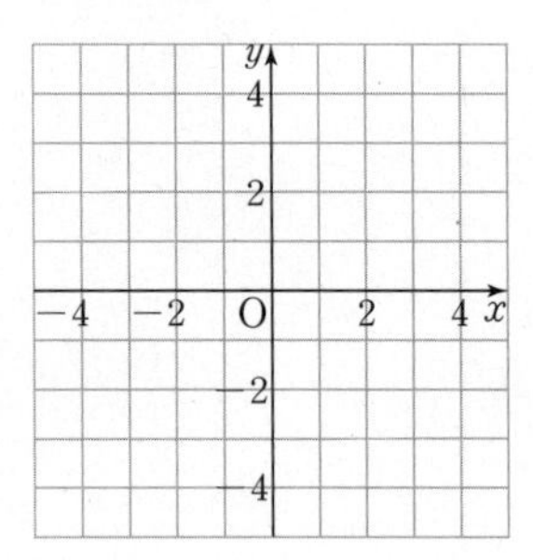

(2) $y=-2x+4$

⇨ 기울기:

y절편:

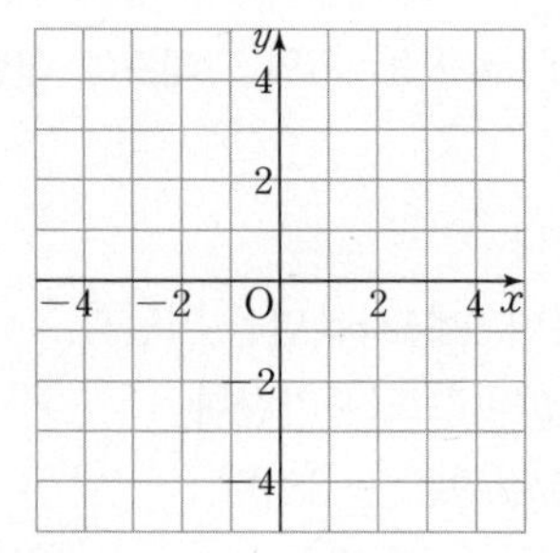

(3) $y=\frac{1}{4}x+1$

⇨ 기울기:

y절편:

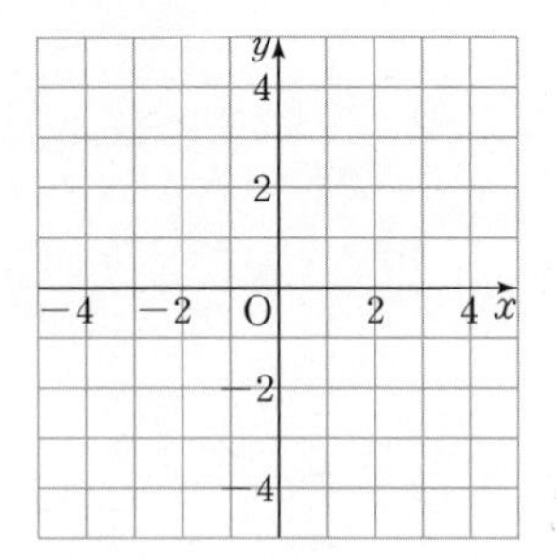

(4) $y=-\frac{4}{3}x-3$

⇨ 기울기:

y절편:

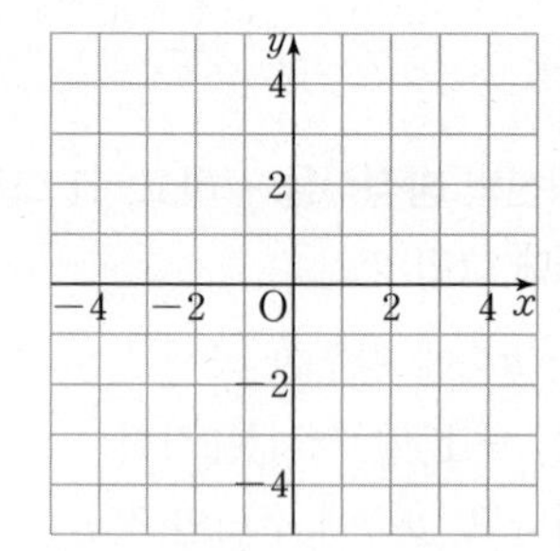

17강 일차함수의 식

2 다음과 같은 직선을 그래프로 하는 일차함수의 식을 구하시오.

(1) 일차함수 $y=\frac{2}{3}x+1$의 그래프와 평행하고, y절편이 -1인 직선

(2) x의 값이 1만큼 증가할 때 y의 값이 3만큼 감소하고, 점 $(1,\ 4)$를 지나는 직선

(3) 두 점 $(3,\ 8)$, $(-3,\ -4)$를 지나는 직선

(4) x절편이 -3, y절편이 2인 직선

18강 일차함수와 일차방정식

3 다음 일차방정식을 $y=ax+b$의 꼴로 나타내고, 그 그래프를 좌표평면 위에 그리시오. (단, a, b는 상수)

(1) $x-2y+4=0$

⇨ $y=$ ________

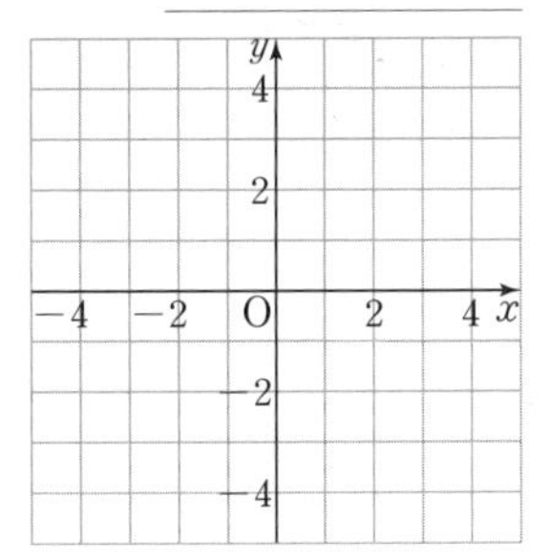

(2) $2x+y-3=0$

⇨ $y=$ ________

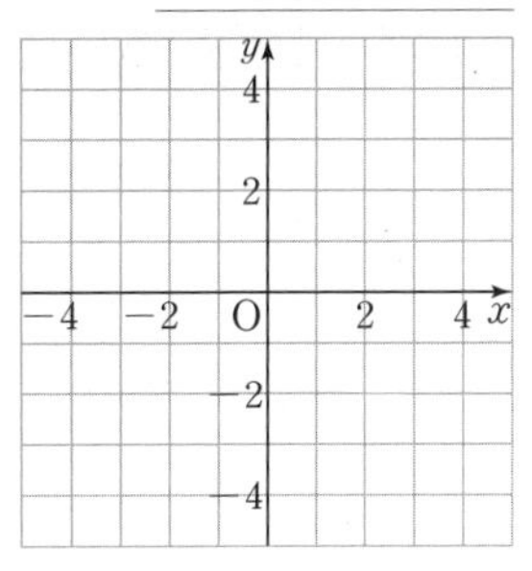

(3) $3x+2y+6=0$

⇨ $y=$ ________

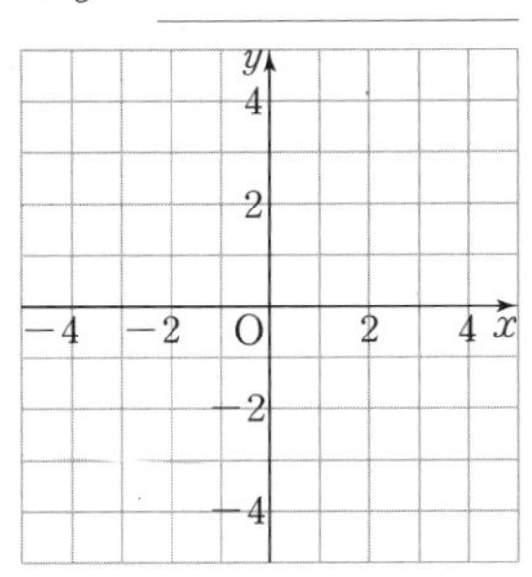

(4) $-2x+3y-8=0$

⇨ $y=$ ________

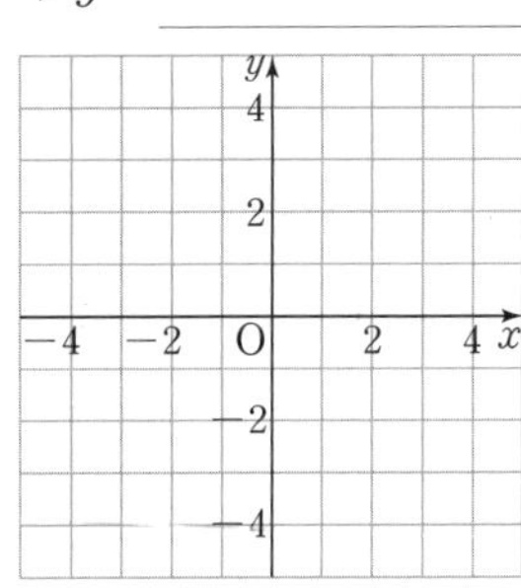

4 다음 일차방정식의 그래프를 오른쪽 좌표평면 위에 그리시오.

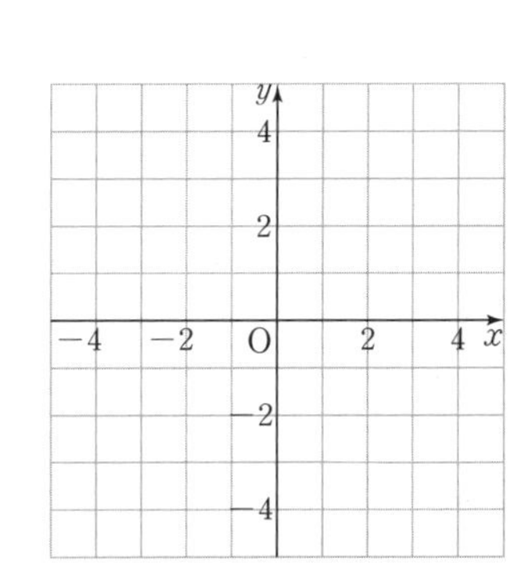

(1) $x=4$

(2) $y=-1$

(3) $2x+4=0$

(4) $3y-9=0$

내공 쌓는 족집게 문제

Step 1 반드시 나오는 문제

1 일차함수 $y=\frac{a}{2}x+\frac{1}{3}$의 그래프는 x의 값이 -2에서 4까지 증가할 때, y의 값은 -3에서 0까지 증가한다고 한다. 이때 상수 a의 값은?

① -3　　② -1　　③ 1
④ $\frac{3}{2}$　　⑤ 3

2 오른쪽 그림은 일차함수 $y=\frac{3}{4}x+1$의 그래프를 기울기와 y절편을 이용하여 그리는 과정이다. 이때 a의 값은?

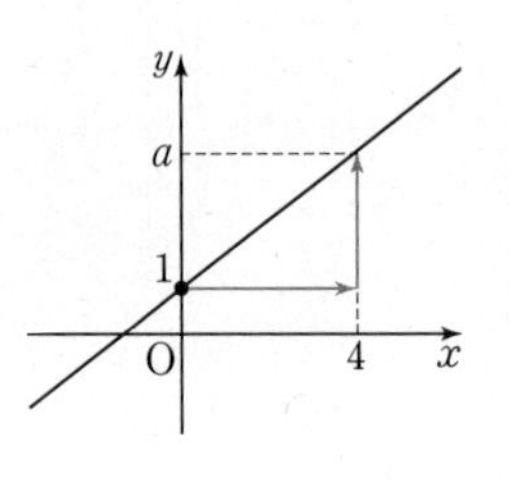

① 3　　② 4
③ 5　　④ 6
⑤ 7

3 일차함수 $y=ax+b$의 그래프가 오른쪽 그림과 같을 때, 일차함수 $y=bx+a$의 그래프가 지나지 않는 사분면은? (단, a, b는 상수)

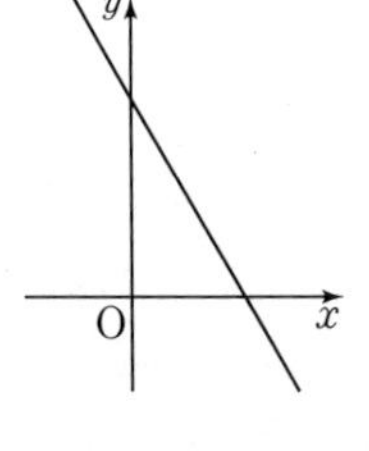

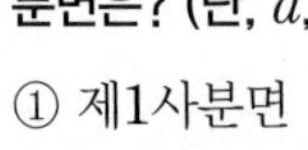
① 제1사분면　　② 제2사분면
③ 제3사분면　　④ 제4사분면
⑤ 알 수 없다.

중요 **4** 다음 중 일차함수 $y=-2x+2$의 그래프와 서로 평행하고, 점 $(2, 3)$을 지나는 직선을 그래프로 하는 일차함수의 식은?

① $y=-2x+7$　　② $y=-2x+1$
③ $y=-2x-1$　　④ $y=-\frac{1}{2x}$
⑤ $y=2x+7$

5 일차함수 $y=\frac{1}{3}x-\frac{1}{2}$의 그래프와 서로 평행하고, y절편이 -2인 일차함수의 그래프의 x절편을 구하시오.

6 x절편이 -2이고, y절편이 -3인 직선을 그래프로 하는 일차함수의 식은?

① $y=-3x-2$　　② $y=-2x-3$
③ $y=-\frac{3}{2}x-3$　　④ $y=-\frac{2}{3}x-3$
⑤ $y=-\frac{2}{3}x-2$

7 다음 중 오른쪽 그림과 같은 그래프를 나타내는 일차함수의 식은?

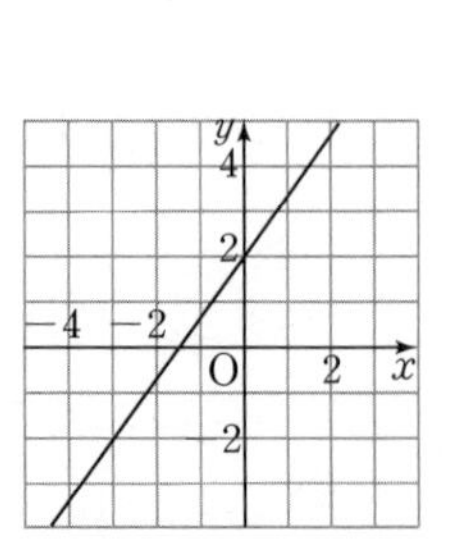

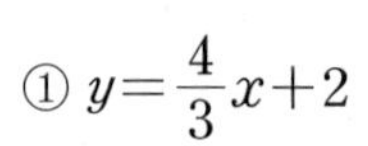
① $y=\frac{4}{3}x+2$

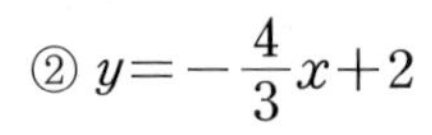
② $y=-\frac{4}{3}x+2$

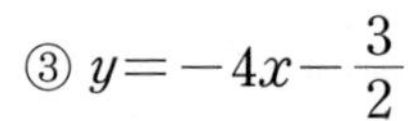
③ $y=-4x-\frac{3}{2}$

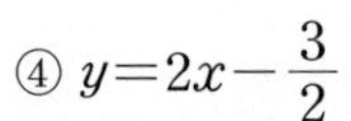
④ $y=2x-\frac{3}{2}$

⑤ $y=3x+6$

전국 중학교의 기출문제와 새로운 교육과정의 문제를 종합, 분석하여 핵심 문제만을 모았습니다.

8 오른쪽 그림은 일차방정식 $ax+2y=-5$의 그래프이다. 이때 상수 a의 값을 구하시오.

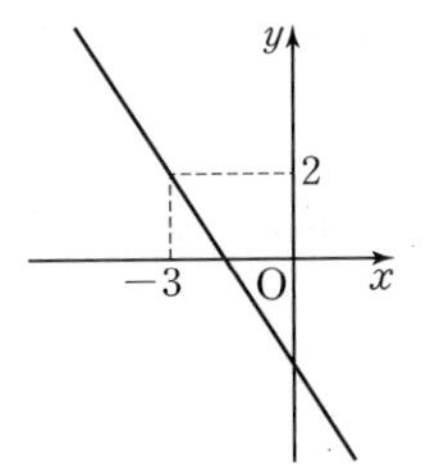

중요 9 다음 중 일차방정식 $2x-y-1=0$의 그래프인 것은?

①
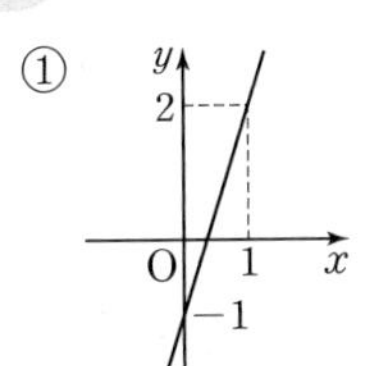
②
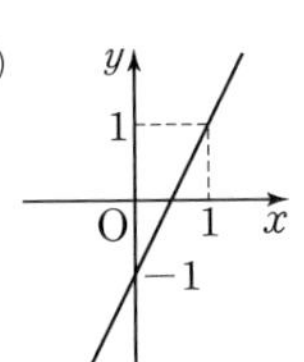
③
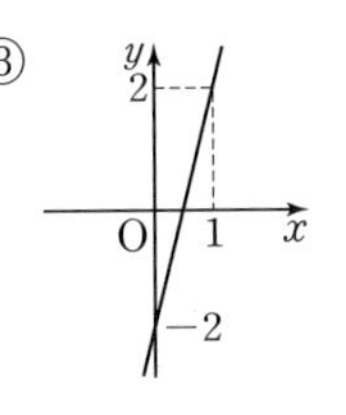
④
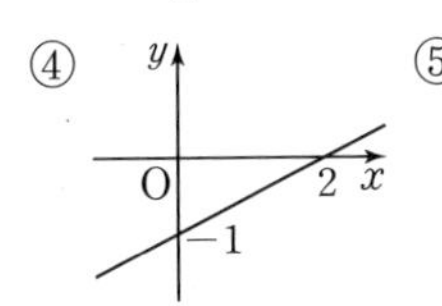
⑤
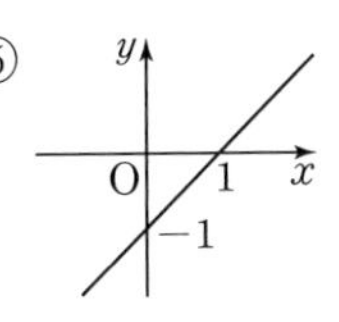

10 오른쪽 그림은 일차방정식 $x+ay=6$의 그래프이다. 다음 중 이 직선 위에 있지 않은 점은? (단, a는 상수)

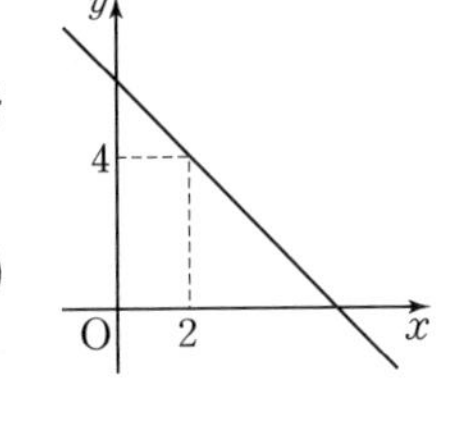

① $(-1,\ 5)$　② $(-2,\ 8)$
③ $(3,\ 3)$　④ $(4,\ 2)$
⑤ $(6,\ 0)$

11 다음 중 일차방정식 $2x+y=4$의 그래프에 대한 설명으로 옳지 않은 것은?

① 점 $(3,\ -2)$를 지난다.
② x의 값이 2만큼 증가할 때, y의 값은 4만큼 감소한다.
③ x축과 만나는 점의 좌표는 $(-2,\ 0)$이다.
④ 오른쪽 아래로 향하는 직선이다.
⑤ 일차함수 $y=-2x+3$의 그래프와 평행하다.

12 다음 중 그래프가 오른쪽 그림과 같은 직선의 방정식은?

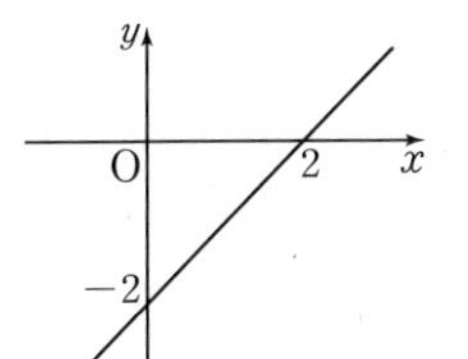

① $x-y=2$
② $x-y+2=0$
③ $x+y=0$
④ $-3x+2y=1$
⑤ $x+y+2=0$

13 네 방정식 $x=-2$, $x=4$, $y=0$, $\frac{1}{3}y=1$의 그래프로 둘러싸인 도형의 넓이는?

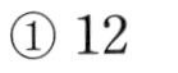
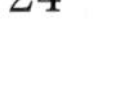

① 12　② 15　③ 18
④ 21　⑤ 24

중요 14 오른쪽 그림은 어떤 연립방정식에서 각 일차방정식의 그래프를 좌표평면 위에 나타낸 것이다. 이 연립방정식의 해는?

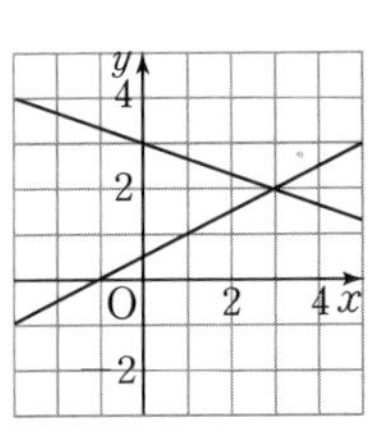

① $(0,\ 0)$　② $(0,\ 3)$
③ $(2,\ 3)$　④ $(3,\ 2)$　⑤ $(-1,\ 0)$

15 두 일차방정식 $ax+y=8$, $2x+by=11$의 그래프의 교점의 좌표가 $(3,\ 5)$일 때, $a-b$의 값은? (단, a, b는 상수)

① -6　② -4　③ -2
④ 0　⑤ 2

16 일차방정식 $4x-2y+b=0$의 그래프와 일차함수 $y=ax-5$의 그래프가 서로 일치할 때, $a+b$의 값은? (단, a, b는 상수)

① -8 ② -4 ③ -1
④ 0 ⑤ 2

17 오른쪽 그림은 연립방정식
$\begin{cases} ax+3y=4 & \cdots ㉠ \\ -3x+4y=1 & \cdots ㉡ \end{cases}$ 을 풀기 위하여 각 일차방정식의 그래프를 그린 것이다. 두 직선이 서로 평행할 때, 상수 a의 값은?

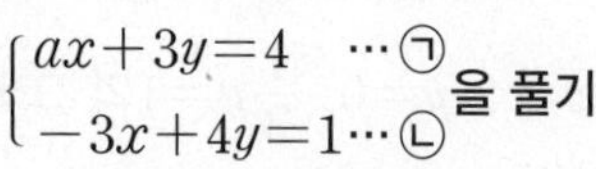

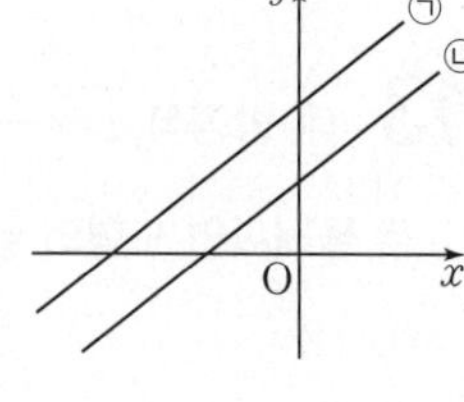

① -4 ② $-\frac{9}{4}$ ③ 0
④ $\frac{9}{4}$ ⑤ 4

Step 2 자주 나오는 문제

18 다음 보기에서 x절편이 3, y절편이 -2인 일차함수의 그래프에 대한 설명으로 옳은 것을 모두 고른 것은?

보기
ㄱ. 점 $(-3, -4)$를 지난다.
ㄴ. 기울기는 $-\frac{2}{3}$이다.
ㄷ. 일차함수 $y=\frac{2}{3}x+1$의 그래프와 평행하다.
ㄹ. 제1사분면, 제2사분면, 제3사분면을 지난다.
ㅁ. 이 그래프와 x축, y축으로 둘러싸인 삼각형의 넓이는 3이다.

① ㄱ, ㄴ, ㄷ ② ㄱ, ㄷ, ㄹ ③ ㄱ, ㄷ, ㅁ
④ ㄴ, ㄷ, ㅁ ⑤ ㄴ, ㄹ, ㅁ

19 일차함수 $y=ax+5$의 그래프는 일차함수 $y=3x+2$의 그래프와 평행하고, 점 $(1, b)$를 지난다. 이때 $a+b$의 값은? (단, a, b는 상수)

① -11 ② -10 ③ 0
④ 10 ⑤ 11

중요 **20** 다음 중 일차함수 $y=ax+b(a\neq0)$의 그래프에 대한 설명으로 옳지 않은 것은?

① x절편은 $-\frac{b}{a}$이다.
② 점 $(1, a+b)$를 지난다.
③ a의 값에 관계없이 항상 점 $(0, b)$를 지난다.
④ $a<0$일 때, x의 값이 증가하면 y의 값은 감소한다.
⑤ $a>0$일 때, 제1사분면, 제2사분면, 제4사분면을 지난다.

21 두 상수 a, b에 대하여 $ab<0$, $a>b$일 때, 다음 중 일차함수 $y=ax+b$의 그래프로 알맞은 것은?

①
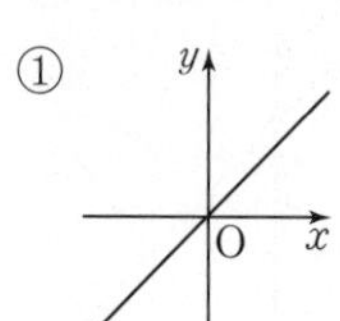

②
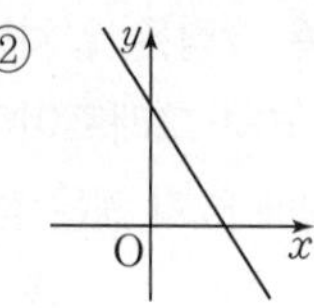

③
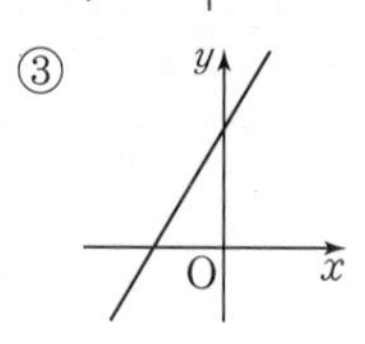

④
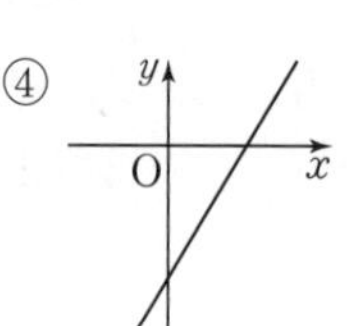

⑤
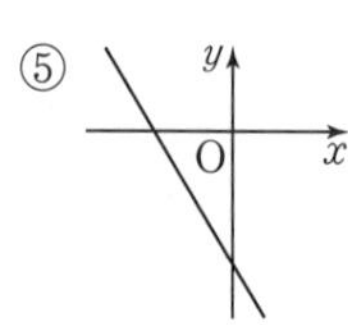

22 자동차의 연비란 1 L의 연료로 달릴 수 있는 거리를 말한다. 연비가 14 km인 자동차에 30 L의 연료를 넣고 280 km를 달렸을 때, 남은 연료의 양을 구하시오.

전국 중학교의 기출문제와 새로운 교육과정의 문제를 종합, 분석하여 핵심 문제만을 모았습니다.

23 기울기가 $\frac{5}{3}$이고, 점 $(1,\ -2)$를 지나는 직선의 방정식을 $ax-3y+b=0$이라 할 때, $a+b$의 값은? (단, a, b는 상수)

① -6　② -4　③ -2　④ 3　⑤ 5

24 두 일차방정식 $x+2y=15$, $y=5-x$의 그래프의 교점을 지나고, y축에 평행한 직선의 방정식은?

① $x=-5$　② $x=5$　③ $y=10$　④ $y=0$　⑤ $y=-5$

25 오른쪽 그림은 연립방정식 $\begin{cases} x+ay=1 \\ bx+y=4 \end{cases}$의 해를 구하기 위해 각 일차방정식의 그래프를 그린 것이다. 이때 ab의 값을 구하시오. (단, a, b는 상수)

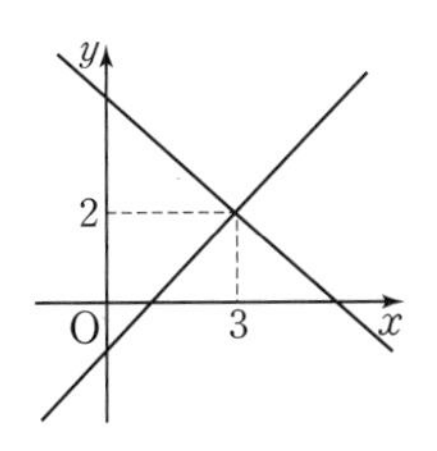

26 두 일차방정식 $2x-y=a$, $bx-2y=-4$의 그래프의 교점이 존재하지 않을 때, a의 조건과 b의 값을 구하시오. (단, a, b는 상수)

27 연립방정식 $\begin{cases} x+2y=-6 \\ ax-y=b \end{cases}$의 해가 무수히 많을 때, 일차함수 $y=ax-b$의 그래프가 x축과 만나는 점의 x좌표는?

① -6　② -3　③ -1　④ 1　⑤ 3

28 두 직선 $y=-x+\frac{11}{2}$, $y=\frac{1}{2}x+1$과 y축으로 둘러싸인 도형의 넓이를 구하시오.

Step3 만점! 도전 문제

중요 **29** 세 점 $(-2,\ -3)$, $(2,\ -1)$, $(m,\ 4)$가 한 직선 위에 있을 때, m의 값은?

① 4　② 6　③ 8　④ 10　⑤ 12

30 오른쪽 그림과 같은 직사각형 ABCD에서 점 P가 점 B를 출발하여 매초 1 cm씩 점 A까지 움직인다고 한다. 점 P가 점 B를 출발한 지 x초 후의 △APC의 넓이를 $y\text{ cm}^2$라 할 때, y를 x에 관한 식으로 나타내시오.

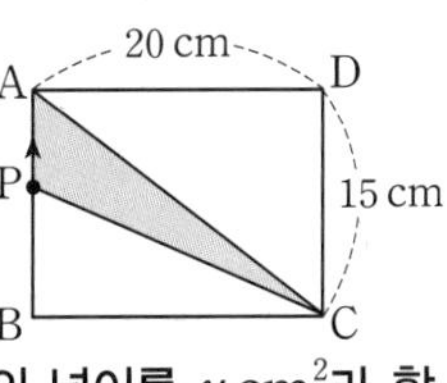

» 110쪽 다시 보는 핵심 문제로 자신의 실력을 확인하세요!

31 오른쪽 그림과 같이 일차방정식 $3x+4y-12=0$의 그래프와 x축, y축으로 둘러싸인 부분의 넓이를 일차함수 $y=ax$의 그래프가 이등분할 때, 상수 a의 값은?

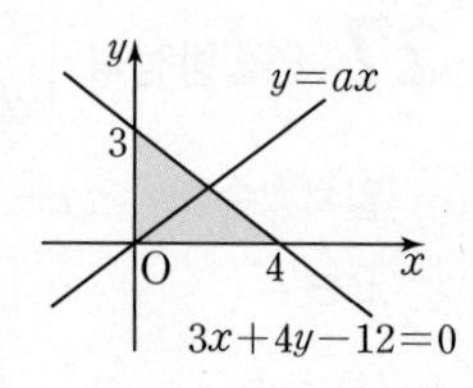

① $\frac{2}{3}$　② $\frac{3}{4}$　③ 1
④ $\frac{4}{3}$　⑤ $\frac{3}{2}$

32 다음 그림은 두 일차방정식 $x-2y+a=0$, $4x+5y-b=0$의 그래프이다. 이때 $\overline{AB}$의 길이는?

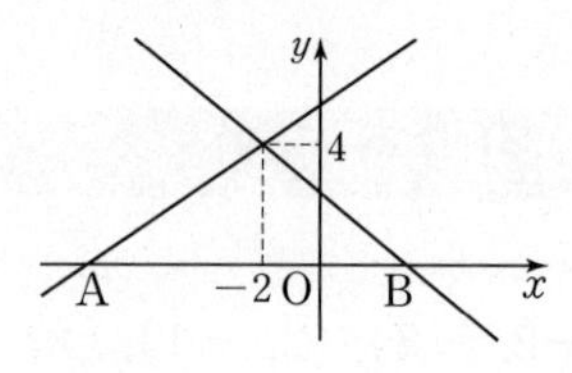

① 8　② 9　③ 10
④ 11　⑤ 13

33 세 직선 $x-y-1=0$, $2x-y-6=0$, $ax-y+3=0$이 삼각형을 만들지 않도록 하는 상수 a의 값을 모두 구하시오.

서술형 문제

34 일차함수 $y=-\frac{2}{3}x+4$의 그래프와 x축에서 만나고, 일차함수 $y=5x+2$의 그래프와 y축에서 만나는 직선을 그래프로 하는 일차함수의 식을 구하시오.
(단, 풀이 과정을 자세히 쓰시오.)

풀이 과정

답

35 오른쪽 그림과 같이 일차함수 $y=2x+6$의 그래프 위의 점 P에서 x축, y축에 내린 수선의 발을 각각 A, B라 할 때, $\overline{PA}=\overline{PB}$이다. 이때 사각형 PAOB의 넓이를 구하시오.
(단, O는 원점, 풀이 과정을 자세히 쓰시오.)

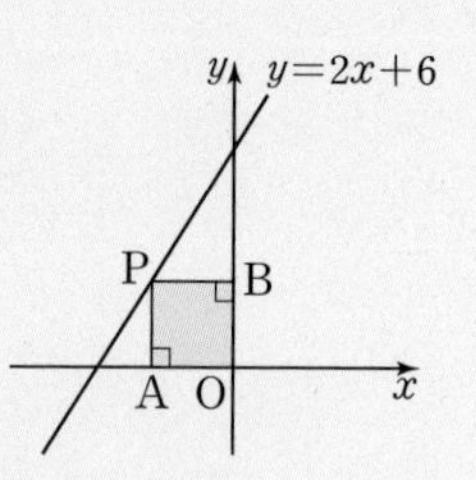

풀이 과정

답

다시 보는

핵심 문제

1 다음은 분수 $\frac{7}{40}$의 분모를 10의 거듭제곱의 꼴로 고쳐서 소수로 나타내는 과정이다. 이때 $A+BC$의 값을 구하시오.

$$\frac{7}{40}=\frac{7}{2^3\times5}=\frac{7\times A}{2^3\times5\times A}=\frac{175}{B}=C$$

2 다음 분수 중에서 유한소수로 나타낼 수 있는 것은 모두 몇 개인가?

$$\frac{1}{4},\ \frac{3}{8},\ \frac{3}{15},\ \frac{5}{18},\ \frac{7}{20}$$

① 1개　② 2개　③ 3개
④ 4개　⑤ 5개

3 다음 중 분수 $\frac{a}{2\times3^2\times5}$를 소수로 나타내면 유한소수가 될 때, a의 값이 될 수 있는 자연수는?

① 3　② 6　③ 15
④ 18　⑤ 20

4 $\frac{11}{120}\times A$를 소수로 나타내면 유한소수가 될 때, A의 값이 될 수 있는 가장 작은 자연수는?

① 3　② 5　③ 7
④ 9　⑤ 11

5 다음 중 분수 $\frac{7}{2\times x}$을 소수로 나타내면 유한소수가 될 때, 자연수 x의 값이 될 수 <u>없는</u> 것은?

① 4　② 5　③ 6
④ 7　⑤ 8

6 다음 중 순환소수를 순환마디를 이용하여 나타낸 것으로 옳은 것은?

① $1.222\cdots=\dot{1}.\dot{2}$
② $0.0555\cdots=0.\dot{0}\dot{5}$
③ $0.01343434\cdots=0.0\dot{1}3\dot{4}$
④ $1.416416416\cdots=\dot{1}.41\dot{6}$
⑤ $3.2051051051\cdots=3.2\dot{0}5\dot{1}$

7 분수 $\frac{5}{13}$를 소수로 나타낼 때, 소수점 아래 첫째 자리의 숫자부터 120번째 자리의 숫자까지의 합을 구하시오.

8 아래는 순환소수 $0.2171717\cdots$을 분수로 나타내는 과정의 일부이다. 다음 중 옳지 <u>않은</u> 것은?

$x=0.2171717\cdots$　$\cdots$ ㉠
$10x=$ (가)　$\cdots$ ㉡
(나) $=217.1717\cdots$　$\cdots$ ㉢

① $x=0.2\dot{1}\dot{7}$이다.
② (가)에 들어갈 수는 $2.1717\cdots$이다.
③ (나)에 들어갈 식은 $100x$이다.
④ 다음의 과정으로 ㉢－㉡을 한다.
⑤ x의 값을 분수로 나타내면 $\frac{43}{198}$이다.

9 순환소수 $x=3.\dot{8}1\dot{6}$을 분수로 나타낼 때, 다음 중 가장 편리한 식은?

① $10x-x$　　② $100x-x$
③ $100x-10x$　　④ $1000x-x$
⑤ $1000x-10x$

10 다음 중 순환소수를 분수로 나타낸 것으로 옳은 것은?

① $0.\dot{8}=\frac{4}{5}$　　② $0.3\dot{4}=\frac{31}{9}$
③ $0.\dot{2}\dot{1}=\frac{7}{30}$　　④ $0.1\dot{0}\dot{5}=\frac{52}{495}$
⑤ $0.\dot{2}1\dot{7}=\frac{217}{909}$

11 두 순환소수 $0.\dot{6}$, $0.4\dot{3}$을 분수로 나타내었을 때, 그 역수를 각각 a, b라 하자. 이때 ab의 값을 구하시오.

12 $0.\dot{3}4\dot{5}=$ □ $\times 345$에서 □ 안에 알맞은 순환소수는?

① $0.\dot{1}0\dot{1}$　　② $0.\dot{0}\dot{1}$　　③ $0.\dot{0}0\dot{1}$
④ $0.\dot{1}$　　⑤ $0.00\dot{1}$

13 어떤 기약분수를 순환소수로 나타내는데 수빈이는 분모를 잘못 보고 $0.23\dot{4}$로 나타내고, 지연이는 분자를 잘못 보고 $0.\dot{7}\dot{1}$로 나타내었다. 처음 기약분수를 순환소수로 나타내시오.

14 순환소수 $0.2\dot{4}$에 a를 곱하면 유한소수로 나타낼 수 있을 때, a의 값이 될 수 있는 두 자리의 자연수 중에서 가장 큰 수를 구하시오.

15 서로소인 두 자연수 a, b에 대하여 $1.\dot{8}\dot{1}\times\frac{b}{a}=0.\dot{2}\dot{5}$일 때, $a+b$의 값을 구하시오.

16 다음 중 옳은 것은?

① 순환소수는 유리수이다.
② 순환소수는 유한소수로 나타낼 수 있다.
③ 0은 유리수가 아니다.
④ 정수가 아닌 유리수는 모두 유한소수로 나타낼 수 있다.
⑤ 순환소수 중에는 분수로 나타낼 수 없는 것도 있다.

서술형 문제

17 두 분수 $\frac{5}{56}$, $\frac{9}{110}$에 자연수 A를 곱하여 소수로 나타내면 모두 유한소수가 될 때, A의 값이 될 수 있는 가장 작은 자연수를 구하시오.

(단, 풀이 과정을 자세히 쓰시오.)

풀이 과정 |

답 |

18 분수 $\frac{a}{28}$는 $\frac{1}{4}$과 $\frac{6}{7}$ 사이의 수이다. $\frac{a}{28}$를 유한소수로 나타낼 수 없도록 하는 자연수 a의 개수를 구하시오. (단, 풀이 과정을 자세히 쓰시오.)

풀이 과정 |

답 |

19 일차방정식 $\frac{3}{15}=x+0.1\dot{4}$의 해를 순환소수로 나타내시오. (단, 풀이 과정을 자세히 쓰시오.)

풀이 과정 |

답 |

20 $3+7\left(\frac{1}{10}+\frac{1}{10^2}+\frac{1}{10^3}+\cdots\right)$을 계산하여 순환소수로 나타내시오. (단, 풀이 과정을 자세히 쓰시오.)

풀이 과정 |

답 |

1 다음 중 옳은 것은?

① $a^2\times a^3=a^6$　② $(a^5)^2=a^7$
③ $a^5\div a^5=0$　④ $(ab)^4=ab^4$
⑤ $\left(\frac{a}{b}\right)^2=\frac{a^2}{b^2}$

2 다음 중 계산 결과가 나머지 넷과 다른 하나는?

① $a^2\times a^2\times a^2$　② $(a^4)^2$
③ $a^{11}\div a^3$　④ $(a^3)^3\div a$
⑤ $(a^4b)^2\div b^2$

3 다음 □ 안에 들어갈 수가 가장 큰 것은?

① $a^{\square}\times a^3=a^{12}$　② $a^{12}\div a^6=a^{\square}$
③ $(a^{\square})^2=a^{14}$　④ $\left(\frac{b^{\square}}{a^4}\right)^2=\frac{b^6}{a^8}$
⑤ $a^{10}\div a^{\square}=1$

4 $(x^3)^4\div(x^2)^3\div(x^3)^2$을 간단히 하면?

① 0　② 1　③ x
④ $\frac{1}{x^3}$　⑤ $\frac{1}{x^{20}}$

5 $2^{\square}\times 4^3=8^5$일 때, □ 안에 알맞은 수는?

① 1　② 2　③ 4
④ 7　⑤ 9

6 $2^{x+1}=a$일 때, 16^x을 a를 사용한 식으로 나타내면?

① $\frac{a^4}{16}$　② $\frac{a^4}{2}$　③ a^4
④ $32a$　⑤ $8a$

7 $3^5(9^2+9^2+9^2)=3^{\square}$일 때, □ 안에 알맞은 수를 구하시오.

8 $2^{x+2}+2^{x+1}+2^x=448$일 때, 자연수 x의 값은?

① 5　② 6　③ 7
④ 8　⑤ 9

9 $2^{12}\times3\times5^{13}$은 n자리의 자연수일 때, n의 값은?

① 10 ② 12 ③ 14
④ 17 ⑤ 20

10 $\left(\frac{x^3}{3}\right)^3\div(-x^3)^2\div\left(\frac{x}{6}\right)^2=1$일 때, x의 값을 구하시오.

11 $3^{3n+x}\div27^n=3^4$일 때, x의 값은? (단, n은 자연수)

① 1 ② 4 ③ 5
④ 8 ⑤ 9

12 $(a^xb^yc^z)^w=a^3b^6c^{12}$을 만족하는 가장 큰 자연수 w에 대하여 $x+y+z+w$의 값을 구하시오.

(단, x, y, z는 자연수)

13 $\frac{4}{9}x^2y\div\frac{5}{3}xy^3$을 간단히 하면?

① $\frac{4x}{15y^2}$ ② $\frac{4}{5}x^2y^2$ ③ $\frac{12}{5}x^3y^4$
④ $\frac{20x}{3y^2}$ ⑤ $\frac{4}{15}x^3y^4$

14 $3x^6y^4\div(-x^2y^3)^2\times(-2x)^3=\frac{ax^c}{y^b}$일 때, $a+b+c$의 값은? (단, a, b, c는 상수)

① 31 ② 25 ③ 20
④ -17 ⑤ -21

15 $12xy^2\div(-2x^2y)^2\times\square=6x^5y^4$일 때, □ 안에 알맞은 식은?

① $2x^2y^4$ ② $2x^8y^4$ ③ $2x^{15}y^4$
④ $18x^8y^4$ ⑤ $18x^{15}y^4$

16 다음 그림과 같이 높이가 h이고, 밑면의 반지름의 길이가 $2r$인 원기둥 A와 밑면의 반지름의 길이가 r인 원기둥 B의 부피가 서로 같을 때, 원기둥 B의 높이를 구하시오.

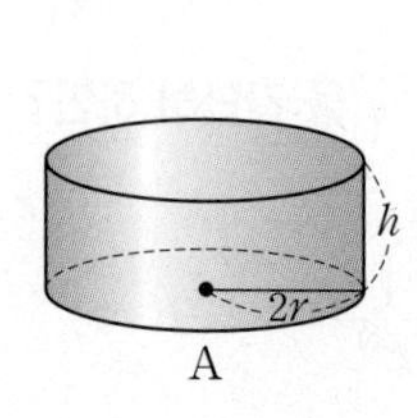

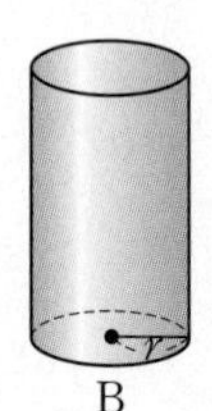

서술형 문제

17 $(x^3)^a \times (x^2)^4 = x^{20}$, $(y^b)^2 \div y^3 = y^9$을 만족시키는 자연수 a, b에 대하여 ab의 값을 구하시오.
(단, 풀이 과정을 자세히 쓰시오.)

풀이 과정 |

답 |

18 3^{270}의 일의 자리의 숫자를 x, 7^{451}의 일의 자리의 숫자를 y라 할 때, $x+y$의 값을 구하시오.
(단, 풀이 과정을 자세히 쓰시오.)

풀이 과정 |

답 |

19 어떤 식에 $(-x^2y^3)^2$을 곱해야 할 것을 잘못하여 나누었더니 $\frac{1}{8x^2y^2}$이 되었다. 바르게 계산한 식을 구하시오. (단, 풀이 과정을 자세히 쓰시오.)

풀이 과정 |

답 |

20 오른쪽 그림과 같이 밑면의 반지름의 길이가 ab인 원뿔의 부피가 $2\pi a^3b^4$일 때, 이 원뿔의 높이를 구하시오.
(단, 풀이 과정을 자세히 쓰시오.)

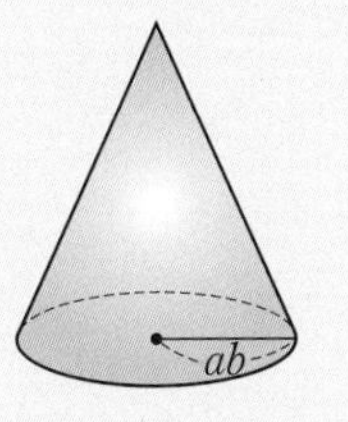

풀이 과정 |

답 |

1 $(7a+2b-3)-(4a+6b-5)$를 간단히 하면?

① $11a-4b+2$ ② $11a+8b-8$
③ $3a-4b+2$ ④ $3a+8b+8$
⑤ $3a^2-4b^2+2$

2 $\left(x+\frac{1}{3}y\right)-\left(\frac{2}{3}x-\frac{1}{2}y\right)$를 간단히 하면?

① $\frac{1}{3}x-\frac{1}{6}y$ ② $\frac{1}{3}x+\frac{1}{6}y$
③ $\frac{1}{3}x+\frac{5}{6}y$ ④ $2x-y$
⑤ $2x+5y$

3 $\frac{2a-b}{3}-\frac{a-4b}{5}$를 간단히 하였을 때, a의 계수와 b의 계수의 합은?

① $-\frac{1}{6}$ ② $-\frac{1}{3}$ ③ $\frac{7}{15}$
④ $\frac{2}{3}$ ⑤ $\frac{14}{15}$

4 $\square+(2x-5y)=7x-y$일 때, $\square$ 안에 알맞은 식을 구하시오.

5 $x-\{4y-3(5y-4x)\}$를 간단히 하면?

① $-11x+11y$ ② $-10x-11y$
③ $11x+11y$ ④ $12x+19y$
⑤ $13x+11y$

6 다음 중 x에 대한 이차식이 아닌 것은?

① $x^2+3-2x+1$ ② $5-x+2x^2$
③ x^2+2x-x^2+5 ④ $4x^2-3x+1+3x$
⑤ $3x^2-x^2+x-6$

7 $4x^2+\{3x^2+5x-(2x-7)+5\}-2x^2$을 간단히 하면 ax^2+bx+c이다. 이때 $a-b-c$의 값은? (단, a, b, c는 상수)

① -10 ② -5 ③ 5
④ 10 ⑤ 15

8 어떤 식에 $2x^2+3x-4$를 더해야 할 것을 잘못해서 빼었더니 $-3x^2-5x-1$이 되었다. 바르게 계산한 식은?

① x^2-x+9 ② x^2+x-9
③ x^2+2x-5 ④ x^2+2x+5
⑤ $2x^2-2x-5$

9 $(9x^2y-6xy)\div(-3y)=ax^2+bx+c$일 때, $a+2b+c$의 값은? (단, a, b, c는 상수)

① -6 ② -3 ③ 1 ④ 3 ⑤ 6

10 $\dfrac{2x^3-5x^2}{x^2}-\dfrac{x^5-4x^3}{x^3}$을 간단히 하시오.

11 $(6x^2y-9x^2)\div3x-x(4y+1)$을 간단히 하면?

① $-2xy-4x$ ② $2xy-10x$ ③ $2xy-1$ ④ $-9x^2-2y^2$ ⑤ $9x^2-2xy-x$

12 $3x(2x+3y)-\dfrac{2x^3y+9x^2y^2-5xy^3}{xy}$을 간단히 하면?

① x^2-5y^2 ② $x^2+18xy+5y^2$ ③ $4x^2-6xy-5y^2$ ④ $4x^2+5y^2$ ⑤ $4x^2+18xy+5y^2$

13 $a=5$, $b=-3$일 때, $(12a^2b-8ab^2)\div(-4ab)$의 값은?

① -21 ② -13 ③ -4 ④ 11 ⑤ 21

14 $a=\dfrac{1}{3}$, $b=-\dfrac{1}{2}$, $c=\dfrac{3}{4}$일 때, $\dfrac{bc-2ac+3ab}{abc}$의 값은?

① $-\dfrac{7}{2}$ ② 3 ③ 5 ④ $\dfrac{15}{2}$ ⑤ 11

15 오른쪽 그림은 높이가 $3a$인 정삼각형이다. 이 삼각형의 넓이가 $3a^2+6ab$일 때, 한 변의 길이는?

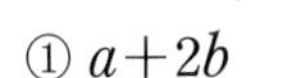

① $a+2b$ ② $2a+2b$ ③ $2a+4b$ ④ $4a+2b$ ⑤ $4a+4b$

16 오른쪽 그림은 밑면이 직각삼각형이고, 부피가 $5a^3b-3ab^2$인 삼각기둥이다. 밑면에서 직각을 낀 두 변의 길이가 각각 $3a$, $2b$일 때, 이 삼각기둥의 높이를 구하시오.

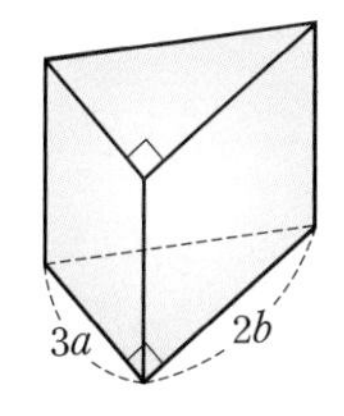

서술형 문제

17 $-x+2y-[3x-4y-\{4x+y-2(x-y)+5\}]$를 간단히 하면 $ax+by+c$일 때, 상수 a, b, c에 대하여 $a+b+c$의 값을 구하시오.

(단, 풀이 과정을 자세히 쓰시오.)

풀이 과정 |

답 |

18 $\frac{3x^2-x+5}{3}-\frac{4x^2+2x-1}{2}$을 간단히 하였을 때, x^2의 계수를 a, x의 계수를 b라고 하자. 이때 $a-b$의 값을 구하시오. (단, 풀이 과정을 자세히 쓰시오.)

풀이 과정 |

답 |

19 어떤 다항식에 $\frac{1}{3}ab$를 곱하였더니 $a^2b-2ab^2+\frac{2}{3}ab$가 되었다. 어떤 다항식을 구하시오.

(단, 풀이 과정을 자세히 쓰시오.)

풀이 과정 |

답 |

20 다음 그림과 같이 부피가 $9ab^2-6a^3b$인 직육면체 모양의 그릇에 가득 들어 있는 주스를 밑면의 가로의 길이가 $3a$, 세로의 길이가 b인 직육면체 모양의 그릇에 모두 옮겨 부었다. 그릇의 두께는 생각하지 않을 때, 옮긴 그릇에 있는 주스의 높이를 구하시오.

(단, 풀이 과정을 자세히 쓰시오.)

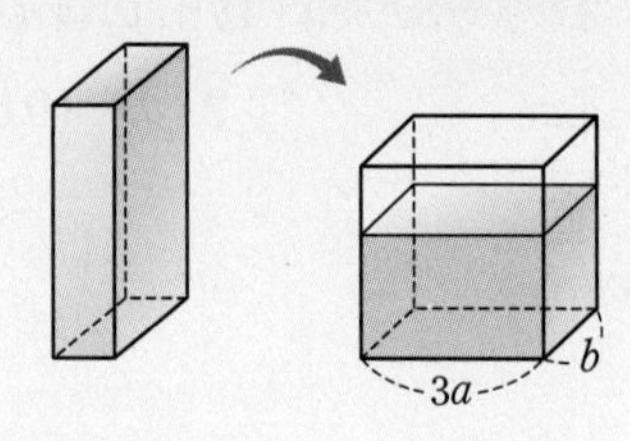

풀이 과정 |

답 |

다시 보는 핵심 문제

1 다음 중 일차부등식인 것은?

① $x-2=0$
② $2x=x+1$
③ $2x+3>2(x-1)$
④ $x+3>5$
⑤ $x>x+3$

2 $a>b$일 때, 다음 중 옳지 않은 것은?

① $a+2>b+2$
② $4-a>4-b$
③ $3a>3b$
④ $-2a<-2b$
⑤ $-\frac{a}{3}<-\frac{b}{3}$

3 다음 일차부등식 중 해가 $x<-2$인 것은?

① $x+1>3$
② $x-5<3$
③ $-2x>4$
④ $3x<6$
⑤ $\frac{1}{2}x>-1$

4 일차부등식 $2x+3\geq 5x-9$를 만족하는 자연수 x의 개수는?

① 2개 ② 3개 ③ 4개
④ 5개 ⑤ 6개

5 $-4<x<2$일 때, $A<3x+4<B$이다. 이때 $A-B$의 값은? (단, A, B는 상수)

① -26 ② -18 ③ 0
④ 10 ⑤ 18

6 x에 대한 일차부등식 $ax-8<0$의 해가 $x>-4$일 때, 상수 a의 값은?

① -3 ② $-\frac{5}{2}$ ③ -2
④ $-\frac{3}{2}$ ⑤ -1

7 일차부등식 $0.2(x+a)\geq 1.8-0.5x$의 해가 $x\geq 2$일 때, 상수 a의 값을 구하시오.

8 일차부등식 $\frac{2}{3}x+1<\frac{x+1}{6}$을 푸시오.

9 어떤 자연수의 4배에서 3을 빼면 57보다 작다고 한다. 이 자연수 중에서 가장 큰 수를 구하시오.

10 동네 가게에서 한 상자에 5000원 하는 감자가 도매 시장에서는 4000원이라고 한다. 도매 시장에서 감자를 사면 교통비와 운송비가 10000원이 든다고 할 때, 도매 시장에서 사는 것이 더 유리하려면 최소한 몇 상자를 사야 하는가?

① 10상자 ② 11상자 ③ 15상자
④ 17상자 ⑤ 20상자

11 현재 희정이의 예금액은 30000원, 현준이의 예금액은 25000원이다. 다음 달부터 매월 희정이는 6000원씩, 현준이는 2000원씩 저금한다면 희정이의 예금액이 현준이의 예금액의 2배 이상이 되는 것은 몇 개월 후부터인가?

① 7개월 ② 8개월 ③ 9개월
④ 10개월 ⑤ 11개월

12 등산을 하는데 올라갈 때는 시속 2 km로 걷고, 내려올 때는 같은 길을 시속 3 km로 걸어서 총 2시간 30분 이내에 등산을 마치려고 한다. 최대 몇 km 지점까지 올라갔다 내려올 수 있는가?

① 2 km ② 3 km ③ 4 km
④ 5 km ⑤ 6 km

서술형 문제

13 일차부등식 $6x-2(x+1)\geq a$의 해를 수직선 위에 나타내면 다음 그림과 같다. 이때 상수 a의 값을 구하시오. (단, 풀이 과정을 자세히 쓰시오.)

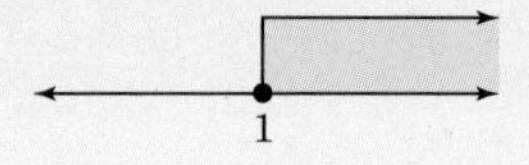

풀이 과정 |

답 |

14 혜영이는 버스가 출발하기 전까지 1시간의 여유가 있어서 이 시간에 상점에서 물건을 사오려고 한다. 시속 3 km의 일정한 속력으로 걷고, 물건을 사는 데 10분이 걸린다면 버스 터미널에서 최대 몇 km의 거리에 있는 상점을 이용할 수 있는지 구하시오.

(단, 풀이 과정을 자세히 쓰시오.)

풀이 과정 |

답 |

1 다음 중 미지수가 2개인 일차방정식은?

① $x^2=2x-5$　② $5-y=0$
③ $2x-3y=1$　④ $xy+2y=3$
⑤ $x+2y=3+2y$

2 둘레의 길이가 $15\,\text{cm}$인 직사각형의 가로의 길이를 $x\,\text{cm}$, 세로의 길이를 $y\,\text{cm}$라 할 때, 이것을 미지수가 2개인 일차방정식으로 나타내면?

① $x+y=15$　② $2x+y=15$
③ $2x+2y=15$　④ $x+2y=\frac{15}{2}$
⑤ $2x-2y=\frac{15}{2}$

3 다음 중 일차방정식 $x+2y=10$의 해가 아닌 것은?

① $x=8,\ y=1$　② $x=6,\ y=2$
③ $x=4,\ y=3$　④ $x=2,\ y=4$
⑤ $x=1,\ y=5$

4 x, y의 값이 자연수일 때, 일차방정식 $x+3y=15$의 해의 개수는?

① 1개　② 2개　③ 3개
④ 4개　⑤ 5개

5 일차방정식 $3x+y=-22$의 한 해가 $x=3a$, $y=2a$일 때, 상수 a의 값은?

① -2　② -1　③ 0
④ 1　⑤ 2

6 일차방정식 $5x-3y=18$을 만족시키는 x와 y의 값의 비가 $3:2$일 때, $x-y$의 값을 구하시오.

7 다음 연립방정식 중 해가 $x=2$, $y=3$인 것은?

① $\begin{cases} x+y=5 \\ 3x+y=7 \end{cases}$　② $\begin{cases} 4x+y=11 \\ 2x+y=8 \end{cases}$
③ $\begin{cases} x-y=-6 \\ -x+2y=8 \end{cases}$　④ $\begin{cases} 2x-y=1 \\ 3x-y=3 \end{cases}$
⑤ $\begin{cases} 3x+y=11 \\ 4x-y=0 \end{cases}$

8 연립방정식 $\begin{cases} 3x+y=a \\ 2x+by=14 \end{cases}$의 해가 $x=5$, $y=1$일 때, $a-b$의 값은? (단, a, b는 상수)

① 7　② 9　③ 12
④ 13　⑤ 15

다시 보는 핵심 문제

9 연립방정식 $\begin{cases} x=3y-2 \\ 2x-5y=1 \end{cases}$ 을 풀면?

① $x=-7,\ y=-3$　② $x=2,\ y=4$
③ $x=5,\ y=12$　④ $x=7,\ y=3$
⑤ $x=13,\ y=5$

10 연립방정식 $\begin{cases} 4x+2y=14 & \cdots ㉠ \\ 3x+y=2 & \cdots ㉡ \end{cases}$ 의 해를 구하기 위해 x를 없애려고 한다. 이때 필요한 식은?

① ㉠$\times 3-$㉡$\times 4$　② ㉠$\times 3+$㉡$\times 4$
③ ㉠$\times 4-$㉡$\times 3$　④ ㉠$\times 4+$㉡$\times 3$
⑤ ㉠$\times 4-$㉡$\times 4$

11 연립방정식 $\begin{cases} 2x-y=5 \\ x+3y=6 \end{cases}$ 을 만족시키는 x, y에 대하여 x^2-xy+y^2의 값을 구하시오.

12 연립방정식 $\begin{cases} x+2y=16 \\ 2x+y=20 \end{cases}$ 의 해가 일차방정식 $2x-ay=8$을 만족시킬 때, 상수 a의 값을 구하시오.

13 연립방정식 $\begin{cases} 3(x-y)-2y=7 \\ 4x-3(x-2y)=10 \end{cases}$ 을 풀면?

① $x=-4,\ y=1$　② $x=-4,\ y=-1$
③ $x=4,\ y=1$　④ $x=4,\ y=-1$
⑤ $x=4,\ y=-4$

14 연립방정식 $\begin{cases} \dfrac{x}{2}+\dfrac{y}{3}=\dfrac{3}{2} \\ 0.3x+0.5y=1.8 \end{cases}$ 의 해가 $x=a,\ y=b$일 때, $b-a$의 값은?

① 0　② 1　③ 2
④ 3　⑤ 4

15 방정식 $\dfrac{x+y}{2}=\dfrac{x-y}{3}=1$을 풀면?

① $x=\dfrac{1}{2},\ y=\dfrac{3}{2}$　② $x=\dfrac{3}{2},\ y=\dfrac{1}{2}$
③ $x=\dfrac{5}{2},\ y=-\dfrac{1}{2}$　④ $x=2,\ y=-1$
⑤ $x=5,\ y=-1$

16 연립방정식 $\begin{cases} 2x+6y=3+b \\ x+ay=4 \end{cases}$ 의 해가 무수히 많을 때, 상수 a, b에 대하여 $a-b$의 값을 구하시오.

서술형 문제

17 연립방정식 $\begin{cases} 2x-y=2 \\ ax+y=4 \end{cases}$의 해가 $x=2$, $y=b$일 때, 상수 a, b에 대하여 $a+b$의 값을 구하시오.

풀이 과정 |

답 |

18 연립방정식 $\begin{cases} 3x+2y=9 \\ 7x+ay=-2 \end{cases}$를 만족하는 y의 값이 x의 값의 3배일 때, 상수 a의 값을 구하시오.

(단, 풀이 과정을 자세히 쓰시오.)

풀이 과정 |

답 |

19 두 연립방정식 $\begin{cases} ax-2y=4 \\ x+3y=-2 \end{cases}$, $\begin{cases} 2x-3y=5 \\ 3x+y=b \end{cases}$의 해가 서로 같을 때, 상수 a, b에 대하여 ab의 값을 구하시오. (단, 풀이 과정을 자세히 쓰시오.)

풀이 과정 |

답 |

20 연립방정식 $\begin{cases} ax+by=4 \\ bx-ay=3 \end{cases}$을 푸는데 잘못하여 상수 a, b를 바꾸어 놓고 풀었더니 $x=2$, $y=1$이 되었다. 처음 연립방정식의 해를 구하시오.

풀이 과정 |

답 |

1 합이 190이고, 차가 86인 두 자연수 중 큰 수를 구하시오.

2 사탕 5개와 초콜릿 6개의 값은 6000원이고, 사탕 10개와 초콜릿 8개의 값은 9400원이다. 이때 사탕 한 개와 초콜릿 한 개의 가격의 합은?

① 1020원 ② 1050원 ③ 1070원
④ 1100원 ⑤ 1120원

3 한 우리에 토끼와 닭이 모두 16마리가 있다. 두 동물의 다리의 수가 모두 44개일 때, 이 우리 안에 있는 토끼와 닭의 수는?

① 토끼: 6마리, 닭: 10마리
② 토끼: 7마리, 닭: 9마리
③ 토끼: 8마리, 닭: 8마리
④ 토끼: 9마리, 닭: 7마리
⑤ 토끼: 10마리, 닭: 6마리

4 현재 엄마와 아들의 나이의 합은 43세이다. 22년 후 엄마의 나이는 아들의 나이의 2배가 된다고 한다. 현재 아들의 나이는?

① 6세 ② 7세 ③ 8세
④ 9세 ⑤ 10세

5 두 자리의 자연수가 있다. 십의 자리의 숫자의 2배는 일의 자리의 숫자보다 1만큼 작고, 각 자리의 숫자를 바꾼 수는 처음 수보다 18만큼 크다고 할 때, 처음 수를 구하시오.

6 가로의 길이가 세로의 길이의 3배보다 2 cm가 짧은 직사각형이 있다. 이 직사각형의 둘레의 길이가 52 cm일 때, 직사각형의 넓이는?

① 115 cm^2 ② 120 cm^2 ③ 133 cm^2
④ 145 cm^2 ⑤ 162 cm^2

7 준우와 지영이가 가위바위보를 하여 이긴 사람은 계단을 3개씩 올라가고, 진 사람은 1개씩 내려가는 게임을 하고 있다. 게임을 시작한 지 얼마 후에 준우는 처음의 위치에서 8개의 계단을, 지영이는 24개의 계단을 올라가 있었다. 지영이가 이긴 횟수는? (단, 비긴 경우는 없다고 한다.)

① 6회 ② 8회 ③ 10회
④ 12회 ⑤ 14회

8 서진이네 과수원에서는 작년에 사과와 복숭아를 합하여 820상자를 수확하였다. 올해 수확량은 작년보다 사과는 5% 증가하고, 복숭아는 4% 감소하여 전체적으로 5상자 증가하였다. 올해 복숭아의 수확량은?

① 384상자 ② 400상자 ③ 416상자
④ 420상자 ⑤ 437상자

9 등산을 하는데 올라갈 때는 시속 $3\,\text{km}$로, 내려올 때는 올라갈 때보다 $2\,\text{km}$ 더 먼 길을 시속 $4\,\text{km}$로 걸어서 모두 4시간이 걸렸다. 이때 올라간 거리는?

① $4\,\text{km}$　② $4.5\,\text{km}$　③ $5\,\text{km}$
④ $5.5\,\text{km}$　⑤ $6\,\text{km}$

10 길이가 $1500\,\text{m}$인 운동장의 둘레를 영오와 민수가 같은 지점에서 동시에 출발하여 같은 방향으로 돌면 50분 후에 처음으로 만나고, 반대 방향으로 돌면 15분 후에 처음으로 만난다고 한다. 영오가 민수보다 빨리 돈다고 할 때, 영오의 속력은? (단, 영오와 민수의 속력은 각각 일정하다.)

① 분속 $65\,\text{m}$　② 분속 $70\,\text{m}$　③ 분속 $75\,\text{m}$
④ 분속 $80\,\text{m}$　⑤ 분속 $85\,\text{m}$

11 일정한 속력으로 달리는 기차가 길이가 $800\,\text{m}$인 터널을 완전히 통과하는 데 50초, 길이가 $230\,\text{m}$인 다리를 완전히 통과하는 데 20초가 걸린다고 할 때, 이 기차의 길이와 속력을 각각 구하시오.

12 두 상품 A와 B의 한 개당 생산 원가는 각각 300원, 500원이다. 상품 A에는 원가의 $20\,\%$, 상품 B에는 원가의 $30\,\%$의 이익을 더해 판매가를 정한 후, 두 상품 A와 B를 합하여 90개를 팔았더니 7200원의 이익이 생겼다. 이때 판매된 상품 A의 개수는?

① 20개　② 40개　③ 50개
④ 60개　⑤ 70개

서술형 문제

13 $20\,\%$의 소금물과 $8\,\%$의 소금물을 섞어서 $15\,\%$의 소금물 $1200\,\text{g}$을 만들려고 한다. $20\,\%$의 소금물은 몇 g 섞어야 하는지 구하시오.

(단, 풀이 과정을 자세히 쓰시오.)

풀이 과정 |

답 |

14 지웅이와 효림이가 같이 하면 6일 만에 끝낼 수 있는 일을 지웅이가 5일 동안 먼저 하고 나머지를 효림이가 8일 동안 해서 끝냈다. 이 일을 효림이가 혼자서 하면 며칠이 걸리겠는지 구하시오.

(단, 풀이 과정을 자세히 쓰시오.)

풀이 과정 |

답 |

13강 다시 보는 핵심 문제

1 다음 중 y가 x의 함수가 아닌 것은?

① 합이 50인 두 수 x와 y
② 자연수 x와 서로소인 수 y
③ 자연수 x를 5로 나눈 나머지 y
④ 시속 x km로 3시간 동안 간 거리 y km
⑤ x %의 소금물 100 g에 들어 있는 소금의 양 y g

2 다음 보기 중 y가 x의 함수인 것을 모두 고르시오.

보기
ㄱ. 길이가 100 cm인 테이프를 x cm 사용하고 남은 테이프의 길이 y cm
ㄴ. 자연수 x보다 작은 짝수 y
ㄷ. 한 변의 길이가 x cm인 정삼각형의 둘레의 길이 y cm
ㄹ. 자연수 x의 소인수 y

3 함수 $f(x)=(x$의 약수의 개수$)$에 대하여 $f(8)-2f(24)$의 값은?

① -20 ② -16 ③ -12
④ -8 ⑤ -4

4 함수 $f(x)=ax$에 대하여 $f(-2)=4$, $f(b)=8$일 때, $a+b$의 값을 구하시오. (단, a는 상수)

5 함수 $y=f(x)$에서 y가 x에 반비례하고 $f(3)=-4$일 때, $f(6)+f(-2)$의 값은?

① -6 ② -4 ③ 0
④ 4 ⑤ 6

6 함수 $f(x)=2x$에 대하여 $f\left(\frac{a}{3}\right)=a+4$일 때, a의 값은?

① -20 ② -12 ③ -8
④ 8 ⑤ 12

서술형 문제

7 함수 $f(x)=\frac{10}{x}$에 대하여 $f(2)=a$, $f(b)=\frac{1}{5}$일 때, $a+b$의 값을 구하시오.
(단, 풀이 과정을 자세히 쓰시오.)

풀이 과정 |

답 |

1 다음 중 일차함수인 것은?

① $y=3$ ② $y=2x-2(x+1)$
③ $y=x(x-4)$ ④ $y=\frac{2}{x}-1$
⑤ $y=\frac{1}{3}x-7$

2 일차함수 $f(x)=-x+3$에 대하여 $3f(2)-f(-1)$의 값은?

① -4 ② -2 ③ -1
④ 1 ⑤ 2

3 두 함수 $f(x)=-3x+1$, $g(x)=\frac{a}{x}$에 대하여 $f(b)=a$, $g(2)=-4$일 때, $a+b$의 값을 구하시오. (단, a는 상수)

4 일차함수 $f(x)=ax+b$에 대하여 $f(0)=1$, $f(2)=-1$일 때, $a-b$의 값은? (단, a, b는 상수)

① -2 ② -1 ③ 0
④ 1 ⑤ 2

5 일차함수 $y=3x+1$의 그래프가 두 점 $(-2, a)$, $(b, 4)$를 지날 때, $a+b$의 값을 구하시오.

6 다음 그림에서 일차함수 $y=-x$의 그래프를 y축의 방향으로 -2만큼 평행이동한 그래프는?

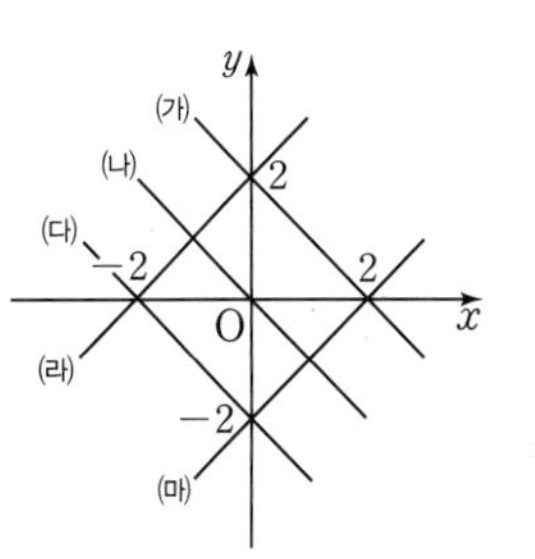

① (가) ② (나) ③ (다)
④ (라) ⑤ (마)

7 일차함수 $y=2x+b$의 그래프를 y축의 방향으로 -3만큼 평행이동하였더니 일차함수 $y=2x-2$의 그래프가 되었다. 이때 상수 b의 값은?

① -5 ② -3 ③ -1
④ 1 ⑤ 2

8 일차함수 $y=\frac{1}{3}x$의 그래프를 y축의 방향으로 p만큼 평행이동하면 점 $(3, 5)$를 지난다. 이때 p의 값은?

① -3 ② -2 ③ 2
④ 3 ⑤ 4

9 일차함수 $y=3x-2$의 그래프를 y축의 방향으로 5만큼 평행이동한 그래프가 점 $(-2,\ a)$를 지날 때, a의 값은?

① -4　② -3　③ -2
④ -1　⑤ 0

10 일차함수 $y=-\frac{2}{5}x+b$의 그래프의 x절편이 5일 때, y절편은? (단, b는 상수)

① 2　② 3　③ 5
④ 7　⑤ 10

11 다음 중 일차함수 $y=\frac{2}{3}x-4$의 그래프는?

①
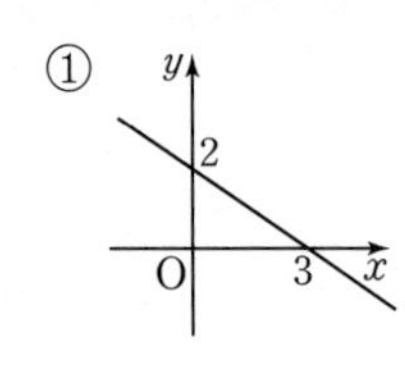

②
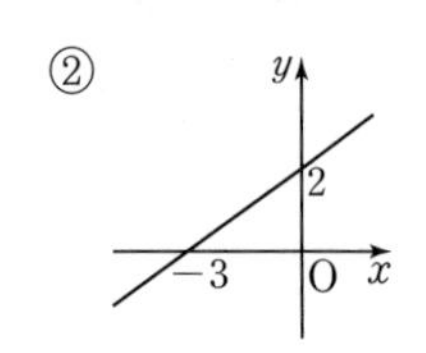

③
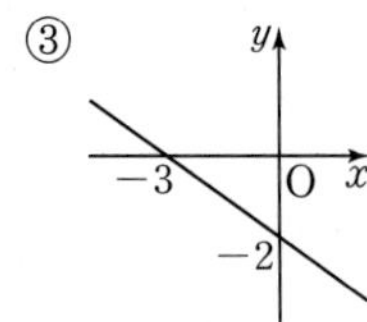

④
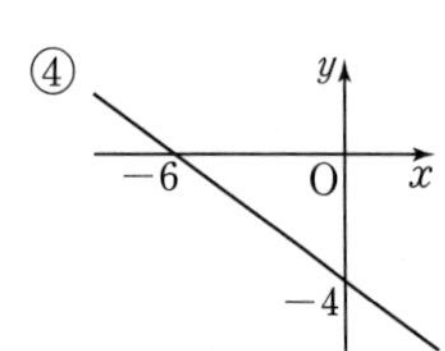

⑤
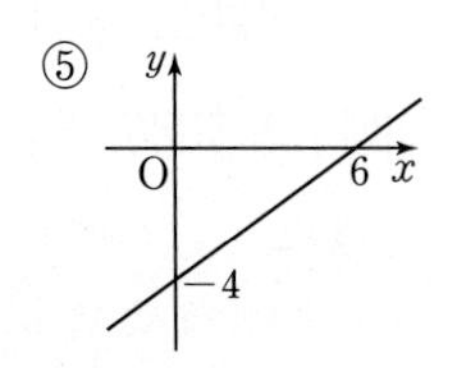

12 일차함수 $y=\frac{1}{2}x+3$의 그래프가 오른쪽 그림과 같을 때, ab의 값은?

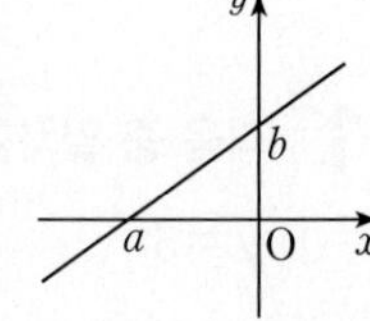

① -18　② -12
③ -9　④ -6
⑤ -3

13 일차함수 $y=-2x+k$의 그래프의 x절편이 2일 때, 이 그래프가 y축과 만나는 점의 좌표는?

① $(-4,\ 2)$　② $(0,\ -4)$　③ $(0,\ -2)$
④ $(0,\ 4)$　⑤ $(4,\ 0)$

14 y축에서 만나는 두 일차함수 $y=2x+a$, $y=-\frac{2}{a}x+4$의 그래프가 x축과 만나는 점을 각각 A, B라 할 때, $\overline{\text{AB}}$의 길이를 구하시오. (단, a는 상수)

15 네 일차함수 $y=-x-3$, $y=-x+3$, $y=x+3$, $y=x-3$의 그래프로 둘러싸인 도형의 넓이를 구하시오.

서술형 문제

16 일차함수 $y=-\frac{1}{2}x-1$의 그래프를 y축의 방향으로 p만큼 평행이동하였더니 일차함수 $y=-\frac{1}{2}x+3$의 그래프와 일치하였다. 이때 p의 값을 구하시오.
(단, 풀이 과정을 자세히 쓰시오.)

풀이 과정 |

답 |

17 점 $(1,\ -4)$를 지나는 일차함수 $y=4x+a$의 그래프를 y축의 방향으로 5만큼 평행이동하면 점 $(2,\ b)$를 지난다고 한다. 이때 상수 a, b에 대하여 $a+b$의 값을 구하시오. (단, 풀이 과정을 자세히 쓰시오.)

풀이 과정 |

답 |

18 일차함수 $y=-\frac{3}{4}x+1$의 그래프를 y축의 방향으로 -4만큼 평행이동한 그래프의 x절편과 y절편을 각각 구하시오. (단, 풀이 과정을 자세히 쓰시오.)

풀이 과정 |

답 |

19 일차함수 $y=-\frac{1}{2}x+3$의 그래프를 y축의 방향으로 -2만큼 평행이동한 그래프와 x축, y축으로 둘러싸인 도형의 넓이를 구하시오.
(단, 풀이 과정을 자세히 쓰시오.)

풀이 과정 |

답 |

다시 보는 핵심 문제 16~18강

1 일차함수 $y=2x-1$의 그래프에서 x의 값이 3에서 5까지 증가할 때, y의 값의 증가량은?

① 2　② 4　③ 6
④ 9　⑤ 13

2 다음 일차함수 중 x의 값이 6만큼 증가할 때, y의 값이 3만큼 감소하는 것은?

① $y=-2x+1$　② $y=-x+2$
③ $y=-\frac{1}{2}x+4$　④ $y=\frac{1}{2}x+4$
⑤ $y=2x+4$

3 일차함수 $y=ax-b$의 그래프가 오른쪽 그림과 같을 때, 다음 중 일차함수 $y=-ax+b$의 그래프로 옳은 것은?

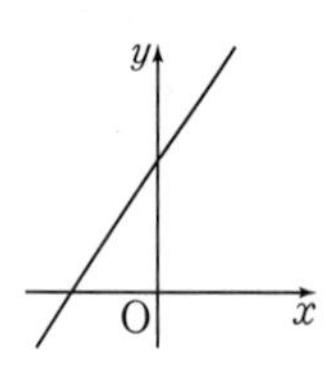

①
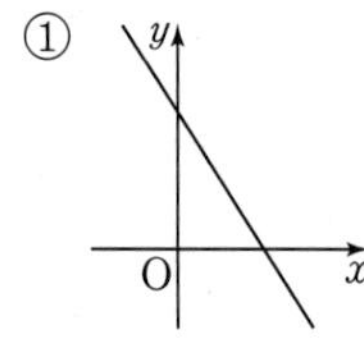

②
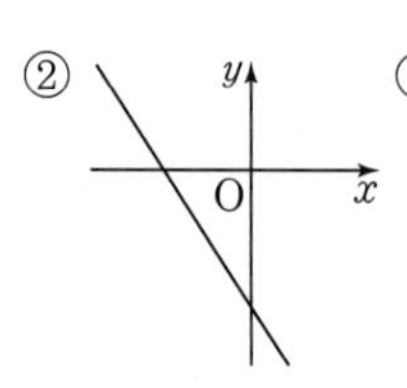

③
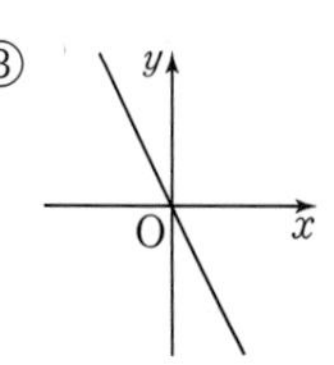

④
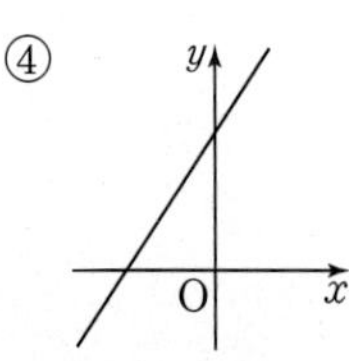

⑤
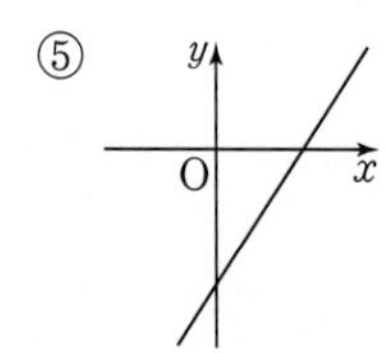

4 일차함수 $y=ax+b$의 그래프가 제1사분면을 지나지 않을 때, 다음 중 a, b의 부호로 알맞은 것은? (단, $b\neq0$)

① $a>0$, $b>0$　② $a>0$, $b<0$
③ $a<0$, $b>0$　④ $a<0$, $b<0$
⑤ 알 수 없다.

5 일차함수 $y=-2x+4$의 그래프에 대한 다음 설명 중 옳지 <u>않은</u> 것은?

① x의 값이 증가할 때, y의 값은 감소한다.
② x절편은 2, y절편은 4이다.
③ 일차함수 $y=-2x-1$의 그래프와 평행하다.
④ 점 $(1, 2)$를 지난다.
⑤ 제1사분면, 제2사분면, 제3사분면을 지난다.

6 기울기가 3이고, 일차함수 $y=2x-5$의 그래프와 y축에서 만나는 직선을 그래프로 하는 일차함수의 식을 구하시오.

7 다음 중 나머지 네 직선과 평행하지 <u>않은</u> 것은?

① 기울기가 -2이고, y절편이 3인 직선
② 직선 $2x+y+5=0$
③ x절편이 -2이고, y절편이 4인 직선
④ 두 점 $(-1, 1)$, $(3, -7)$을 지나는 직선
⑤ y절편이 -2이고, 점 $(-1, 0)$을 지나는 직선

8 점 $(1, -2)$를 지나고, 일차함수 $y=-\frac{1}{2}x+1$의 그래프와 x축 위에서 만나는 직선을 그래프로 하는 일차함수의 식은?

① $y=-3x+1$　② $y=-3x-1$
③ $y=2x-4$　④ $y=2x+4$
⑤ $y=3x-2$

9 다음 그림과 같은 직선을 그래프로 하는 일차함수의 식을 구하시오.

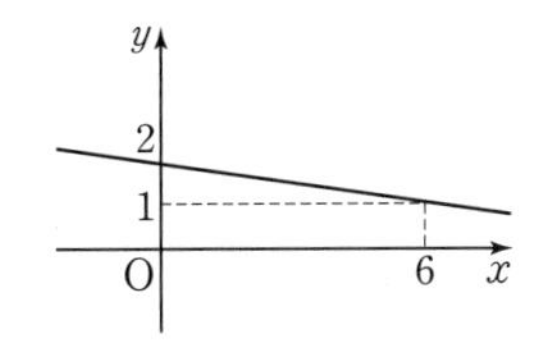

10 길이가 30 cm인 양초에 불을 붙이면 40분마다 8 cm씩 짧아진다고 한다. x분 후 양초의 길이를 y cm라 할 때, 다음 물음에 답하시오.

(1) x와 y 사이의 관계식을 구하시오.
(2) 양초가 완전히 타 버리는 것은 불을 붙인 지 몇 분 후인지 구하시오.

11 두 점 $(-1, a-4)$, $(1, -2a+8)$을 지나는 직선이 x축에 평행할 때, a의 값은?

① 1　② 2　③ 3
④ 4　⑤ 5

12 일차방정식 $2x+3y-4=0$의 그래프에 대한 다음 설명 중 옳지 않은 것은?

① 점 $(-1, 2)$를 지난다.
② x축과의 교점은 $(2, 0)$이다.
③ y절편은 -4이다.
④ x의 값이 증가할 때, y의 값은 감소한다.
⑤ 제3사분면을 지나지 않는다.

13 오른쪽 그림은 연립방정식 $\begin{cases} x+ay=4 \\ x-y=1 \end{cases}$의 해를 구하기 위해 각 일차방정식의 그래프를 그린 것이다. 이때 상수 a의 값을 구하시오.

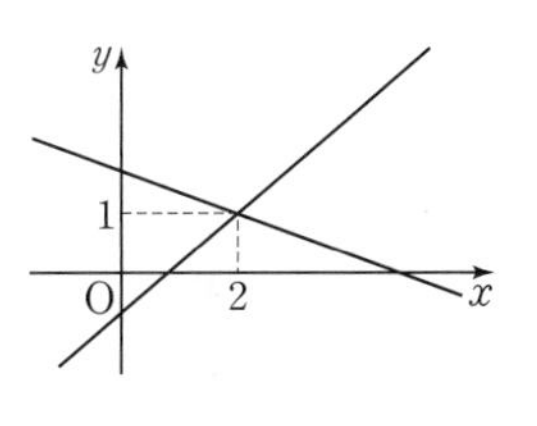

14 세 직선 $2x+3y=10$, $x+y=4$, $4x-ay=6$이 한 점에서 만날 때, 상수 a의 값은?

① 0　② 1　③ 2
④ 3　⑤ 4

15 오른쪽 그림에서 점 A는 두 직선 $y=-2x+9$, $y=x-3$의 교점이고, 두 직선과 y축의 교점을 각각 B, C라고 할 때, $\triangle ABC$의 넓이를 구하시오.

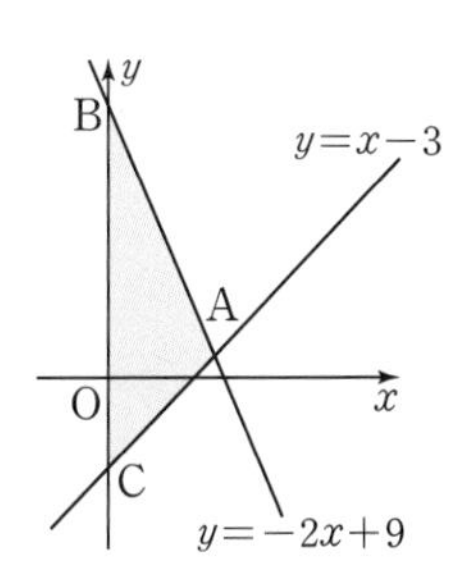

서술형 문제

16 두 점 $(-1,\ 4)$, $(2,\ 3)$을 지나는 직선을 그래프로 하는 일차함수의 식을 구하시오.
(단, 풀이 과정을 자세히 쓰시오.)

풀이 과정 |

답 |

17 일차함수 $y=ax+b$의 그래프는 x의 값이 -1에서 1까지 증가할 때 y의 값이 -3에서 3까지 증가하는 일차함수의 그래프와 평행하고, 점 $(2,\ 1)$을 지난다. 이때 상수 a, b에 대하여 $a+b$의 값을 구하시오.
(단, 풀이 과정을 자세히 쓰시오.)

풀이 과정 |

답 |

18 네 직선 $2x+6=0$, $x-4=0$, $y=-2$, $y-6=0$으로 둘러싸인 도형의 넓이를 구하시오.
(단, 풀이 과정을 자세히 쓰시오.)

풀이 과정 |

답 |

19 일차방정식 $ax+3y=6$의 그래프와 x축, y축으로 둘러싸인 삼각형의 넓이가 6일 때, 양수 a의 값을 구하시오. (단, 풀이 과정을 자세히 쓰시오.)

풀이 과정 |

답 |

자르는 선

중간고사 대비 실전 모의고사 제1회

이름 | 점수 /100점

객관식 각 4점 | 주관식 각 5점 | 서술형 각 6, 7점

1 다음 보기에서 유한소수로 나타낼 수 있는 것을 모두 고른 것은?

보기
ㄱ. $\frac{11}{16}$ ㄴ. $\frac{30}{2^2\times3\times5}$ ㄷ. $\frac{18}{3^3\times5}$
ㄹ. $\frac{63}{105}$ ㅁ. $\frac{2\times5\times11}{2^2\times5^3\times11^2}$

① ㄱ, ㄴ, ㄷ ② ㄱ, ㄴ, ㄹ ③ ㄱ, ㄷ, ㄹ
④ ㄱ, ㄴ, ㄷ, ㄹ ⑤ ㄱ, ㄴ, ㄷ, ㄹ, ㅁ

2 분수 $\frac{165}{308}$에 어떤 자연수를 곱하여 유한소수로 나타내려고 할 때, 어떤 자연수 중 가장 작은 수는?

① 3 ② 7 ③ 9
④ 11 ⑤ 15

3 다음 중 순환소수 $x=1.3\dot{2}\dot{7}$을 분수로 나타내려고 할 때, 가장 편리한 식은?

7 $27^3\times3^{\square}\div9^3=3^{20}$일 때, □ 안에 알맞은 수는?

① 15 ② 17 ③ 19
④ 20 ⑤ 21

8 $3(2x-y)-4\left(\frac{1}{2}x+\frac{3}{4}y\right)$를 간단히 하였을 때, x의 계수와 y의 계수의 합은?

① -2 ② -1 ③ 0
④ 1 ⑤ 2

9 $\frac{4x-y}{3}-\frac{x-6y}{6}$를 간단히 하면?

① $\frac{7}{6}x+2y$ ② $7x+4y$ ③ $\frac{7x+4y}{6}$
④ $3x-7y$ ⑤ $\frac{3x-7y}{6}$

③ $100x-10x$　　④ $1000x-10x$
⑤ $1000x-100x$

4 순환소수 $0.\dot{2}537\dot{1}$에서 소수점 아래 102번째 자리의 숫자는?

① 1　② 2　③ 3
④ 5　⑤ 7

5 다음 중 유리수가 <u>아닌</u> 것은?

① $-\frac{2}{5}$　② 0　③ $0.333\cdots$
④ 0.45　⑤ $0.101001\cdots$

6 다음 중 옳은 것은?

① $a^2\times a^3=a^6$　② $(a^3)^4=a^7$
③ $a^8\div a^2=a^4$　④ $(a^2b^3)^4=a^8b^{12}$
⑤ $a^3b^2=(ab)^6$

10 어떤 식에서 $6x^2-x$를 빼어야 할 것을 잘못하여 더하였더니 $5x^2+4x+6$이 되었다. 이때 바르게 계산한 식은?

① $-7x^2+6x+6$　② $-4x^2+6x$
③ $-7x^2+4x+6$　④ $-x^2+5x+6$
⑤ $-4x^2-4x-6$

11 $(24y^2-36y)\div(-4y)$를 간단히 하면?

① $-6y+9$　② $9y-6$　③ $6y-9$
④ $9y+6$　⑤ $-6y-9$

12 $12x^2y^3\div(-2xy)^2\times\square=\frac{4y}{x}$일 때, □ 안에 알맞은 식은?

① $-\frac{4}{3x}$　② $\frac{4}{3x}$　③ $-6x$
④ $\frac{3}{4}x$　⑤ $\frac{4}{3}x$

정답과 해설

중등 수학 2·1

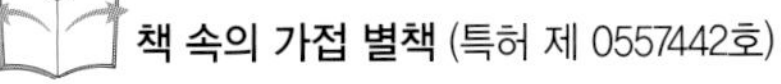

책 속의 가접 별책 (특허 제 0557442호)

'정답과 해설'은 본책에서 쉽게 분리할 수 있도록 제작되었으므로
유통 과정에서 분리될 수 있으나 파본이 아닌 정상제품입니다.

visang

ABOVE IMAGINATION

우리는 남다른 상상과 혁신으로
교육 문화의 새로운 전형을 만들어
모든 이의 행복한 경험과 성장에 기여한다

정답과 해설

내신 성적을 쑥쑥~ 올리는 내공의 힘

01강 유리수와 순환소수 (1)

예제 p. 6

1 **(1) 0.75, 유한소수**
(2) 0.285714⋯, 무한소수
(3) −0.454545⋯, 무한소수
(4) 0.45, 유한소수

(1) $\frac{3}{4}=3\div4=0.75$

(2) $\frac{2}{7}=2\div7=0.285714\cdots$

(3) $-\frac{5}{11}=-5\div11$
$=-0.454545\cdots$

(4) $\frac{9}{20}=9\div20=0.45$

2 **㉠ 5^2 ㉡ 5^2 ㉢ 100 ㉣ 0.25**

$\frac{1}{4}=\frac{1}{2^2}=\frac{1\times5^2}{2^2\times5^2}=\frac{25}{100}=0.25$

확인 분수의 분모를 10, 100, 1000, ⋯과 같이 10의 거듭제곱의 꼴로 고칠 수 있으면 유한소수로 나타낼 수 있다.
$10=2\times5$, $100=2^2\times5^2$,
$1000=2^3\times5^3$, ⋯

3 **④, ⑤**

② $\frac{3}{14}=\frac{3}{2\times7}$
⇨ 유한소수로 나타낼 수 없다.

③ $\frac{2}{15}=\frac{2}{3\times5}$
⇨ 유한소수로 나타낼 수 없다.

④ $\frac{11}{25}=\frac{11}{5^2}$ ⇨ 유한소수

⑤ $\frac{42}{35}=\frac{6}{5}$ ⇨ 유한소수

핵심 유형 익히기 p. 7

1 **②, ⑤**

② $\frac{1}{6}=1\div6$
$=0.1666\cdots$ (무한소수)

⑤ $\frac{2}{13}=2\div13$
$=0.153846\cdots$ (무한소수)

2 **ㄱ, ㄷ**

ㄴ. 원주율 $\pi=3.141592\cdots$는 무한소수이다.

ㄷ. $\frac{5}{6}=5\div6=0.8333\cdots$ (무한소수)

ㄹ. $\frac{3}{20}=3\div20=0.15$ (유한소수)

3 **㉠ 5^3 ㉡ 5^3 ㉢ 375 ㉣ 0.375**

$\frac{3}{8}=\frac{1}{2^3}=\frac{3\times5^3}{2^3\times5^3}=\frac{375}{1000}=0.375$

4 **②, ④**

① $\frac{12}{2^3\times7}=\frac{3}{2\times7}$
⇨ 유한소수로 나타낼 수 없다.

② $\frac{6}{2^2\times15}=\frac{1}{2\times5}$ ⇨ 유한소수

③ $\frac{9}{44}=\frac{9}{2^2\times11}$
⇨ 유한소수로 나타낼 수 없다.

④ $\frac{21}{48}=\frac{7}{16}=\frac{7}{2^4}$ ⇨ 유한소수

⑤ $\frac{14}{2^2\times5\times7^2}=\frac{1}{2\times5\times7}$
⇨ 유한소수로 나타낼 수 없다.

5 **②**

$\frac{5}{84}\times a=\frac{5}{2^2\times3\times7}\times a$를 유한소수로 나타낼 수 있으려면 a는 3과 7을 동시에 약분할 수 있는 수, 즉 21의 배수이어야 한다.
따라서 가장 작은 자연수 a의 값은 21이다.

02강 유리수와 순환소수 (2)

예제 p. 8

1 **(1) 4, $0.5\dot{4}$** **(2) 132, $2.\dot{1}3\dot{2}$**

(1) 순환마디가 4이므로 $0.5\dot{4}$이다.
(2) 순환마디가 132이므로 $2.\dot{1}3\dot{2}$이다.

2 **(1) $\frac{5}{11}$** **(2) $\frac{23}{18}$**

(1) $0.\dot{4}\dot{5}$를 x라 하면
$x=0.454545\cdots$ ⋯㉠
㉠의 양변에 100을 곱하면
$100x=45.454545\cdots$ ⋯㉡
㉡−㉠을 하면

$$\begin{array}{rl} 100x= & 45.454545\cdots \\ -)\quad x= & 0.454545\cdots \\ \hline 99x= & 45 \end{array}$$

$\therefore x=\frac{45}{99}=\frac{5}{11}$

(2) $1.2\dot{7}$을 x라 하면 $x=1.2777\cdots$
양변에 10을 곱하면
$10x=12.777\cdots$ ⋯㉠
양변에 100을 곱하면
$100x=127.777\cdots$ ⋯㉡
㉡−㉠을 하면

$$\begin{array}{rl} 100x= & 127.777\cdots \\ -)\quad 10x= & 12.777\cdots \\ \hline 90x= & 115 \end{array}$$

$\therefore x=\frac{115}{90}=\frac{23}{18}$

3 **(1) ○** **(2) ×** **(3) ○**

(2) 무한소수에는 순환소수와 순환하지 않는 무한소수가 있다.
(3) 순환소수는 유리수이므로 분수로 나타낼 수 있다.

핵심 유형 익히기 p. 9

1 **③**

$2.384384\cdots=2.\dot{3}8\dot{4}$

확인 순환마디의 양 끝의 숫자 위에만 점을 찍는다.

2 **1**

$0.\dot{5}1\dot{6}$은 소수점 아래 첫째 자리부터 3개의 숫자 5, 1, 6이 반복된다.
$20=3\times6+2$이므로 소수점 아래 20번째 자리의 숫자는 순환마디의 2번째 숫자인 1이다.

3 **②**

소수점이 첫 순환마디 뒤에 오도록 주어진 식의 양변에 100을 곱한다.
$x=1.353535\cdots$ ⋯㉠
$100x=135.3535\cdots$ ⋯㉡
㉡−㉠을 하면 $99x=134$
$\therefore x=\frac{134}{99}$

4 **②**

① $0.\dot{3}\dot{4}=\frac{34}{99}$

③ $2.\dot{3}=\frac{23-2}{9}=\frac{21}{9}=\frac{7}{3}$

④ $1.\dot{1}2\dot{7}=\frac{1127-1}{999}=\frac{1126}{999}$

⑤ $3.1\dot{2}\dot{8}=\frac{3128-31}{990}=\frac{3097}{990}$

5 ③

$0.5666\cdots=0.5\dot{6}=\frac{56-5}{90}$

$=\frac{51}{90}=\frac{17}{30}$

따라서 $\frac{x}{30}=\frac{17}{30}$에서 $x=17$

6 ⑤

② 순환소수가 아닌 무한소수는 유리수가 아니다.

③ 유한소수는 유리수이므로 분수로 나타낼 수 있다.

④ 무한소수 중에는 순환소수와 순환하지 않는 무한소수가 있다.

⑤ 정수가 아닌 유리수는 유한소수 또는 순환소수로 나타낼 수 있다.

기초 내공 다지기 p. 10~11

1 (1) ○ (2) ○ (3) × (4) ○ (5) × (6) × (7) ○ (8) ×

2 (1) × (2) ○ (3) ○ (4) × (5) ○ (6) × (7) × (8) ×

3 (1) $\frac{5}{9}$ (2) $\frac{2}{15}$ (3) $\frac{8}{33}$ (4) $\frac{14}{37}$ (5) $\frac{5}{3}$ (6) $\frac{11}{6}$ (7) $\frac{1246}{333}$ (8) $\frac{356}{165}$

4 (1) $\frac{5}{99}$ (2) $\frac{7}{90}$ (3) $\frac{4}{11}$ (4) $\frac{22}{45}$ (5) $\frac{91}{330}$ (6) $\frac{199}{99}$ (7) $\frac{267}{110}$ (8) $\frac{95}{36}$

1 (3) $\frac{4}{63}=\frac{4}{3^2\times7}$

(4) $\frac{9}{75}=\frac{3}{25}=\frac{3}{5^2}$ ⇨ 유한소수

(5) $\frac{7}{90}=\frac{7}{2\times3^2\times5}$

(6) $\frac{42}{176}=\frac{21}{88}=\frac{21}{2^3\times11}$

(7) $\frac{56}{280}=\frac{1}{5}$ ⇨ 유한소수

(8) $\frac{22}{308}=\frac{1}{14}=\frac{1}{2\times7}$

2 (2) $\frac{18}{2^3\times3^2}=\frac{1}{2^2}$ ⇨ 유한소수

(3) $\frac{16}{2^3\times5^2}=\frac{2}{5^2}$ ⇨ 유한소수

(4) $\frac{15}{3^2\times5^3}=\frac{1}{3\times5^2}$

(5) $\frac{9}{2\times3^2\times5}=\frac{1}{2\times5}$ ⇨ 유한소수

(6) $\frac{14}{2^2\times5\times7^2}=\frac{1}{2\times5\times7}$

(7) $\frac{11}{3\times5^2\times7^2}$

(8) $\frac{21}{2\times3^2\times5\times7}=\frac{1}{2\times3\times5}$

3 (3) $x=0.\dot{2}\dot{4}$라 하고 $100x-x$를 하면

$99x=24$ $\therefore x=\frac{24}{99}=\frac{8}{33}$

(4) $x=0.\dot{3}7\dot{8}$이라 하고 $1000x-x$를 하면

$999x=378$

$\therefore x=\frac{378}{999}=\frac{14}{37}$

(5) $x=1.\dot{6}$이라 하고 $10x-x$를 하면

$9x=15$ $\therefore x=\frac{15}{9}=\frac{5}{3}$

(6) $x=1.8\dot{3}$이라 하고 $100x-10x$를 하면

$90x=165$ $\therefore x=\frac{165}{90}=\frac{11}{6}$

(7) $x=3.\dot{7}4\dot{1}$이라 하고 $1000x-x$를 하면

$999x=3738$

$\therefore x=\frac{3738}{999}=\frac{1246}{333}$

(8) $x=2.1\dot{5}\dot{7}$이라 하고 $1000x-10x$를 하면

$990x=2136$

$\therefore x=\frac{2136}{990}=\frac{356}{165}$

4 (4) $0.4\dot{8}=\frac{48-4}{90}=\frac{44}{90}=\frac{22}{45}$

(5) $0.2\dot{7}\dot{5}=\frac{275-2}{990}=\frac{273}{990}=\frac{91}{330}$

(6) $2.\dot{0}\dot{1}=\frac{201-2}{99}=\frac{199}{99}$

(7) $2.4\dot{2}\dot{7}=\frac{2427-24}{990}$

$=\frac{2403}{990}=\frac{267}{110}$

(8) $2.63\dot{8}=\frac{2638-263}{900}$

$=\frac{2375}{900}=\frac{95}{36}$

내공 쌓는 족집게 문제 p. 12~15

1 ③ **2** ② **3** ②, ④
4 ② **5** ⑤ **6** ② **7** 7
8 3 **9** ④ **10** ③ **11** ④
12 ③ **13** ④ **14** ②
15 ①, ④ **16** ③ **17** ②
18 10 **19** ⑤ **20** 3 **21** ③
22 ③ **23** 117 **24** 105 **25** ④
26 $\frac{17}{35}$
27 5개, 과정은 풀이 참조
28 78, 과정은 풀이 참조

1 ① $\frac{2}{6}=\frac{1}{3}=0.333\cdots$

② $\frac{2}{7}=0.285714\cdots$

③ $\frac{2}{8}=\frac{1}{4}=0.25$

④ $\frac{2}{9}=0.222\cdots$

⑤ $\frac{2}{12}=\frac{1}{6}=0.1666\cdots$

따라서 순환소수로 나타낼 수 없는 것은 ③이다.

2 $\frac{3}{250}=\frac{3}{2\times5^3}=\frac{3\times2^2}{2\times5^3\times2^2}$

$=\frac{12}{1000}=0.012$

3 주어진 분수를 기약분수로 고쳤을 때, 분모의 소인수가 2 또는 5뿐인 것을 찾는다.

② $\frac{21}{2^2\times7}=\frac{3}{2^2}$

④ $\frac{3^2}{2^4\times3\times5}=\frac{3}{2^4\times5}$

4 $\frac{25}{120}\times A=\frac{5}{2^3\times3}\times A$를 유한소수로 나타낼 수 있으려면 A는 3의 배수이어야 한다. 따라서 A의 값이 될 수 있는 가장 작은 자연수는 3이다.

5 $\frac{7}{5^2\times x}$을 유한소수로 나타낼 수 있으려면 분모의 소인수가 2 또는 5뿐이어야 하므로 x는 1, 2, 4, 5, 7, 8, 10, 14, 16, 20의 10개이다.

6 $\frac{4}{15}=4\div15=0.2666\cdots=0.2\dot{6}$

7 (타율)$=\dfrac{(\text{안타 수})}{(\text{타수})}$

$=\dfrac{5}{18}=5\div18$

$=0.2777\cdots=0.2\dot{7}$

따라서 순환마디는 7이다.

8 $\dfrac{4}{11}=4\div11=0.363636\cdots=0.\dot{3}\dot{6}$

이므로 순환마디를 이루는 숫자의 개수는 2개이다. $\therefore x=2$

$\dfrac{7}{18}=7\div18=0.3888\cdots=0.3\dot{8}$

이므로 순환마디를 이루는 숫자의 개수는 1개이다. $\therefore y=1$

$\therefore x+y=2+1=3$

9 $\dfrac{6}{11}=6\div11=0.545454\cdots=0.\dot{5}\dot{4}$

이므로 순환마디를 이루는 숫자의 개수는 2개이다.

이때 $101=2\times50+1$이므로 소수점 아래 101번째 자리의 숫자는 순환마디의 첫 번째 숫자인 5이다.

10 ① $\dfrac{3}{8}=\dfrac{3}{2^3}$

② $\dfrac{13}{40}=\dfrac{13}{2^3\times5}$

③ $\dfrac{11}{42}=\dfrac{11}{2\times3\times7}$

④ $\dfrac{14}{56}=\dfrac{1}{4}=\dfrac{1}{2^2}$

⑤ $\dfrac{33}{120}=\dfrac{11}{40}=\dfrac{11}{2^3\times5}$

따라서 순환소수로 나타낼 수 있는 것은 분모에 2와 5 이외의 소인수가 있는 ③이다.

11 ④

$$\begin{array}{rl} & 1000x=142.424242\cdots \\ -) & 10x=\ \ \ 1.424242\cdots \\ \hline & 990x=141 \end{array}$$

12 ① $0.\dot{4}=\dfrac{4}{9}$

② $0.6\dot{7}=\dfrac{67-6}{90}=\dfrac{61}{90}$

④ $0.\dot{2}\dot{6}=\dfrac{26}{99}$

⑤ $0.\dot{3}4\dot{5}=\dfrac{345}{999}=\dfrac{115}{333}$

13 $0.4666\cdots=0.4\dot{6}=\dfrac{46-4}{90}$

$=\dfrac{42}{90}=\dfrac{7}{15}$

따라서 $\dfrac{x}{15}=\dfrac{7}{15}$에서 $x=7$

14 $0.\dot{7}8\dot{9}=\dfrac{789}{999}=\dfrac{1}{999}\times789$이므로

$\square=\dfrac{1}{999}=0.\dot{0}0\dot{1}$

15 ② $1.231231231\cdots=1.\dot{2}3\dot{1}$

③ $1.\dot{2}3\dot{1}=\dfrac{1231-1}{999}=\dfrac{1230}{999}$

$=\dfrac{410}{333}$

⑤ 기약분수로 나타내면

$\dfrac{410}{333}=\dfrac{410}{3^2\times37}$

16 $\dfrac{a}{88}=\dfrac{a}{2^3\times11}$, $\dfrac{a}{120}=\dfrac{a}{2^3\times3\times5}$

에서 자연수 a는 11과 3의 공배수인 33의 배수이므로 두 자리의 자연수 a는 33, 66, 99의 3개이다.

17 구하는 분수를 $\dfrac{A}{35}$라 하면

$\dfrac{1}{7}<\dfrac{A}{35}<\dfrac{3}{5}$에서

$\dfrac{5}{35}<\dfrac{A}{35}<\dfrac{21}{35}$ $\quad\therefore 5<A<21$

이때 $\dfrac{A}{35}=\dfrac{A}{5\times7}$를 유한소수로 나타낼 수 있으려면 A는 7의 배수이어야 한다. 즉, $A=7$, 14

따라서 구하는 분수는 $\dfrac{7}{35}$, $\dfrac{14}{35}$의 2개이다.

18 $x=0.838383\cdots$이므로

$$\begin{array}{rl} & 1000x=838.38383\cdots \\ -) & 10x=\ \ \ 8.38383\cdots \\ \hline & 990x=830 \end{array}$$

따라서 가장 작은 자연수 a의 값은 10이다.

19 $0.\dot{5}=\dfrac{5}{9}$이므로 $a=\dfrac{9}{5}$

$1.\dot{6}=\dfrac{15}{9}=\dfrac{5}{3}$이므로 $b=\dfrac{3}{5}$

$\therefore \dfrac{a}{b}=a\times\dfrac{1}{b}=\dfrac{9}{5}\times\dfrac{5}{3}=3$

20 $0.41\dot{6}=\dfrac{416-41}{900}=\dfrac{375}{900}=\dfrac{5}{12}$이고

$\dfrac{5}{12}=\dfrac{5}{2^2\times3}$이므로

$\dfrac{5}{2^2\times3}\times\square$를 유한소수로 나타낼 수 있으려면 $\square$는 3의 배수이어야 한다.

따라서 구하는 가장 작은 자연수는 3이다.

21 $\dfrac{a}{b}$(a, b는 정수, $b\neq0$)의 꼴로 나타낼 수 있는 수는 유리수이므로

π, $0.121231234\cdots$를 제외한 8개의 수는 모두 유리수이다.

22 ㄴ. 정수가 아닌 유리수는 유한소수 또는 순환소수로 나타낼 수 있다.

ㄹ. 무한소수에는 순환소수가 아닌 무한소수도 있다.

23 $\dfrac{a}{280}=\dfrac{a}{2^3\times5\times7}$를 유한소수로 나타낼 수 있으려면 a는 7의 배수이어야 한다.

또 $\dfrac{a}{2^3\times5\times7}=\dfrac{11}{b}$에서 a는 11의 배수이어야 한다.

따라서 a는 7과 11의 공배수인 두 자리의 자연수이므로 $a=77$

$\dfrac{77}{280}=\dfrac{11}{40}$에서 $b=40$

$\therefore a+b=77+40=117$

24 (가)에서 분수 $\dfrac{a}{2\times3\times5^2}$를 유한소수로 나타낼 수 있으려면 a는 3의 배수이어야 한다.

(가), (나)에 의해 a는 3과 7의 공배수, 즉 $3\times7=21$의 배수이어야 한다.

따라서 가장 작은 세 자리의 자연수 a의 값은 105이다.

25 $\dfrac{7}{11}=7\div11=0.636363\cdots=0.\dot{6}\dot{3}$

이므로 '시파'의 음을 반복하여 연주한다.

26 $x=0.9\dot{4}=\dfrac{94-9}{90}=\dfrac{85}{90}=\dfrac{17}{18}$이므로

$x+1=\dfrac{17}{18}+1$

$=\dfrac{17}{18}+\dfrac{18}{18}=\dfrac{35}{18}$

따라서 $\dfrac{1}{x+1}=\dfrac{18}{35}$이므로

$1-\dfrac{1}{x+1}=1-\dfrac{18}{35}$

$=\dfrac{35}{35}-\dfrac{18}{35}=\dfrac{17}{35}$

27 분수 $\frac{11}{2^3\times x\times 5}$을 유한소수로 나타낼 수 없으려면 분모에 2와 5 이외의 소인수가 있는 기약분수이어야 한다. ⋯ (i)
따라서 조건을 만족시키는 12 이하의 자연수 x의 값은 3, 6, 7, 9, 12이므로 5개이다. ⋯ (ii)

채점 기준	비율
(i) $\frac{11}{2^3\times x\times 5}$을 유한소수로 나타낼 수 없는 조건 구하기	50 %
(ii) 자연수 x의 개수 구하기	50 %

28 $40=\frac{3}{2^3\times 5}=\frac{3\times 5^2}{2^3\times 5\times 5^2}$
$=\frac{75}{10^3}=\frac{a}{10^n}$ ⋯ (i)
따라서 $a+n$의 최솟값은
$a+n=75+3=78$ ⋯ (ii)

채점 기준	비율
(i) $\frac{3}{40}$을 $\frac{a}{10^n}$의 꼴로 고치기	50 %
(ii) $a+n$의 최솟값 구하기	50 %

03강 지수법칙

예제 p. 16

1 (1) $\boldsymbol{a^8}$ (2) $\boldsymbol{x^7}$ (3) $\boldsymbol{a^7b^2}$ (4) $\boldsymbol{x^6y^3}$
(1) $a^3\times a^5=a^{3+5}=a^8$
(2) $x^4\times x^2\times x=x^{4+2+1}=x^7$
(3) $a^5\times b^2\times a^2=a^{5+2}\times b^2=a^7b^2$
(4) $y\times x^3\times y^2\times x^3=x^{3+3}\times y^{1+2}$
$=x^6y^3$

2 (1) $\boldsymbol{a^9}$ (2) $\boldsymbol{x^6y^{11}}$
(1) $(a^3)^2\times a^3=a^{3\times 2}\times a^3=a^{6+3}=a^9$
(2) $x^2\times y^3\times (x^2)^2\times (y^2)^4$
$=x^2\times y^3\times x^4\times y^8$
$=x^{2+4}\times y^{3+8}=x^6y^{11}$

3 (1) $\boldsymbol{x^6}$ (2) **1** (3) $\boldsymbol{\frac{1}{y}}$ (4) $\boldsymbol{\frac{1}{a^2}}$
(1) $x^9\div x^3=x^{9-3}=x^6$
(2) $a^4\div a^4=1$
(3) $y^2\div y^3=\frac{1}{y^{3-2}}=\frac{1}{y}$
(4) $a^5\div a^3\div a^4=a^{5-3}\div a^4=a^2\div a^4$
$=\frac{1}{a^{4-2}}=\frac{1}{a^2}$

4 (1) $\boldsymbol{a^8b^{12}}$ (2) $\boldsymbol{\frac{x^4}{y^6}}$ (3) $\boldsymbol{x^{10}y^9}$ (4) $\boldsymbol{\frac{1}{a^2b}}$
(1) $(a^2b^3)^4=a^{2\times 4}b^{3\times 4}=a^8b^{12}$
(2) $\left(\frac{x^2}{y^3}\right)^2=\frac{x^{2\times 2}}{y^{3\times 2}}=\frac{x^4}{y^6}$
(3) $(x^2y^3)^2\times (x^2y)^3=x^4y^6\times x^6y^3$
$=x^{10}y^9$
(4) $(a^2b)^3\times \frac{1}{(a^4b^2)^2}=a^6b^3\times \frac{1}{a^8b^4}$
$=\frac{a^6b^3}{a^8b^4}$
$=\frac{1}{a^2b}$

핵심 유형 익히기 p. 17

1 ⑤
① $a^2\times a^5=a^{2+5}=a^7$
② $a^3\times b^4=a^3b^4$
③ $x\times x^5=x^{1+5}=x^6$
④ $y^2+y^2+y^2=3y^2$

2 **5**
$a^2\times (a^{\square})^3=a^{17}$에서
$a^2\times a^{\square\times 3}=a^{17}$
$a^{2+\square\times 3}=a^{17}$
따라서 $2+\square\times 3=17$이므로 $\square=5$

3 ⑤
⑤ $\left(\frac{b^2}{a}\right)^3=\frac{(b^2)^3}{a^3}=\frac{b^6}{a^3}$

4 ②
$2^2\times 2^{\square}=2^{2+\square}=2^6$에서
$2+\square=6$ $\therefore \square=4$
$x^6\div x^{\square}\div x^3=x^{6-\square-3}=x$에서
$6-\square-3=1$ $\therefore \square=2$
따라서 $\square$ 안에 알맞은 수의 합은
$4+2=6$이다.

5 **10**
$(a^mb^2)^3=a^{12}b^n$에서 $a^{3m}b^6=a^{12}b^n$이므로
$3m=12,\ 6=n$
$\therefore m=4,\ n=6$
$\therefore m+n=4+6=10$

6 **3**
$\left(\frac{a^{\square}b^5}{a^7b^{\square}}\right)^2=\frac{(a^{\square}b^5)^2}{(a^7b^{\square})^2}=\frac{a^{\square\times 2}b^{10}}{a^{14}b^{\square\times 2}}$
따라서 $\frac{a^{\square\times 2}b^{10}}{a^{14}b^{\square\times 2}}=\frac{b^4}{a^8}$이므로
$\frac{a^{\square\times 2}}{a^{14}}=\frac{1}{a^8}$에서 $14-\square\times 2=8$
$\therefore \square=3$
$\frac{b^{10}}{b^{\square\times 2}}=b^4$에서 $10-\square\times 2=4$
$\therefore \square=3$

04강 단항식의 계산

예제 p. 18

1 (1) $\boldsymbol{10ab}$ (2) $\boldsymbol{-8x^7}$ (3) $\boldsymbol{24x^3y^2}$ (4) $\boldsymbol{-12a^6b^7}$
(2) $8x^4\times (-x)^3$
$=8x^4\times (-x^3)$
$=8\times (-1)\times x^4\times x^3$
$=-8x^7$
(4) $(2a^2b^3)^2\times (-3a^2b)$
$=4a^4b^6\times (-3a^2b)$
$=4\times (-3)\times a^4\times a^2\times b^6\times b$
$=-12a^6b^7$

2 (1) $\boldsymbol{3ab^2}$ (2) $\boldsymbol{-9a^2b^5}$ (3) $\boldsymbol{\frac{2}{3}a^3b}$ (4) $\boldsymbol{y}$
(1) $12ab^3\div 4b=\frac{12ab^3}{4b}=\frac{12}{4}\times \frac{ab^3}{b}$
$=3ab^2$
(2) $(-3a^2b^3)^2\div (-a^2b)$
$=\frac{9a^4b^6}{-a^2b}=\frac{9}{-1}\times \frac{a^4b^6}{a^2b}$
$=-9a^2b^5$
(3) $\frac{3}{8}a^4b^3\div \frac{9}{16}ab^2$
$=\frac{3}{8}a^4b^3\times \frac{16}{9ab^2}$
$=\frac{3}{8}\times \frac{16}{9}\times a^4b^3\times \frac{1}{ab^2}$
$=\frac{2}{3}a^3b$
(4) $\frac{5}{2}x^3y^4\div 5xy^2\div \frac{1}{2}x^2y$
$=\frac{5}{2}x^3y^4\times \frac{1}{5xy^2}\times \frac{2}{x^2y}$
$=\frac{5}{2}\times \frac{1}{5}\times 2\times x^3y^4\times \frac{1}{xy^2}\times \frac{1}{x^2y}$
$=y$

3 (1) $6x^2$ (2) $8x^3y^5$

(1) $12x^2y\times(-x)\div(-2xy)$

$=12x^2y\times(-x)\times\frac{1}{-2xy}$

$=12\times(-1)\times\frac{1}{-2}\times x^2y\times x\times\frac{1}{xy}$

$=6x^2$

(2) $6x^3y^4\div3x^4y\times(-2x^2y)^2$

$=6x^3y^4\times\frac{1}{3x^4y}\times4x^4y^2$

$=6\times\frac{1}{3}\times4\times x^3y^4\times\frac{1}{x^4y}\times x^4y^2$

$=8x^3y^5$

핵심 유형 익히기 p. 19

1 ⑤

① $3a^2\times(-2a^2)=-6a^4$

② $(ab)^3\times\left(\frac{a}{b}\right)^2=a^3b^3\times\frac{a^2}{b^2}=a^5b$

③ $(3x^2y)^2\times(-xy)^3$
$=9x^4y^2\times(-x^3y^3)$
$=-9x^7y^5$

④ $4x^3y^2\div(2xy)^2$
$=4x^3y^2\times\frac{1}{4x^2y^2}=x$

⑤ $(-3x)^2\div\left(-\frac{3}{2}x\right)$
$=9x^2\times\left(-\frac{2}{3x}\right)=-6x$

2 $-2x^6$

$(-2x^3y)^3\div\frac{4x^5}{y}\div\left(\frac{y^2}{x}\right)^2$

$=-8x^9y^3\div\frac{4x^5}{y}\div\frac{y^4}{x^2}$

$=-8x^9y^3\times\frac{y}{4x^5}\times\frac{x^2}{y^4}=-2x^6$

3 $\frac{3}{2}x^2y^3$

$(xy^2)^2\times\frac{x^2y}{6}\div\left(-\frac{1}{3}xy\right)^2$

$=x^2y^4\times\frac{x^2y}{6}\div\frac{x^2y^2}{9}$

$=x^2y^4\times\frac{x^2y}{6}\times\frac{9}{x^2y^2}=\frac{3}{2}x^2y^3$

4 -6

(좌변)$=(-18x^5y^4)\times\frac{1}{9x^4y^3}\times5xy^C$

$=-10x^2y^{1+C}=Ax^By^3$

이므로 $A=-10$, $B=2$, $C=2$

$\therefore A+B+C=(-10)+2+2$
$=-6$

5 (1) $3x^3$ (2) $-4ab^2$

(1) 주어진 식에서

$24x^3y^2\times\frac{1}{12xy}\times\square=6x^5y$

$\therefore \square=6x^5y\times\frac{1}{24x^3y^2}\times12xy$
$=3x^3$

(2) 주어진 식에서

$(-8a^2b)\times ab^2\times\frac{1}{\square}=2a^2b$

$\therefore \square=\frac{(-8a^2b)\times ab^2}{2a^2b}=-4ab^2$

6 ②

(직사각형의 넓이)
=(가로의 길이)×(세로의 길이)
이므로
$2a^2b\times$(세로의 길이)$=6a^4b^6$
∴ (세로의 길이)$=6a^4b^6\div2a^2b$
$=\frac{6a^4b^6}{2a^2b}=3a^2b^5$

기초 내공 다지기 p. 20~21

1 (1) 2^6 (2) a^{10} (3) x^4y^6 (4) 3^{20} (5) b^{24} (6) x^9y^8

2 (1) a^2 (2) $\frac{1}{a^3}$ (3) a^4 (4) $\frac{1}{x}$ (5) x (6) x^7

3 (1) $-8a^6$ (2) $a^{10}b^{15}$ (3) $\frac{9}{a^2}$ (4) $25x^4y^6$ (5) $\frac{y^3}{x^6}$ (6) $\frac{b^{20}}{a^8}$

4 (1) 4 (2) 5 (3) 7 (4) 6, 6 (5) 3 (6) 6(분자), 7(분모)

5 (1) $10xy$ (2) $-8x^3y^7$ (3) x^8y^{11} (4) $5a^5b^{10}$ (5) $6a^3b^4$ (6) $-24a^{10}b^{12}$

6 (1) $2x^2$ (2) $-5b$ (3) $\frac{3a}{b^2}$ (4) $-\frac{x^4y}{4}$ (5) $-\frac{2}{y}$ (6) $\frac{a^3}{b}$

7 (1) $\frac{2}{3}a$ (2) $2x^2y^4$ (3) $2x^2y^4$ (4) $-12a^5x^8$ (5) $-8a^8b$

8 (1) $-5a$ (2) $\frac{x^2y^3}{4}$ (3) $-4x^2y^3$ (4) $12x^3y$

2 (5) $(x^4)^3\div x\div(x^2)^5=x^{12}\div x\div x^{10}$
$=x^{11}\div x^{10}$
$=x$

4 (1) $x^{\square+2}=x^6$이므로 $\square+2=6$
$\therefore \square=4$

(2) $x^{2\times\square}=x^{10}$이므로 $2\times\square=10$
$\therefore \square=5$

(3) $a^2\div a^{\square}=\frac{1}{a^5}$이므로 $\square$ 안의 수는 2보다 큰 수이다. 즉,
$\frac{1}{a^{\square-2}}=\frac{1}{a^5}$이므로 $\square-2=5$
$\therefore \square=7$

(4) $a^{\square\times2}b^6=a^{12}b^{\square}$이므로
$a^{\square\times2}=a^{12}$에서 $\square\times2=12$
$\therefore \square=6$
$b^6=b^{\square}$에서 $\square=6$

(5) $\frac{y^3}{x^{\square\times3}}=\frac{y^3}{x^9}$이므로 $\square\times3=9$
$\therefore \square=3$

(6) $\left(\frac{a^3b^{\square}}{a^{\square}b^3}\right)^3=\frac{b^9}{a^{12}}=\left(\frac{b^3}{a^4}\right)^3$이므로
$\frac{a^3b^{\square}}{a^{\square}b^3}=\frac{b^3}{a^4}$
$\frac{a^3}{a^{\square}}=\frac{1}{a^4}$에서 $\square-3=4$
$\therefore \square=7$
$\frac{b^{\square}}{b^3}=b^3$에서 $\square-3=3$
$\therefore \square=6$

5 (3) (주어진 식)$=x^2y^2\times x^6y^9=x^8y^{11}$

(4) (주어진 식)$=a^4b^8\times5ab^2=5a^5b^{10}$

(6) (주어진 식)
$=3ab^2\times(-8a^3b^6)\times a^6b^4$
$=-24a^{10}b^{12}$

6 (1) (주어진 식)$=\frac{6x^4}{3x^2}=2x^2$

(2) (주어진 식)$=\frac{-15ab}{3a}=-5b$

(3) (주어진 식)$=\frac{9a^2b^3}{3ab^5}=\frac{3a}{b^2}$

(4) (주어진 식)$=(-x^6y^3)\div4x^2y^2$
$=\frac{-x^6y^3}{4x^2y^2}=-\frac{x^4y}{4}$

(5) (주어진 식)$=\frac{3}{4}xy\times\left(-\frac{8}{3xy^2}\right)$
$=-\frac{2}{y}$

(6) (주어진 식)

$=\frac{9}{4}a^8b^4\times\frac{4}{3ab^4}\times\frac{1}{3a^4b}$

$=\frac{a^3}{b}$

7 (1) (주어진 식)

$=2ab^2\times3ab\times\frac{1}{9ab^3}$

$=\frac{2}{3}a$

(2) (주어진 식)

$=2x^2y^3\times x^4y^2\times\frac{1}{x^4y}$

$=2x^2y^4$

(3) (주어진 식)

$=5xy\times4x^4y^4\times\frac{1}{10x^3y}$

$=2x^2y^4$

(4) (주어진 식)

$=8a^6x^9\times\frac{3}{2ax^2}\times(-x)$

$=-12a^5x^8$

(5) (주어진 식)

$=9a^6\times(-8a^6b^3)\times\frac{1}{9a^4b^2}$

$=-8a^8b$

8 (1) 주어진 식에서

$9a^2\times\frac{5}{3}a\times\frac{1}{\square}=-3a^2$

$\therefore \square=9a^2\times\frac{5}{3}a\times\frac{1}{-3a^2}$

$=-5a$

(2) 주어진 식에서

$10x^2y^3\times\frac{1}{30y^2}\times\square=\frac{x^4y^4}{12}$

$\therefore \square=\frac{x^4y^4}{12}\times\frac{1}{10x^2y^3}\times30y^2$

$=\frac{x^2y^3}{4}$

(3) 주어진 식에서

$(-6x^3y)\times\square\times\frac{1}{12xy}=2x^4y^3$

$\therefore \square=2x^4y^3\times\left(-\frac{1}{6x^3y}\right)\times12xy$

$=-4x^2y^3$

(4) 주어진 식에서

$3x^2y\times\frac{1}{\square}\times4xy^2=y^2$

$\therefore \square=3x^2y\times4xy^2\times\frac{1}{y^2}$

$=12x^3y$

내공 쌓는 족집게 문제 p. 22~25

1 ③	2 ⑤	3 ④	4 ②
5 ①	6 2	7 ③	8 ②
9 ④	10 $\frac{9}{125}$	11 ④	12 ⑤
13 ④	14 ①	15 $2a^4b$	16 ②
17 15	18 ③	19 10^9배	
20 ①	21 ④	22 ③	23 ④
24 ⑤	25 ③	26 11	27 5번

28 21, 과정은 풀이 참조

29 $\frac{3}{5}a$, 과정은 풀이 참조

1 ① $(a^3)^5=a^{3\times5}=a^{15}$

② $b^3\div b^3=1$

④ $(3x^2)^3=27x^6$

⑤ $3x^2+x^2=4x^2$

2 ① $a^5\times a=a^{5+1}=a^6$

② $(a^3)^2=a^{3\times2}=a^6$

③ $(a^2)^4\div a^2=a^{2\times4-2}=a^6$

④ $(ab)^3\times\left(\frac{a}{b}\right)^3=a^3b^3\times\frac{a^3}{b^3}$
$=a^{3+3}=a^6$

⑤ $a^{12}\div a^2=a^{12-2}=a^{10}$

3 ① $2^3\times2^3=2^{3+3}=2^6$

② $2^4+2^4=2\times2^4=2^5$

③ $(2^5)^5=2^{5\times5}=2^{25}$

⑤ $\left(\frac{2}{3^2}\right)^3=\frac{2^3}{(3^2)^3}=\frac{2^3}{3^6}$

4 ㄴ. $a^3\div a^6=\frac{1}{a^{6-3}}=\frac{1}{a^3}$

ㄷ. $\{(-2)^3\}^2=(-2^3)^2=2^{3\times2}=2^6$

ㅁ. $(2a^2b^3)^3=8a^6b^9$

5 $x^{4a}\times x^3=x^{4a+3}=x^{15}$이므로

$4a+3=15 \quad \therefore a=3$

6 $x^5\div x^{2a}=x^{5-2a}=x$이므로

$5-2a=1 \quad \therefore a=2$

7 $2^{12}\div2^4\div\square=2^8\div\square=1$이므로

$\square=2^8$

8 $24^3=(2^3\times3)^3=(2^3)^3\times3^3$

$=2^9\times3^3=2^x\times3^y$

이므로 $x=9$, $y=3$

$\therefore x+y=9+3=12$

9 $3^{x+2}=3^x\times3^2=9\times3^x$

$\therefore \square=9$

10 $\frac{3^2+3^2+3^2}{5^3+5^3+5^3}=\frac{3\times3^2}{3\times5^3}=\frac{3^2}{5^3}=\frac{9}{125}$

11 $2^bx^{ab}=32x^{15}$이므로

$2^b=32=2^5 \quad \therefore b=5$

$x^{ab}=x^{15}$에서 $5a=15 \quad \therefore a=3$

$\therefore a+b=3+5=8$

12 $\frac{(ab^y)^2}{(a^xb^7)^2}=\frac{a^2b^{2y}}{a^{2x}b^{14}}=\frac{b^{12}}{a^6}$이므로

$2x-2=6 \quad \therefore x=4$

$2y-14=12 \quad \therefore y=13$

$\therefore x+y=4+13=17$

13 ① $\left(\frac{xy^2}{x^3}\right)^3=\left(\frac{y^2}{x^2}\right)^3=\frac{y^6}{x^6}$

② $\left(\frac{x^4}{xy^2}\right)^3=\left(\frac{x^3}{y^2}\right)^3=\frac{x^9}{y^6}$

③ (좌변)$=a^6b^2\times\frac{a^3}{b^6}=\frac{a^9}{b^4}$

④ (좌변)$=\frac{a^9b^6}{a^{10}b^5}=\frac{b}{a}$

⑤ (좌변)$=x^3y^6\times x^6y^8=x^9y^{14}$

14 (주어진 식)$=(-8x^3y)\div\frac{4}{9}x^2y^4$

$=(-8x^3y)\times\frac{9}{4x^2y^4}$

$=-\frac{18x}{y^3}$

15 (수면의 높이)

=(물의 부피)÷(밑넓이)

$=24a^6b^7\div(3ab^4\times4ab^2)$

$=24a^6b^7\div12a^2b^6=\frac{24a^6b^7}{12a^2b^6}=2a^4b$

16 (주어진 식)

$=12x^2y^2\div4x^2\times(-3y^2)$

$=12x^2y^2\times\frac{1}{4x^2}\times(-3y^2)=-9y^4$

17 $1\times2\times3\times4\times5\times6\times7\times8\times9\times10$

$=2\times3\times2^2\times5\times(2\times3)\times7\times2^3\times3^2\times(2\times5)$

$=2^8\times3^4\times5^2\times7$

따라서 $a=8$, $b=4$, $c=2$, $d=1$이므로

$a+b+c+d=8+4+2+1=15$

18 $ab=2^{3x}\times2^{3y}=2^{3x+3y}$

$=2^{3(x+y)}=2^{3\times3}=2^9$

19 $\frac{(\text{감마선의 주파수})}{(\text{적외선의 주파수})}=\frac{10^{21}}{10^{12}}=10^9$

따라서 감마선의 주파수는 적외선의 주파수의 10^9배이다.

20 $8^{a+2}=(2^3)^{a+2}=2^{3a+6}=2^{15}$에서
$3a+6=15$ $\quad\therefore a=3$

21 $36x^2y^{2a}\div\frac{8y^3}{x^{3b}}\div\frac{1}{4}x^3y$
$=36x^2y^{2a}\times\frac{x^{3b}}{8y^3}\times\frac{4}{x^3y}$
$=18x^{3b-1}y^{2a-4}=cx^5y^2$
$c=18$
$3b-1=5$ $\quad\therefore b=2$
$2a-4=2$ $\quad\therefore a=3$
$\therefore a+b+c=3+2+18=23$

22 주어진 식에서
$(-8a^3b^2)\times3ab^3\times\frac{1}{\square}=3a^2b^2$
$\therefore \square=(-8a^3b^2)\times3ab^3\times\frac{1}{3a^2b^2}$
$=-8a^2b^3$

23 먼저 식을 간단히 정리한 후에 $a=-2$를 대입하면
(주어진 식)$=4a^4\times\frac{1}{6a^3}\times(-3a)$
$=-2a^2=-2\times(-2)^2$
$=-8$

24 $4^9\times5^{17}=(2^2)^9\times5^{17}=2^{18}\times5^{17}$
$=2\times(2^{17}\times5^{17})$
$=2\times(2\times5)^{17}$
$=2\times10^{17}=2\underbrace{00\cdots0}_{17개}$
따라서 $4^9\times5^{17}$은 18자리의 자연수이므로 $n=18$이다.

확인 $2^m\times5^n$이 몇 자리의 자연수인지 구할 때 ⇨ $a\times10^k$ 꼴로 고친다.

25 $27^{10}=(3^3)^{10}=3^{30}$
$=(3^{10})^3=A^3=A^x$
$\therefore x=3$

26 자연수 x는 24, 42, 72의 공약수이므로 1보다 큰 자연수 중 x의 값이 될 수 있는 수는 2, 3, 6이다. 즉,
$x=2$일 때, $a^{24}b^{42}c^{72}=(a^{12}b^{21}c^{36})^2$
$x=3$일 때, $a^{24}b^{42}c^{72}=(a^8b^{14}c^{24})^3$
$x=6$일 때, $a^{24}b^{42}c^{72}=(a^4b^7c^{12})^6$
따라서 x의 값의 합은
$2+3+6=11$

27 넓이가 $243\,cm^2$인 직사각형 모양의 종이를 한 번 잘라 내고 남은 종이의 넓이는
$243\times\frac{2}{3}\,(cm^2)$
두 번 잘라 내고 남은 종이의 넓이는
$\left(243\times\frac{2}{3}\right)\times\frac{2}{3}=243\times\left(\frac{2}{3}\right)^2(cm^2)$
같은 방법으로 n번 잘라 내고 남은 종이의 넓이는 $243\times\left(\frac{2}{3}\right)^n(cm^2)$이다.
따라서 남은 종이의 넓이가 $32\,cm^2$가 되려면
$243\times\left(\frac{2}{3}\right)^n=32$
$\left(\frac{2}{3}\right)^n=\frac{32}{243}=\frac{2^5}{3^5}=\left(\frac{2}{3}\right)^5$
$\therefore n=5$
즉, 종이를 5번 잘라 내야 한다.

28 $\left(\frac{3^a}{5^2}\right)^4=\frac{3^{4a}}{5^8}=\frac{3^{20}}{5^8}$이므로
$4a=20$ $\quad\therefore a=5$ $\quad\cdots$ (i)
$\left(\frac{2^3}{7^b}\right)^6=\frac{2^{18}}{7^{6b}}=\frac{2^c}{7^{12}}$이므로
$18=c$
$6b=12$ $\quad\therefore b=2$ $\quad\cdots$ (ii)
$\therefore a-b+c=5-2+18$
$=21$ $\quad\cdots$ (iii)

채점 기준	비율
(i) a의 값 구하기	40 %
(ii) b, c의 값 각각 구하기	40 %
(iii) $a-b+c$의 값 구하기	20 %

29 V_1은 밑면의 반지름의 길이가 $5ab$, 높이가 $3a^2b$인 원기둥의 부피이므로
$V_1=\pi\times(5ab)^2\times3a^2b$
$=\pi\times25a^2b^2\times3a^2b$
$=75\pi a^4b^3$ $\quad\cdots$ (i)
V_2는 밑면의 반지름의 길이가 $3a^2b$, 높이가 $5ab$인 원기둥의 부피이므로
$V_2=\pi\times(3a^2b)^2\times5ab$
$=\pi\times9a^4b^2\times5ab$
$=45\pi a^5b^3$ $\quad\cdots$ (ii)
$\therefore \frac{V_2}{V_1}=\frac{45\pi a^5b^3}{75\pi a^4b^3}=\frac{3}{5}a$ $\quad\cdots$ (iii)

채점 기준	비율
(i) V_1 구하기	40 %
(ii) V_2 구하기	40 %
(iii) $\frac{V_2}{V_1}$ 구하기	20 %

05강 다항식의 계산 (1)

예제 p. 26

1 (1) $\boldsymbol{3x-y}$ (2) $\boldsymbol{x+3y}$
(3) $\boldsymbol{4a+2}$ (4) $\boldsymbol{\frac{7a+b}{6}}$
(3) $(3a+b-2)-(-a+b-4)$
$=3a+b-2+a-b+4$
$=4a+2$
(4) $\frac{a+b}{2}+\frac{2a-b}{3}$
$=\frac{3(a+b)+2(2a-b)}{6}$
$=\frac{3a+3b+4a-2b}{6}$
$=\frac{7a+b}{6}$

2 (1) $\boldsymbol{3x+5y}$ (2) $\boldsymbol{-a-5b}$
(1) $4x+\{3y-(x-2y)\}$
$=4x+(3y-x+2y)$
$=4x+(-x+5y)$
$=3x+5y$
(2) $a-2b-\{4a-(2a-3b)\}$
$=a-2b-(4a-2a+3b)$
$=a-2b-(2a+3b)$
$=a-2b-2a-3b$
$=-a-5b$

3 ②
다항식의 미지수가 x이고 각 항의 차수 중에서 가장 큰 차수가 2인 것은 ② $3x^2+2x$이다.

4 (1) $\boldsymbol{4x^2-2x-1}$ (2) $\boldsymbol{-5x^2+3x-1}$
(1) $(3x^2-5x+1)+(x^2+3x-2)$
$=3x^2+x^2-5x+3x+1-2$
$=4x^2-2x-1$
(2) $(x^2+2x-4)-(6x^2-x-3)$
$=x^2+2x-4-6x^2+x+3$
$=x^2-6x^2+2x+x-4+3$
$=-5x^2+3x-1$

핵심 유형 익히기 p. 27

1 (1) $\boldsymbol{-x+5y-5}$ (2) $\boldsymbol{2a-b-5}$
(2) $(5a-2b+1)-(3a-b+6)$
$=5a-2b+1-3a+b-6$
$=2a-b-5$

2 ③

$\frac{x-3y}{3}-\frac{2x+y}{4}$
$=\frac{4(x-3y)-3(2x+y)}{12}$
$=\frac{4x-12y-6x-3y}{12}$
$=\frac{-2x-15y}{12}$

3 (1) $\mathbf{7x-2y}$ (2) $\mathbf{3a-3b}$

(1) $2x-\{3x-y-(8x-3y)\}$
$=2x-(3x-y-8x+3y)$
$=2x-(-5x+2y)$
$=2x+5x-2y$
$=7x-2y$

(2) $5a-[2b+\{3a-(a-b)\}]$
$=5a-\{2b+(3a-a+b)\}$
$=5a-\{2b+(2a+b)\}$
$=5a-(2a+3b)$
$=5a-2a-3b$
$=3a-3b$

4 ③

① $(2x^2-3x)-2x^2=-3x$ ⇨ 일차식
②, ④, ⑤ 일차식

확인 이차식을 찾을 때는 주어진 식을 먼저 간단히 정리한다.
① $(2x^2-3x)-2x^2=-3x$이므로 일차식이다.

5 ③

(좌변)$=x^2-4x-3+2x^2-x+5$
$=3x^2-5x+2$
$\therefore A=3, B=-5, C=2$
$\therefore A+B+C=3+(-5)+2=0$

확인 Ax^2+Bx+C
A: x^2의 계수
B: x의 계수
C: 상수항

6 ④

어떤 식을 A라 하면
$A+(-2x^2+3x+1)=3x^2-x+5$
$A=(3x^2-x+5)-(-2x^2+3x+1)$
$=3x^2-x+5+2x^2-3x-1$
$=5x^2-4x+4$
따라서 바르게 계산한 식은
$(5x^2-4x+4)-(-2x^2+3x+1)$
$=5x^2-4x+4+2x^2-3x-1$
$=7x^2-7x+3$

06강 다항식의 계산 (2)

예제 p. 28

1 (1) $\mathbf{6a^2-12ab}$
(2) $\mathbf{-2x^2+6xy-10x}$
(3) $\mathbf{18a^2b-3ab^2}$
(4) $\mathbf{-8x^3+4x^2-4x}$

(1) (주어진 식)
$=3a\times2a-3a\times4b$
$=6a^2-12ab$

(2) (주어진 식)
$=-2x\times x-2x\times(-3y)-2x\times5$
$=-2x^2+6xy-10x$

(3) (주어진 식)
$=6a\times3ab-b\times3ab$
$=18a^2b-3ab^2$

(4) (주어진 식)
$=2x^2\times(-4x)-x\times(-4x)+1\times(-4x)$
$=-8x^3+4x^2-4x$

2 (1) $\mathbf{5a^2-2ab+8b}$ (2) $\mathbf{2x^2-11x}$

(1) (주어진 식)
$=3a^2-2ab+2a^2+8b$
$=5a^2-2ab+8b$

(2) (주어진 식)
$=5x^2-5x-3x^2-6x$
$=2x^2-11x$

3 (1) $\mathbf{2a-3b}$ (2) $\mathbf{-5x+y^2}$
(3) $\mathbf{9y-36x}$ (4) $\mathbf{4x^2-2x+3}$

(1) $(4a^2-6ab)\div2a=\frac{4a^2-6ab}{2a}$
$=\frac{4a^2}{2a}-\frac{6ab}{2a}$
$=2a-3b$

(2) $(15x^2y-3xy^3)\div(-3xy)$
$=\frac{15x^2y-3xy^3}{-3xy}$
$=\frac{15x^2y}{-3xy}-\frac{3xy^3}{-3xy}$
$=-5x+y^2$

(3) $(3y^2-12xy)\div\frac{1}{3}y$
$=(3y^2-12xy)\times\frac{3}{y}$
$=3y^2\times\frac{3}{y}-12xy\times\frac{3}{y}$
$=9y-36x$

(4) $(8x^3-4x^2+6x)\div2x$
$=\frac{8x^3-4x^2+6x}{2x}$
$=\frac{8x^3}{2x}-\frac{4x^2}{2x}+\frac{6x}{2x}$
$=4x^2-2x+3$

4 (1) $\mathbf{x^2-x}$
(2) $\mathbf{-8x^2y+9xy+3y^2}$

(1) (주어진 식)
$=2x^2-3x-\frac{2x^3y-4x^2y}{2xy}$
$=2x^2-3x-(x^2-2x)$
$=2x^2-3x-x^2+2x$
$=x^2-x$

(2) (주어진 식)
$=\frac{8x^3y+6xy^2}{2x}+(-12x^2y+9xy)$
$=4x^2y+3y^2-12x^2y+9xy$
$=-8x^2y+9xy+3y^2$

핵심 유형 익히기 p. 29

1 (1) $\mathbf{2x^2+6x}$ (2) $\mathbf{7a^2+ab+6a}$

(1) $-2x(x-3)+4x^2$
$=-2x^2+6x+4x^2$
$=2x^2+6x$

(2) $5a(a+b)-(a-2b+3)\times(-2a)$
$=5a^2+5ab-(-2a^2+4ab-6a)$
$=5a^2+5ab+2a^2-4ab+6a$
$=7a^2+ab+6a$

2 ⑤

xy가 나오는 항만 계산하면
$2x\times4y+(-3x)\times(-2y)$
$=8xy+6xy$
$=14xy$
이므로 xy의 계수는 14이다.

확인 계수
⇨ 항에서 문자 앞에 곱해져 있는 수

3 $\mathbf{-x+y}$

$(x^2y-xy^2)\div(-xy)$
$=\frac{x^2y-xy^2}{-xy}$
$=\frac{x^2y}{-xy}-\frac{xy^2}{-xy}$
$=-x+y$

4 (가) $-\frac{3}{a}$ (나) a^3 (다) $-\frac{3}{a}$
(라) $-3a^2-3$

$(a^3+a)\div\left(-\frac{1}{3}a\right)$
$=(a^3+a)\times\left(-\frac{3}{a}\right)$
$=a^3\times\left(-\frac{3}{a}\right)+a\times\left(-\frac{3}{a}\right)$
$=-3a^2-3$

확인 (다항식)÷(단항식)에서 단항식의 계수가 분수인 경우에는 단항식의 역수를 다항식의 각 항에 곱한다.

5 ①
(주어진 식)
$=(4xy-3y^2)\times 2x+\frac{12x^2y^2-9xy^3}{-3y}$
$=4xy\times 2x-3y^2\times 2x+\frac{12x^2y^2}{-3y}-\frac{9xy^3}{-3y}$
$=8x^2y-6xy^2-4x^2y+3xy^2$
$=4x^2y-3xy^2$

6 ⑤
$\frac{6a^2-4ab}{2a}+\frac{3ab-6b^2}{3b}$
$=\frac{6a^2}{2a}-\frac{4ab}{2a}+\frac{3ab}{3b}-\frac{6b^2}{3b}$
$=3a-2b+a-2b$
$=4a-4b$
$a=2$, $b=-3$을 대입하면
$4a-4b=4\times 2-4\times(-3)$
$=8+12=20$

기초 내공 다지기 p. 30~31

1 (1) $9x+y$ (2) $-6x+11y$
(3) $a+6b$ (4) $-10a+22b$
(5) $5x-y+4$ (6) $3x+8y-11$

2 (1) $-\frac{1}{4}x-y$ (2) $\frac{1}{10}a-\frac{13}{10}b$
(3) $\frac{13x-11y}{12}$ (4) $\frac{7a+7b}{6}$

3 (1) $7x-3y$ (2) $-8a+7b$
(3) $x-2y$ (4) $-2a+7b$

4 (1) $5x^2+2x-1$
(2) $5a^2-8a+2$
(3) $3x^2+8x+7$
(4) $2a^2+15a-27$

5 (1) $16x^2+2xy$
(2) $-6x^2-8xy$
(3) $-12x^2-8xy-4x$
(4) $3x^2+6xy-15x$
(5) $3a^2-2ab-4a$
(6) $-4a^2-2ab+5a$
(7) $4x^2-11xy$
(8) $-8x^2+13xy$

6 (1) $4x-3$ (2) $-3a+4b$
(3) $3xy-18$ (4) $6x-3$
(5) $6a-2b+4$
(6) $-x^2y+3xy-2$

7 (1) $2a^2-3ab$ (2) $-13a^2+8ab^2$

1 (3) $3(a-b)+(-2a+9b)$
$=3a-3b-2a+9b$
$=a+6b$
(4) $4(-a+3b)-2(3a-5b)$
$=-4a+12b-6a+10b$
$=-10a+22b$
(6) $2(3x+y-4)-3(x-2y+1)$
$=6x+2y-8-3x+6y-3$
$=3x+8y-11$

2 (2) $\frac{1}{2}(a-3b)+\frac{1}{5}(-2a+b)$
$=\frac{1}{2}a-\frac{3}{2}b-\frac{2}{5}a+\frac{1}{5}b$
$=\frac{5}{10}a-\frac{4}{10}a-\frac{15}{10}b+\frac{2}{10}b$
$=\frac{1}{10}a-\frac{13}{10}b$
(3) $\frac{x-2y}{3}+\frac{3x-y}{4}$
$=\frac{4(x-2y)+3(3x-y)}{12}$
$=\frac{4x-8y+9x-3y}{12}$
$=\frac{13x-11y}{12}$
(4) $\frac{3a-b}{2}-\frac{a-5b}{3}$
$=\frac{3(3a-b)-2(a-5b)}{6}$
$=\frac{9a-3b-2a+10b}{6}$
$=\frac{7a+7b}{6}$

3 (1) $x-\{4y-(6x+y)\}$
$=x-(4y-6x-y)$
$=x-(-6x+3y)$
$=x+6x-3y$
$=7x-3y$
(2) $2a+b-\{7a+3(-2b+a)\}$
$=2a+b-(7a-6b+3a)$
$=2a+b-(10a-6b)$
$=2a+b-10a+6b$
$=-8a+7b$
(3) $3x-[y-\{2x-(y+4x)\}]$
$=3x-\{y-(2x-y-4x)\}$
$=3x-\{y-(-2x-y)\}$
$=3x-(y+2x+y)$
$=3x-(2x+2y)$
$=3x-2x-2y$
$=x-2y$
(4) $b-[3a+\{a-4b-2(a+b)\}]$
$=b-\{3a+(a-4b-2a-2b)\}$
$=b-\{3a+(-a-6b)\}$
$=b-(3a-a-6b)$
$=b-(2a-6b)$
$=b-2a+6b$
$=-2a+7b$

4 (3) (주어진 식)
$=6x^2-4x+10-3x^2+12x-3$
$=3x^2+8x+7$
(4) (주어진 식)
$=10a^2+5a-15-8a^2+10a-12$
$=2a^2+15a-27$

5 (4) $(-x-2y+5)\times(-3x)$
$=-x\times(-3x)-2y\times(-3x)+5\times(-3x)$
$=3x^2+6xy-15x$
(5) $\frac{1}{3}a(9a-6b-12)$
$=\frac{1}{3}a\times 9a+\frac{1}{3}a\times(-6b)+\frac{1}{3}a\times(-12)$
$=3a^2-2ab-4a$
(6) $(8a+4b-10)\times\left(-\frac{a}{2}\right)$
$=8a\times\left(-\frac{a}{2}\right)+4b\times\left(-\frac{a}{2}\right)-10\times\left(-\frac{a}{2}\right)$
$=-4a^2-2ab+5a$
(7) $x(2x-3y)+2x(x-4y)$
$=2x^2-3xy+2x^2-8xy$
$=4x^2-11xy$
(8) $2x(-x+5y)-3x(2x-y)$
$=-2x^2+10xy-6x^2+3xy$
$=-8x^2+13xy$

6 (1) $(8x^2-6x)\div 2x$
$=\dfrac{8x^2-6x}{2x}$
$=\dfrac{8x^2}{2x}-\dfrac{6x}{2x}$
$=4x-3$

(2) $(9a^2b-12ab^2)\div(-3ab)$
$=\dfrac{9a^2b-12ab^2}{-3ab}$
$=\dfrac{9a^2b}{-3ab}-\dfrac{12ab^2}{-3ab}$
$=-3a+4b$

(3) $(x^2y-6x)\div\dfrac{1}{3}x$
$=(x^2y-6x)\times\dfrac{3}{x}$
$=x^2y\times\dfrac{3}{x}-6x\times\dfrac{3}{x}$
$=3xy-18$

(4) $(4x^2y-2xy)\div\dfrac{2}{3}xy$
$=(4x^2y-2xy)\times\dfrac{3}{2xy}$
$=4x^2y\times\dfrac{3}{2xy}-2xy\times\dfrac{3}{2xy}$
$=6x-3$

(5) $\dfrac{12a^2b+8ab-4ab^2}{2ab}$
$=\dfrac{12a^2b}{2ab}+\dfrac{8ab}{2ab}-\dfrac{4ab^2}{2ab}$
$=6a+4-2b$
$=6a-2b+4$

(6) $\dfrac{x^3y^2-3x^2y^2+2xy}{-xy}$
$=\dfrac{x^3y^2}{-xy}-\dfrac{3x^2y^2}{-xy}+\dfrac{2xy}{-xy}$
$=-x^2y+3xy-2$

7 (1) (주어진 식)
$=3a^2-6ab+\dfrac{-2a^2b+6ab^2}{2b}$
$=3a^2-6ab-\dfrac{2a^2b}{2b}+\dfrac{6ab^2}{2b}$
$=3a^2-6ab-a^2+3ab$
$=2a^2-3ab$

(2) (주어진 식)
$=(3a^3+4a^2b^2)\times\left(-\dfrac{3}{a}\right)$
$+20ab^2-4a^2$
$=-9a^2-12ab^2+20ab^2-4a^2$
$=-13a^2+8ab^2$

내공 쌓는 족집게 문제 p. 32~35

1 ③	2 ①	3 ③	4 ③
5 ④	6 ⑤	7 ②	
8 $5x^2-7x-4$		9 ④	
10 $4x^2-5x$		11 ①	
12 $6x^2+4xy-8y$		13 ①	
14 $-12x^2+\dfrac{5}{4}$		15 ⑤	
16 $14a^2+6ab$		17 ①	18 ④
19 ③	20 ③	21 ③	
22 $8a-4b+6$		23 ②	
24 $3a+7b$		25 $9x^2+5x-1$	
26 2	27 ⑤	28 $5a-2b$	
29 $3x+12$, 과정은 풀이 참조			
30 -3, 과정은 풀이 참조			

1 (주어진 식)
$=-15a+12b-3+12a-10b+4$
$=-3a+2b+1$

2 $3a-2b-\square=7a-9b$
$\therefore \square=3a-2b-(7a-9b)$
$=3a-2b-7a+9b$
$=-4a+7b$

3 (좌변)$=\dfrac{4x+8y-x+3y}{4}$
$=\dfrac{3x+11y}{4}$
$=\dfrac{3}{4}x+\dfrac{11}{4}y$
따라서 $a=\dfrac{3}{4}$, $b=\dfrac{11}{4}$이므로
$a+b=\dfrac{3}{4}+\dfrac{11}{4}=\dfrac{14}{4}=\dfrac{7}{2}$

4 $2x-[3y+\{x-(y+2)\}]$
$=2x-(3y+x-y-2)$
$=2x-(x+2y-2)$
$=2x-x-2y+2$
$=x-2y+2$
따라서 $A=1$, $B=-2$, $C=2$이므로
$A+B+C=1+(-2)+2=1$

5 ①, ② 일차식
③ $x^2+2x+1-x(x+1)$
$=x+1$ ⇨ 일차식
⑤ $4x^2+2x(x^2+1)$
$=2x^3+4x^2+2x$
⇨ 이차식이 아니다.

6 (주어진 식)
$=x^2-3x+4+2x^2-5x+1$
$=3x^2-8x+5$
따라서 x^2의 계수는 3, 상수항은 5이므로 곱을 구하면 $3\times5=15$이다.

7 ② $2x^2-3x+4$에서 일차항의 계수는 -3이다.

8 $\square=(3x^2-4x-5)$
$-(-2x^2+3x-1)$
$=3x^2-4x-5+2x^2-3x+1$
$=5x^2-7x-4$

9 ④ (좌변)$=2x^2-6x-3x^2+3x$
$=-x^2-3x$
⑤ (좌변)$=5x-6x-12$
$=-x-12$

10 (주어진 식)$=\dfrac{3}{2}x^2-3x-2x+\dfrac{5}{2}x^2$
$=4x^2-5x$

11 (주어진 식)
$=\dfrac{12x^2y^2+15x^2y-9xy^2}{-3xy}$
$=\dfrac{12x^2y^2}{-3xy}+\dfrac{15x^2y}{-3xy}-\dfrac{9xy^2}{-3xy}$
$=-4xy-5x+3y$

12 (주어진 식)
$=(9x^2y+6xy^2-12y^2)\times\dfrac{2}{3y}$
$=9x^2y\times\dfrac{2}{3y}+6xy^2\times\dfrac{2}{3y}$
$-12y^2\times\dfrac{2}{3y}$
$=6x^2+4xy-8y$

13 (주어진 식)$=3x-4-(x+4)$
$=3x-4-x-4$
$=2x-8$

14 $\square=\left(8x^3-\dfrac{5}{6}x\right)\div\left(-\dfrac{2}{3}x\right)$
$=\left(8x^3-\dfrac{5}{6}x\right)\times\left(-\dfrac{3}{2x}\right)$
$=8x^3\times\left(-\dfrac{3}{2x}\right)$
$-\dfrac{5}{6}x\times\left(-\dfrac{3}{2x}\right)$
$=-12x^2+\dfrac{5}{4}$

15 (주어진 식)

$=4xy-6x+\frac{15x^2y-9x^2}{-3x}$

$=4xy-6x+\frac{15x^2y}{-3x}-\frac{9x^2}{-3x}$

$=4xy-6x-5xy+3x$

$=-xy-3x$

$x=-2$, $y=5$를 대입하면

$-xy-3x=-(-2)\times5-3\times(-2)$

$=10+6=16$

16 (구하는 부분의 넓이)

=(큰 직사각형의 넓이)

−(작은 직사각형의 넓이)

$=(5a+2b)\times4a-(3a+b)\times2a$

$=(20a^2+8ab)-(6a^2+2ab)$

$=20a^2+8ab-6a^2-2ab$

$=14a^2+6ab$

17 $\frac{3x+y}{2}-\frac{\square}{6}=\frac{4x+5y}{6}$의 양변에 분모의 최소공배수 6을 곱하면

$3(3x+y)-\square=4x+5y$

$\therefore \square=3(3x+y)-(4x+5y)$

$=9x+3y-4x-5y$

$=5x-2y$

18 (주어진 식)

$=x-\{5x-3y-(4x+2y-y+\square)\}$

$=x-\{5x-3y-(4x+y+\square)\}$

$=x-(5x-3y-4x-y-\square)$

$=x-(x-4y-\square)$

$=x-x+4y+\square$

$=4y+\square$

따라서 $4y+\square=x+2y$이므로

$\square=x+2y-4y$

$=x-2y$

19 (주어진 식)

$=-2x^2+6x-3x^2+6x$

$=-5x^2+12x$

따라서 $a=-5$, $b=12$이므로

$a+b=-5+12=7$

20 $\frac{3x^2-12x}{x-a}=bx$의 양변에 $x-a$를 곱하면

$3x^2-12x=bx(x-a)$

$3x^2-12x=bx^2-abx$

즉, $b=3$이고 $ab=12$에서

$3a=12 \quad \therefore a=4$

$\therefore a-b=4-3=1$

21 (주어진 식)

$=\frac{12a^2b-2ab+6b}{-2b}+(3a^2b-6ab)\times\frac{3}{b}$

$=-6a^2+a-3+9a^2-18a$

$=3a^2-17a-3$

22 어떤 다항식을 $\square$라 하면

$\square\times\frac{1}{8}ab=a^2b-\frac{1}{2}ab^2+\frac{3}{4}ab$

$\therefore \square$

$=\left(a^2b-\frac{1}{2}ab^2+\frac{3}{4}ab\right)\div\frac{1}{8}ab$

$=\left(a^2b-\frac{1}{2}ab^2+\frac{3}{4}ab\right)\times\frac{8}{ab}$

$=8a-4b+6$

23 (주어진 식)

$=\frac{-8x^2y^4}{x^2y}+\frac{9x^5y}{x^2y}-\left(\frac{6xy^5}{2xy^2}-\frac{4x^4y^2}{2xy^2}\right)$

$=-8y^3+9x^3-(3y^3-2x^3)$

$=-8y^3+9x^3-3y^3+2x^3$

$=11x^3-11y^3$

$x=2$, $y=-1$을 대입하면

$11x^3-11y^3=11\times2^3-11\times(-1)^3$

$=88+11=99$

24 $A+(3a+2b)$

$=(2a+6b)+(4a+3b)$

$=6a+9b$

$\therefore A=6a+9b-(3a+2b)$

$=6a+9b-3a-2b$

$=3a+7b$

25 $(x^2+3x)+(4x-1)=x^2+7x-1$

$(4x-1)\times2x=8x^2-2x$

$\therefore A=(x^2+7x-1)+(8x^2-2x)$

$=9x^2+5x-1$

26 $(-3x^a)^b=(-3)^bx^{ab}=9x^6$이므로

$(-3)^b=9$에서 $b=2$

$ab=6$에서 $2a=6 \quad \therefore a=3$

$\therefore (6a^2-12ab)\div(-3a)$

$=\frac{6a^2-12ab}{-3a}$

$=-2a+4b$

$=-2\times3+4\times2$

$=-6+8=2$

27 (색칠한 부분의 넓이)

$=(6a\times4b)-\frac{1}{2}\times4b\times(6a-2)$

$-\frac{1}{2}\times6a\times(4b-3)-\frac{1}{2}\times2\times3$

$=24ab-2b(6a-2)$

$-3a(4b-3)-3$

$=24ab-12ab+4b$

$-12ab+9a-3$

$=9a+4b-3$

28 (입체도형 전체의 높이)

=(큰 직육면체의 높이)

+(작은 직육면체의 높이)이므로

$h=\{(12a^2+18ab)\div6a\}+\{(6a^2-10ab)\div2a\}$

$=\frac{12a^2+18ab}{6a}+\frac{6a^2-10ab}{2a}$

$=\frac{12a^2}{6a}+\frac{18ab}{6a}+\frac{6a^2}{2a}-\frac{10ab}{2a}$

$=2a+3b+3a-5b$

$=5a-2b$

29 어떤 식을 A라 하면

$(x^2+2x+5)-A=2x^2+x-2$ ⋯(i)

$\therefore A=(x^2+2x+5)-(2x^2+x-2)$

$=x^2+2x+5-2x^2-x+2$

$=-x^2+x+7$ ⋯(ii)

따라서 바르게 계산한 식은

$x^2+2x+5+(-x^2+x+7)$

$=3x+12$ ⋯(iii)

채점 기준	비율
(i) 어떤 식을 구하는 식 세우기	40 %
(ii) 어떤 식 구하기	30 %
(iii) 바르게 계산한 식 구하기	30 %

30 (주어진 식)

$=4x^2-16x-6x^2+15x$

$=-2x^2-x$ ⋯(i)

따라서 $a=-2$, $b=-1$, $c=0$이므로 ⋯(ii)

$a+b+c=-2+(-1)+0$

$=-3$ ⋯(iii)

채점 기준	비율
(i) 주어진 식을 간단히 하기	40 %
(ii) a, b, c의 값 각각 구하기	40 %
(iii) $a+b+c$의 값 구하기	20 %

07강 부등식의 해와 그 성질

예제 p. 36

1 (1) $2a+3\geq4$ (2) $50+x<60$

2 (1) 0, 1, 2 (2) 2, 3

(2) $-5+3x>-2x+1$에서
$x=0$일 때, $-5+0<0+1$(거짓)
$x=1$일 때, $-5+3<-2+1$(거짓)
$x=2$일 때, $-5+6>-4+1$(참)
$x=3$일 때, $-5+9>-6+1$(참)
따라서 주어진 부등식의 해는 2, 3이다.

3 (1) < (2) > (3) < (4) >

(1) $a<b$에서
양변에 2를 곱하면 $2a<2b$
양변에서 3을 빼면 $2a-3<2b-3$
(2) $a<b$에서 양변에 -1을 곱하면
$-a>-b$ ⇦ 부등호의 방향이 바뀐다.
양변에 5를 더하면
$-a+5>-b+5$
(3) $a<b$에서
양변을 3으로 나누면 $\frac{a}{3}<\frac{b}{3}$
양변에 1을 더하면 $\frac{a}{3}+1<\frac{b}{3}+1$
(4) $a<b$에서 양변을 -5로 나누면
$-\frac{a}{5}>-\frac{b}{5}$ ⇦ 부등호의 방향이 바뀐다.
양변에서 3을 빼면
$-\frac{a}{5}-3>-\frac{b}{5}-3$

확인 a, b의 계수를 확인한다.
양수이면 ⇨ 부등호의 방향이 그대로
음수이면 ⇨ 부등호의 방향이 반대로

핵심 유형 익히기 p. 37

1 ②, ④
② $x-2=2-x$, $2x=4$ ⇨ 방정식
④ $2x-(x+3)$, $x-3$ ⇨ 다항식

2 ②
① $2x\geq10$ ③ $x+3<3x$
④ $7-x\leq2x$ ⑤ $400x<3000$

3 ②
[ ] 안의 수를 주어진 부등식에 대입하여 참이 되는 것을 찾는다.
② $x=1$일 때, $3-2=1$ (참)

4 ①, ②
$2x+3\leq x+2$의 x에 -2, -1, 0, 1, 2를 각각 대입하면
$x=-2$일 때, $-4+3<-2+2$ (참)
$x=-1$일 때, $-2+3=-1+2$ (참)
$x=0$일 때, $0+3>0+2$ (거짓)
$x=1$일 때, $2+3>1+2$ (거짓)
$x=2$일 때, $4+3>2+2$ (거짓)
따라서 부등식을 참이 되게 하는 x의 값은 -2, -1이다.

5 ③
부등식의 양변에 같은 음수를 곱하거나 양변을 같은 음수로 나눌 때 부등호의 방향이 바뀌므로 a, b의 계수가 음수일 때만 부등호의 방향이 반대가 되고 나머지는 그대로이다.
□ 안에 들어갈 부등호의 방향은 다음과 같다.
①, ②, ④, ⑤ < ③ >

6 ⑤
$-2<a<1$의 각 변에 -2를 곱하면
$4>-2a>-2$
각 변에 3을 더하면 $7>3-2a>1$
$\therefore 1<A<7$

08강 일차부등식의 풀이

예제 p. 38

1 ②
①, ⑤ 일차방정식
③ $x(x+2)<0$에서 $x^2+2x<0$이므로 (이차식)<0의 꼴이다.
④ $x<x-5$에서 $0<-5$

2 (1) $x>5$ (2) $x\leq-3$

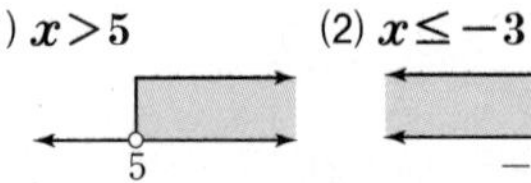

(1) $x-2>3$에서 2를 이항하면
$x>3+2$ $\therefore x>5$
(2) $-3x\geq9$의 양변을 -3으로 나누면 부등호의 방향이 바뀌므로
$x\leq-3$

3 (1) $x>-3$ (2) $x\leq3$
(1) $-3x<x+12$, $-3x-x<12$
$-4x<12$ $\therefore x>-3$
(2) $-x-6\leq6-5x$
$-x+5x\leq6+6$
$4x\leq12$ $\therefore x\leq3$

4 (1) $x\geq-30$ (2) $x>-12$
(1) $0.5x+2.1\geq0.4x-0.9$의 양변에 10을 곱하면
$5x+21\geq4x-9$
$5x-4x\geq-9-21$
$\therefore x\geq-30$
(2) $\frac{2}{3}x-1<x+3$의 양변에 3을 곱하면 $2x-3<3x+9$
$2x-3x<9+3$
$-x<12$ $\therefore x>-12$

핵심 유형 익히기 p. 39

1 ②
① $3x-3<3x$에서 $-3<0$
③ $2x(x-1)>x^2$에서
$2x^2-x^2-2x>0$, $x^2-2x>0$이므로 (이차식)>0의 꼴이다.
④ 일차방정식
⑤ $2x-1<2x+1$에서 $-1<1$

2 ②
$-5x<-10$의 양변을 -5로 나누면
$x>2$
구한 해를 수직선 위에 나타내면 ②와 같다.
확인 $x>2$를 수직선 위에 나타낼 때, $x>2$에서 2를 포함하지 않으므로 ○로, x는 2보다 크므로 오른쪽 방향으로 표시한다.

3 ③
$3x-8<5x+6$에서
$3x-5x<6+8$, $-2x<14$
$\therefore x>-7$

4 **4개**

$x+1\ge 4x-11$에서

$x-4x\ge -11-1$

$-3x\ge -12$ $\quad\therefore x\le 4$

따라서 자연수 x의 값은 1, 2, 3, 4의 4개이다.

5 (1) $\boldsymbol{x>-6}$ (2) $\boldsymbol{x\le -12}$

(1) $1.3(2x-3)<3.5x+1.5$의 양변에 10을 곱하면

$13(2x-3)<35x+15$

$26x-39<35x+15$

$26x-35x<15+39$

$-9x<54$ $\quad\therefore x>-6$

(2) $\frac{1}{2}x-1\ge\frac{3}{4}x+2$의 양변에 4를 곱하면 $2x-4\ge 3x+8$

$-x\ge 12$ $\quad\therefore x\le -12$

6 ⑤

$\frac{x-4}{3}-\frac{x}{2}<-2$의 양변에 6을 곱하면

$2(x-4)-3x<-12$

$2x-8-3x<-12$

$-x<-4$ $\quad\therefore x>4$

따라서 가장 작은 정수 x의 값은 5이다.

기초 내공 다지기 p. 40~41

1 (1) $x+3\le 5$ (2) $x-2\le 8$
(3) $2x+1\ge 10$ (4) $12-x\ge 3x$
(5) $\frac{x}{5}+6\le 20$ (6) $4x\ge 1500$
(7) $5+2x\ge 10$ (8) $2(x+10)<30$

2 (1) $-1, 0, 1$ (2) 3
(3) $-1, 0, 1$ (4) -3
(5) 1, 2 (6) $-2, -1$
(7) -6 (8) $-4, -3$

3 (1) $>$ (2) $>$ (3) $>$ (4) $>$
(5) $<$ (6) $>$ (7) $<$

4 (1) $>$ (2) $<$ (3) $\ge$ (4) $\le$
(5) $<$ (6) $\le$ (7) $>$

5 (1) $x\le 1$ (2) $x>3$
(3) $x>2$ (4) $x\le 2$
(5) $x<-2$ (6) $x\ge -2$
(7) $x>8$ (8) $x<5$

2 (7) $x=-6$일 때, $\frac{6}{5}>1$ (참)

$x=-5$일 때, $\frac{5}{5}=1$ (거짓)

$x=-4$일 때, $\frac{4}{5}<1$ (거짓)

$x=-3$일 때, $\frac{3}{5}<1$ (거짓)

(8) $x=-4$일 때, $-\frac{4}{3}<-1$ (참)

$x=-3$일 때, $-\frac{3}{3}=-1$ (참)

$x=-2$일 때, $-\frac{2}{3}>-1$ (거짓)

$x=-1$일 때, $-\frac{1}{3}>-1$ (거짓)

3 (7) $a>b$일 때, 양변에 $-\frac{2}{5}$를 곱하면

$-\frac{2}{5}a<-\frac{2}{5}b$

양변에 3을 더하면

$-\frac{2}{5}a+3<-\frac{2}{5}b+3$

4 (5) $-2a+1>-2b+1$에서

양변에서 1을 빼면

$-2a>-2b$

양변을 -2로 나누면 $a<b$

(6) $-2+4a\le -2+4b$에서

양변에 2를 더하면

$4a\le 4b$

양변을 4로 나누면 $a\le b$

(7) $-(a+1)<-(b+1)$에서

양변에 -1을 곱하면

$a+1>b+1$

양변에서 1을 빼면 $a>b$

5 (4) $4x-(5-x)\le 5$

$4x-5+x\le 5$

$5x\le 10$ $\quad\therefore x\le 2$

(5) $0.8x<0.5x-0.6$

$8x<5x-6$

$3x<-6$ $\quad\therefore x<-2$

(6) $0.2x+1\ge 0.4-0.1x$

$2x+10\ge 4-x$

$3x\ge -6$ $\quad\therefore x\ge -2$

(7) $\frac{x}{2}-3>\frac{x}{6}-\frac{1}{3}$

$3x-18>x-2$

$2x>16$ $\quad\therefore x>8$

(8) $\frac{3x+1}{4}<3+\frac{x-3}{2}$

$3x+1<12+2(x-3)$

$3x+1<2x+6$ $\quad\therefore x<5$

09강 일차부등식의 활용

예제 p. 42

1 $\boldsymbol{3x-5, 3x-5, 15, 15}$

2 $\boldsymbol{10x, 10x, 54.5, 54}$

$55+10x\le 600$

$10x\le 545$ $\quad\therefore x\le 54.5$

이때 x는 자연수이므로 상자는 최대 54개를 실을 수 있다.

3 $\boldsymbol{800x, 600x, 600x, 800x, 9, 10}$

$600x+1800<800x$

$-200x<-1800$ $\quad\therefore x>9$

이때 x는 자연수이므로 10자루 이상 사는 경우 할인점에서 사는 것이 유리하다.

핵심 유형 익히기 p. 43

1 **29, 31, 33**

연속하는 세 홀수를 $x-2$, x, $x+2$라 하면 세 홀수의 합이 87보다 커야 하므로

$(x-2)+x+(x+2)>87$

$3x>87$ $\quad\therefore x>29$

따라서 가장 작은 세 홀수는 29, 31, 33이다.

2 **10송이**

백합을 x송이 산다고 하면 장미는 $(20-x)$송이를 살 수 있으므로

$500(20-x)+800x\le 13000$

$10000-500x+800x\le 13000$

$300x\le 3000$ $\quad\therefore x\le 10$

따라서 백합은 최대 10송이를 살 수 있다.

3 ④

형의 예금액이 동생의 예금액의 2배보다 적어지는 때를 x개월 후라 하면

x개월 후 형의 예금액은 $(50000+3000x)$원이고, 동생의 예금액은 $(20000+2000x)$원이므로

$50000+3000x<2(20000+2000x)$

양변을 1000으로 나누면

$50+3x<2(20+2x)$

$50+3x<40+4x$ $\quad\therefore x>10$

따라서 형의 예금액이 동생의 예금액의 2배보다 적어지는 것은 11개월 후부터이다.

4 **3 km**

집에서 x km 떨어진 곳까지 다녀온다고 하면 전체 걸리는 시간은 2시간 30분, 즉 $\frac{5}{2}$시간 이내이어야 하므로

$\frac{x}{2}+\frac{x}{3}\le\frac{5}{2}$

양변에 분모의 최소공배수 6을 곱하면

$3x+2x\le15$, $5x\le15$ $\quad\therefore x\le3$

따라서 집에서 최대 3 km 떨어진 곳까지 다녀올 수 있다.

5 ⑤

5 %의 소금물 200 g에 녹아 있는 소금의 양은 $\frac{5}{100}\times200=10\,(\text{g})$

8 %의 소금물을 x g 섞는다고 하면 소금의 양은 $\frac{8}{100}\times x=\frac{8}{100}x\,(\text{g})$

소금물의 농도가 7 % 이상이어야 하므로

$\dfrac{10+\frac{8}{100}x}{200+x}\times100\ge7$

소금물의 양 $(200+x)$g은 양수이므로 양변에 $(200+x)$를 곱하면

$100\left(10+\frac{8}{100}x\right)\ge7(200+x)$

$1000+8x\ge7(200+x)$

$1000+8x\ge1400+7x$ $\quad\therefore x\ge400$

따라서 8 %의 소금물은 최소 400 g을 섞어야 한다.

내공 쌓는 족집게 문제 p. 44~47

1 ①, ④ 2 $500a+200b<3000$
3 ② 4 ③, ④ 5 ① 6 ②
7 ⑤ 8 ② 9 ⑤ 10 ③
11 ④ 12 90점 13 16 cm
14 8시간 15 ⑤ 16 ①
17 ④ 18 ② 19 ④ 20 5
21 $x>-3$ 22 ①
23 7 cm 24 ②
25 $\frac{1}{3}\le a<1$ 26 $3\le a<4$
27 5대 28 3150원
29 -1, 과정은 풀이 참조
30 꽃집, 서점, 과정은 풀이 참조

1 ② $2x-(x+3)=x-3$ ⇨ 다항식

③ $x-1=2-x$, $2x=3$ ⇨ 일차방정식

⑤ $2(x-1)<2x+5$에서 $-2<5$

3 $-3x+4\ge7$의 x에 $-2, -1, 0, 1, 2$를 각각 대입하면

$x=-2$일 때, $-3\times(-2)+4>7$ (참)

$x=-1$일 때, $-3\times(-1)+4=7$ (참)

$x=0$일 때, $-3\times0+4<7$ (거짓)

$x=1$일 때, $-3\times1+4<7$ (거짓)

$x=2$일 때, $-3\times2+4<7$ (거짓)

따라서 주어진 부등식의 해는 $-2, -1$이다.

4 $-2+5a>-2+5b$에서

양변에 2를 더하면 $5a>5b$

양변을 5로 나누면 $a>b$

따라서 a, b의 계수가 양수이면 부등호 $>$, 음수이면 부등호 $<$이어야 한다.

5 $-1\le x<3$의 각 변에 -5를 곱하면

$5\ge-5x>-15$

각 변에 2를 더하면 $7\ge2-5x>-13$

$\therefore -13<A\le7$

6 부등식의 해는 다음과 같다.

①, ③, ④, ⑤ $x<2$ ② $x<3$

7 $-4x-3>2x+9$에서

$-6x>12$ $\quad\therefore x<-2$

① $\frac{x}{2}<1$ $\quad\therefore x<2$

② $-3x>9$ $\quad\therefore x<-3$

③ $\frac{x}{6}<-\frac{1}{12}$에서 $x<-\frac{1}{2}$

④ $2x>8$ $\quad\therefore x>4$

⑤ $-\frac{x}{4}>\frac{1}{2}$ $\quad\therefore x<-2$

8 $-3(x+4)\ge2x-a$에서

$-3x-12\ge2x-a$

$-5x\ge-a+12$ $\quad\therefore x\le\frac{-a+12}{-5}$

주어진 부등식의 해가 $x\le-2$이므로

$\frac{-a+12}{-5}=-2$ $\quad\therefore a=2$

9 $5x-2(x+1)\ge a$에서

$5x-2x-2\ge a$, $3x\ge a+2$

$\therefore x\ge\frac{a+2}{3}$

부등식의 해는 수직선에서 $x\ge3$이므로

$\frac{a+2}{3}=3$ $\quad\therefore a=7$

10 $0.3(x-1)\ge0.1x+0.9$의 양변에 10을 곱하면 $3(x-1)\ge x+9$

$3x-3\ge x+9$, $2x\ge12$ $\quad\therefore x\ge6$

11 $\frac{2}{3}x-\frac{1}{6}\ge\frac{x}{2}-\frac{2}{3}$의 양변에 분모의 최소공배수 6을 곱하면

$4x-1\ge3x-4$ $\quad\therefore x\ge-3$

12 민수가 세 번째 수학 시험에서 x점을 받는다고 하면 평균은

$\frac{78+87+x}{3}\ge85$, $165+x\ge255$

$\therefore x\ge90$

따라서 세 번째 수학 시험에서 최소한 90점을 받아야 한다.

확인 (시험 점수의 평균) $=\frac{\text{(시험 점수의 합)}}{\text{(시험 횟수)}}$

13 원뿔의 높이를 x cm라 하면 부피가 $48\pi\text{ cm}^3$ 이상이므로

$\frac{1}{3}\times\pi\times3^2\times x\ge48\pi$

$3\pi x\ge48\pi$ $\quad\therefore x\ge16$

따라서 높이는 16 cm 이상이어야 한다.

14 독서실을 x시간 이용한다고 하면 이용 요금이 15000원 이하이므로

$5000+2000(x-3)\le15000$

양변을 1000으로 나누면

$5+2(x-3)\le15$

$5+2x-6\le15$

$2x\le16$ $\quad\therefore x\le8$

따라서 최대 8시간 이용할 수 있다.

15 30명의 단체 요금으로 입장할 때 입장료는

$1500\times30\times\frac{80}{100}=36000$(원)

x명부터 단체 요금으로 입장하는 것이 유리하다고 하면

$1500x>36000$ $\quad\therefore x>24$

따라서 25명부터 단체 요금으로 입장하는 것이 유리하다.

16 두 지점 A, B 사이의 거리를 x m라 하면 왕복하는 데 걸리는 시간은 1시간 10분, 즉 70분 이내이므로

$\frac{x}{60}+\frac{x}{80}\le70$

양변에 분모의 최소공배수 240을 곱하면 $4x+3x\le16800$, $7x\le16800$

$\therefore x\le2400$

따라서 두 지점 A, B 사이의 거리는 2400 m, 즉 2.4 km 이내이다.

17 $a<b$의 양변에 같은 음수를 곱하거나 양변을 같은 음수로 나눌 때에만 부등호의 방향이 바뀐다.

ㅂ. a, b의 계수가 양수이면 부등호의 방향은 바뀌지 않는다.

ㄴ, ㄹ. a, b의 계수가 음수이면 부등호의 방향이 바뀐다.

18 $a<0$이므로 $ax<-5a$의 양변을 a로 나누면 부등호의 방향이 바뀐다.

$\therefore x>-5$

19 $x-\frac{1}{5}(x-2a)=4$의 양변에 5를 곱하면 $5x-(x-2a)=20$

$5x-x+2a=20$, $4x=20-2a$

$\therefore x=\frac{10-a}{2}$

해가 1보다 크므로 $\frac{10-a}{2}>1$

$10-a>2$, $-a>-8$

$\therefore a<8$

20 $\frac{1}{3}x+1>\frac{5x+3}{4}-x$의 양변에 분모의 최소공배수 12를 곱하면

$4x+12>3(5x+3)-12x$

$4x+12>15x+9-12x$

$4x-3x>9-12$ $\quad\therefore x>-3$ ⋯ ㉠

$x-1<3x+a$에서

$x-3x<a+1$, $-2x<a+1$

$\therefore x>-\frac{a+1}{2}$ ⋯ ㉡

㉠과 ㉡이 같으므로 $-3=-\frac{a+1}{2}$

$6=a+1$ $\quad\therefore a=5$

21 $(a-1)x+3a-3<0$에서

$(a-1)x<-3(a-1)$ ⋯ ㉠

$a<1$에서 $a-1<0$이므로 ㉠의 양변을 $a-1$로 나누면

$x>\frac{-3(a-1)}{a-1}$ $\quad\therefore x>-3$

22 삼각형에서 가장 긴 변의 길이는 다른 두 변의 길이의 합보다 작으므로

$x+5<(x+1)+(x+3)$

$-x<-1$ $\quad\therefore x>1$

23 $\overline{BP}=x$ cm라 하면 $\overline{PC}=(9-x)$cm이므로

(△APD의 넓이)

=(사다리꼴 ABCD의 넓이)

$\quad$−(△ABP의 넓이)

$\quad$−(△DPC의 넓이)

$=\frac{1}{2}\times(6+4)\times9-\frac{1}{2}\times x\times6-\frac{1}{2}\times(9-x)\times4$

$=45-3x-(18-2x)$

$=-x+27\,(\text{cm}^2)$

△APD의 넓이가 $20\,\text{cm}^2$ 이하이므로

$-x+27\le20$ $\quad\therefore x\ge7$

따라서 $\overline{BP}$의 길이는 최소 7 cm이다.

24 10 %의 설탕물 300 g에 녹아 있는 설탕의 양은 $\frac{10}{100}\times300=30\,(\text{g})$

더 넣는 설탕의 양을 x g이라 하면

$\frac{30+x}{300+x}\times100\ge25$

설탕물의 양 $(300+x)$ g은 양수이므로 양변에 $(300+x)$를 곱하면

$100(30+x)\ge25(300+x)$

$3000+100x\ge7500+25x$

$75x\ge4500$ $\quad\therefore x\ge60$

따라서 설탕은 최소한 60 g을 더 넣어야 한다.

25 $2x-3a>1$에서 $2x>3a+1$

$\therefore x>\frac{3a+1}{2}$

위의 부등식을 만족하는 x의 값 중 가장 작은 정수가 2가 되도록 수직선 위에 나타내면 다음 그림과 같다.

따라서 $1\le\frac{3a+1}{2}<2$이므로

$2\le3a+1<4$, $1\le3a<3$

$\therefore \frac{1}{3}\le a<1$

26 $4(x-2)-8x\ge4x-8a$

$4x-8-8x>4x-8a$

$-8x\ge-8a+8$

$\therefore x\le a-1$

위의 부등식을 만족하는 자연수 x가 2개가 되도록 수직선 위에 나타내면 다음 그림과 같다.

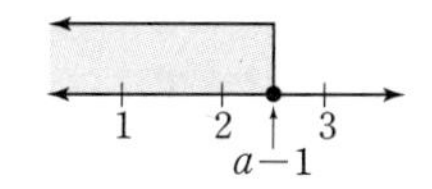

따라서 $2\le a-1<3$이므로

$3\le a<4$

27 완성하는 일의 양을 1이라 하면 1시간에 A 기계는 $\frac{1}{10}$, B 기계는 $\frac{1}{12}$의 일을 할 수 있다.

A 기계는 x대로 일을 하면 B 기계는 $(11-x)$대로 일을 하므로 1시간 이내에 끝내려면

$\frac{1}{10}x+\frac{1}{12}(11-x)\ge1$

양변에 분모의 최소공배수 60을 곱하면

$6x+5(11-x)\ge60$

$6x+55-5x\ge60$ $\quad\therefore x\ge5$

따라서 A 기계는 최소 5대가 필요하다.

28 정가를 x원이라 하면 20 % 할인하여 판매하는 가격은

(판매가)$=\left(1-\frac{20}{100}\right)x=0.8x$(원)

(판매가)−(원가)≥(원가의 5 % 이익)

이므로 $0.8x-2400\ge2400\times\frac{5}{100}$

$0.8x\ge2520$ $\quad\therefore x\ge3150$

따라서 정가를 최소한 3150원으로 정해야 한다.

29 $\frac{x}{6}-\frac{x-3}{4}<2+x$의 양변에 분모의 최소공배수 12를 곱하면

$2x-3(x-3)<12(2+x)$ ⋯ (i)

$2x-3x+9<24+12x$

$-13x<15$ $\quad\therefore x>-\frac{15}{13}$ ⋯ (ii)

따라서 가장 작은 정수 x의 값은 −1이다. ⋯ (iii)

채점 기준	비율
(i) 계수를 정수로 바꾸기	20 %
(ii) 부등식의 해 구하기	60 %
(iii) 가장 작은 정수 구하기	20 %

30 역에서 상점까지의 거리를 x km라 하면

(가는 데 걸린 시간)+(물건을 사는 시간)+(오는 데 걸린 시간)≤1

이므로 $\frac{x}{4}+\frac{1}{6}+\frac{x}{4}\le1$ ⋯ (i)

양변에 분모의 최소공배수 12를 곱하면

$3x+2+3x\le12$, $6x\le10$

$\therefore x\le\frac{5}{3}=1.666\cdots$ ⋯ (ii)

따라서 은정이는 역에서 약 1.67 km 이내의 거리에 있는 상점인 꽃집, 서점에 갔다 올 수 있다. …(iii)

채점 기준	비율
(i) 부등식 세우기	40 %
(ii) 부등식의 해 구하기	40 %
(iii) 은정이가 갔다 올 수 있는 상점 구하기	20 %

10강 연립방정식과 그 해

예제 p. 48

1 ㄱ, ㅂ

ㄴ. $3xy=1$ ⇨ 일차방정식이 아니다.

ㄷ. $2x+y=x+y-2$를 정리하면 $x+2=0$ ⇨ 미지수가 1개인 일차방정식이다.

ㄹ. $2x^2+y+1=0$ ⇨ x의 차수가 2이므로 일차방정식이 아니다.

ㅁ. $x+3y$ ⇨ 등식이 아니므로 방정식이 아니다.

2 (1) **(2, 2), (4, 1)**
(2) **(1, 5), (2, 2)**

(2)

x	1	2	3	4	…
y	5	2	-1	-4	…

x, y의 값이 자연수이므로 구하는 해는 (1, 5), (2, 2)이다.

3 $\boldsymbol{x=4,\ y=1}$

$\begin{cases} x+y=5 & \cdots ㉠ \\ 2x-y=7 & \cdots ㉡ \end{cases}$

㉠

x	1	2	3	4	…
y	4	3	2	1	…

㉡

x	4	5	6	7	…
y	1	3	5	7	…

따라서 구하는 해는 $x=4$, $y=1$이다.

핵심 유형 익히기 p. 49

1 ④

② $x^2+x+y=x^2$을 정리하면 $x+y=0$이므로 미지수가 2개인 일차방정식이다.

④ $3+x=x+y$를 정리하면 $3=y$이므로 미지수가 2개인 일차방정식이 아니다.

2 $\boldsymbol{100x+500y=4300}$

100원짜리 동전 x개의 금액 ⇨ $100x$원
500원짜리 동전 y개의 금액 ⇨ $500y$원
$\therefore 100x+500y=4300$

3 (1) **(1, 7), (2, 5), (3, 3), (4, 1)**
(2) **(2, 7), (4, 4), (6, 1)**

$x=1, 2, 3, \cdots$을 대입하여 y의 값이 자연수가 되는 순서쌍 (x, y)를 찾는다.

(1) $2x+y=9$에서 $y=9-2x$

x	1	2	3	4	5	…
y	7	5	3	1	-1	…

따라서 x, y의 값이 자연수이므로 구하는 해는 (1, 7), (2, 5), (3, 3), (4, 1)이다.

(2) $3x+2y=20$에서 $y=\frac{20-3x}{2}$

x	1	2	3	4	5	6	…
y	$\frac{17}{2}$	7	$\frac{11}{2}$	4	$\frac{5}{2}$	1	…

따라서 x, y의 값이 자연수이므로 구하는 해는 (2, 7), (4, 4), (6, 1)이다.

4 ⑤

⑤ $2x+y=16$에 $x=8$, $y=1$을 대입하면 $16+1\neq16$(거짓)

5 **3**

$x+ay=9$에 $x=3$, $y=2$를 대입하면
$3+2a=9$ $\therefore a=3$

6 (1) $\boldsymbol{x=3,\ y=3}$ (2) $\boldsymbol{x=4,\ y=1}$

(1) 일차방정식 $x+2y=9$의 해는 (1, 4), (3, 3), (5, 2), (7, 1)
일차방정식 $2x-y=3$의 해는 (2, 1), (3, 3), (4, 5), (5, 7), …
따라서 구하는 해는 $x=3$, $y=3$이다.

(2) 일차방정식 $2x-3y=5$의 해는 (4, 1), (7, 3), (10, 5), …
일차방정식 $3x+2y=14$의 해는 (2, 4), (4, 1)
따라서 구하는 해는 $x=4$, $y=1$이다.

7 $\boldsymbol{a=3,\ b=-\frac{1}{2}}$

두 일차방정식에 $x=1$, $y=2$를 각각 대입하면

$\begin{cases} 2a-2=4 \\ 3+4b=1 \end{cases}$ $\therefore a=3,\ b=-\frac{1}{2}$

11강 연립방정식의 풀이

예제 p. 50

1 (1) $\boldsymbol{x=5,\ y=-3}$ (2) $\boldsymbol{x=1,\ y=-2}$

(1) $\begin{cases} y=-x+2 & \cdots ㉠ \\ 2x+3y=1 & \cdots ㉡ \end{cases}$에서

㉠을 ㉡에 대입하면
$2x+3(-x+2)=1$
$-x+6=1$ $\therefore x=5$
$x=5$를 ㉠에 대입하면 $y=-3$

(2) $\begin{cases} 2x-y=4 & \cdots ㉠ \\ x+2y=-3 & \cdots ㉡ \end{cases}$에서

㉠−㉡×2를 하면

$$\begin{array}{rl} & 2x-\ \ y=4 \\ -) & 2x+4y=-6 \\ \hline & -5y=10 \end{array}$$
$\therefore y=-2$

$y=-2$를 ㉠에 대입하면
$2x+2=4$ $\therefore x=1$

2 (1) $\boldsymbol{x=4,\ y=-\frac{3}{2}}$
(2) $\boldsymbol{x=2,\ y=-1}$

(1) 주어진 식을 정리하면

$\begin{cases} -2x-4y=-2 & \cdots ㉠ \\ 0.3x+0.4y=0.6 & \cdots ㉡ \end{cases}$

㉠+㉡×10을 하면

$$\begin{array}{rl} & -2x-4y=-2 \\ +) & 3x+4y=6 \\ \hline & x\qquad =4 \end{array}$$

$x=4$를 ㉠에 대입하면
$-8-4y=-2$ $\therefore y=-\frac{3}{2}$

(2) $\begin{cases} \frac{x-2}{3}=\frac{y+1}{2} & \cdots ㉠ \\ \frac{x}{2}-y=2 & \cdots ㉡ \end{cases}$

㉠×6, ㉡×2를 하면

$\begin{cases} 2(x-2)=3(y+1) \\ x-2y=4 \end{cases}$

즉, $\begin{cases} 2x-3y=7 & \cdots ㉢ \\ x-2y=4 & \cdots ㉣ \end{cases}$

㉢$-$㉣$\times$2를 하면

$$\begin{array}{r} 2x-3y=7 \\ -)\ 2x-4y=8 \\ \hline y=-1 \end{array}$$

$y=-1$을 ㉣에 대입하면

$x+2=4$ $\therefore x=2$

3 $\boldsymbol{x=1, y=-3}$

연립방정식 $\begin{cases} 2x-y-4=4x+y \\ 7x+2y=4x+y \end{cases}$를 푼다.

$\begin{cases} x+y=-2 & \cdots ㉠ \\ 3x+y=0 & \cdots ㉡ \end{cases}$에서

㉠$-$㉡을 하면

$$\begin{array}{r} x+y=-2 \\ -)\ 3x+y=0 \\ \hline -2x \quad =-2 \end{array} \quad \therefore x=1$$

$x=1$을 ㉠에 대입하면 $y=-3$

핵심 유형 익히기 p. 51

1 $\boldsymbol{x=-5, y=-4}$

$\begin{cases} x-2y=3 & \cdots ㉠ \\ 2x-y=-6 & \cdots ㉡ \end{cases}$

㉠에서 $x=2y+3$ $\cdots$ ㉢

㉢을 ㉡에 대입하면

$2(2y+3)-y=-6$ $\therefore y=-4$

$y=-4$를 ㉢에 대입하면 $x=-5$

2 $\boldsymbol{-10}$

$\begin{cases} y=-3x+18 & \cdots ㉠ \\ 2x+y=16 & \cdots ㉡ \end{cases}$

㉠을 ㉡에 대입하면

$2x+(-3x+18)=16$ $\therefore x=2$

$x=2$를 ㉠에 대입하면 $y=12$

따라서 $a=2$, $b=12$이므로

$a-b=2-12=-10$

3 $\boldsymbol{x=1, y=1}$

$\begin{cases} 5x-2y=3 & \cdots ㉠ \\ 3x+5y=8 & \cdots ㉡ \end{cases}$

㉠$\times$5$+$㉡$\times$2를 하면

$$\begin{array}{r} 25x-10y=15 \\ +)\ 6x+10y=16 \\ \hline 31x \quad =31 \end{array} \quad \therefore x=1$$

$x=1$을 ㉠에 대입하면

$5-2y=3$ $\therefore y=1$

4 **1**

두 방정식에 $x=1$, $y=1$을 각각 대입하면

$\begin{cases} 5a+4b=7 & \cdots ㉠ \\ 3a-2b=13 & \cdots ㉡ \end{cases}$

㉠$+$㉡$\times$2를 하면

$$\begin{array}{r} 5a+4b=7 \\ +)\ 6a-4b=26 \\ \hline 11a \quad =33 \end{array} \quad \therefore a=3$$

$a=3$을 ㉠에 대입하면

$15+4b=7$ $\therefore b=-2$

$\therefore a+b=3+(-2)=1$

5 ①

$\begin{cases} 0.6x+0.5y=2.8 & \cdots ㉠ \\ \frac{1}{3}x+\frac{1}{2}y=2 & \cdots ㉡ \end{cases}$

㉠$\times$10, ㉡$\times$6을 하면

$\begin{cases} 6x+5y=28 & \cdots ㉢ \\ 2x+3y=12 & \cdots ㉣ \end{cases}$

㉢$-$㉣$\times$3을 하면

$$\begin{array}{r} 6x+5y=28 \\ -)\ 6x+9y=36 \\ \hline -4y=-8 \end{array} \quad \therefore y=2$$

$y=2$를 ㉣에 대입하면

$2x+6=12$ $\therefore x=3$

6 ②

연립방정식 $\begin{cases} x-2y=6 & \cdots ㉠ \\ 2x-y=6 & \cdots ㉡ \end{cases}$을 푼다.

㉠$\times$2$-$㉡을 하면

$$\begin{array}{r} 2x-4y=12 \\ -)\ 2x-\ \ y=6 \\ \hline -3y=6 \end{array} \quad \therefore y=-2$$

$y=-2$를 ㉠에 대입하면

$x+4=6$ $\therefore x=2$

기초 내공 다지기 p. 52~53

1 (1) $x=1, y=3$
(2) $x=-11, y=-19$
(3) $x=4, y=2$
(4) $x=-1, y=-1$
(5) $x=3, y=1$
(6) $x=2, y=5$

2 (1) $x=-1, y=-2$
(2) $x=3, y=3$
(3) $x=2, y=1$
(4) $x=-1, y=-1$
(5) $x=-1, y=1$
(6) $x=-1, y=-2$

3 (1) $x=2, y=-1$
(2) $x=3, y=2$
(3) $x=-1, y=\frac{3}{2}$
(4) $x=1, y=2$

4 (1) $x=1, y=-1$
(2) $x=-8, y=-7$
(3) $x=1, y=-1$
(4) $x=1, y=2$

5 (1) $x=2, y=2$
(2) $x=14, y=-3$
(3) $x=-\frac{1}{3}, y=-2$
(4) $x=3, y=-1$

6 (1) $x=2, y=1$
(2) $x=3, y=1$
(3) $x=5, y=7$
(4) $x=1, y=-1$

1 (3) $\begin{cases} 2x-y=6 & \cdots ㉠ \\ 3x-2y=8 & \cdots ㉡ \end{cases}$

㉠에서 $y=2x-6$ $\cdots$ ㉢

㉢을 ㉡에 대입하면

$3x-2(2x-6)=8$

$\therefore x=4$

$x=4$를 ㉢에 대입하면

$y=2$

(5) $\begin{cases} x+2y=5 & \cdots ㉠ \\ 2x+3y=9 & \cdots ㉡ \end{cases}$

㉠에서 $x=-2y+5$ $\cdots$ ㉢

㉢을 ㉡에 대입하면

$2(-2y+5)+3y=9$

$\therefore y=1$

$y=1$을 ㉢에 대입하면

$x=3$

2 (3) $\begin{cases} 3x-y=5 & \cdots ㉠ \\ 5x-2y=8 & \cdots ㉡ \end{cases}$에서

㉠$\times$2$-$㉡을 하면

$$\begin{array}{r} 6x-2y=10 \\ -)\ 5x-2y=8 \\ \hline x \quad =2 \end{array}$$

$x=2$를 ㉠에 대입하면

$y=1$

(4) $\begin{cases} 9x-4y=-5 & \cdots ㉠ \\ x+2y=-3 & \cdots ㉡ \end{cases}$에서

㉠+㉡×2를 하면

$\begin{array}{rl} & 9x-4y=-5 \\ +) & 2x+4y=-6 \\ \hline & 11x \quad =-11 \end{array}$ $\therefore x=-1$

$x=-1$을 ㉡에 대입하면 $y=-1$

(5) $\begin{cases} 2x+3y=1 & \cdots ㉠ \\ 3x+2y=-1 & \cdots ㉡ \end{cases}$에서

㉠×3−㉡×2를 하면

$\begin{array}{rl} & 6x+9y=3 \\ -) & 6x+4y=-2 \\ \hline & 5y=5 \end{array}$ $\therefore y=1$

$y=1$을 ㉠에 대입하면 $x=-1$

(6) $\begin{cases} 5x-4y=3 & \cdots ㉠ \\ 2x-3y=4 & \cdots ㉡ \end{cases}$에서

㉠×2−㉡×5를 하면

$\begin{array}{rl} & 10x-\ \ 8y=6 \\ -) & 10x-15y=20 \\ \hline & 7y=-14 \end{array}$

$\therefore y=-2$

$y=-2$를 ㉡에 대입하면 $x=-1$

3 (1) $\begin{cases} x+3(x-y)=11 \\ 2x-(x+y)=3 \end{cases}$에서

$\begin{cases} 4x-3y=11 & \cdots ㉠ \\ x-y=3 & \cdots ㉡ \end{cases}$

㉠−㉡×3을 하면

$\begin{array}{rl} & 4x-3y=11 \\ -) & 3x-3y=9 \\ \hline & x \quad =2 \end{array}$

$x=2$를 ㉡에 대입하면 $y=-1$

(2) $\begin{cases} 2x+y=8 \\ -2x+3(x+2y)=15 \end{cases}$에서

$\begin{cases} 2x+y=8 & \cdots ㉠ \\ x+6y=15 & \cdots ㉡ \end{cases}$

㉠−㉡×2를 하면

$\begin{array}{rl} & 2x+\ \ \ y=8 \\ -) & 2x+12y=30 \\ \hline & -11y=-22 \end{array}$ $\therefore y=2$

$y=2$를 ㉡에 대입하면 $x=3$

(3) $\begin{cases} 3x-2(x-y)=2 \\ 3(x-2y)+4y=-6 \end{cases}$에서

$\begin{cases} x+2y=2 & \cdots ㉠ \\ 3x-2y=-6 & \cdots ㉡ \end{cases}$

㉠+㉡을 하면

$4x=-4$ $\therefore x=-1$

$x=-1$을 ㉠에 대입하면

$y=\frac{3}{2}$

(4) $\begin{cases} 3(x+y)-2y=5 \\ -x+2(x-y)=-3 \end{cases}$에서

$\begin{cases} 3x+y=5 & \cdots ㉠ \\ x-2y=-3 & \cdots ㉡ \end{cases}$

㉠×2+㉡을 하면

$\begin{array}{rl} & 6x+2y=10 \\ +) & x-2y=-3 \\ \hline & 7x \quad =7 \end{array}$ $\therefore x=1$

$x=1$을 ㉠에 대입하면 $y=2$

4 (3) $\begin{cases} x-0.5y=1.5 \\ 0.2x-0.3y=0.5 \end{cases}$에서

$\begin{cases} 10x-5y=15 & \cdots ㉠ \\ 2x-3y=5 & \cdots ㉡ \end{cases}$

㉠−㉡×5를 하면

$\begin{array}{rl} & 10x-\ \ 5y=15 \\ -) & 10x-15y=25 \\ \hline & 10y=-10 \end{array}$

$\therefore y=-1$

$y=-1$을 ㉡에 대입하면 $x=1$

(4) $\begin{cases} 0.3x+0.2y=0.7 \\ 0.09x-0.1y=-0.11 \end{cases}$에서

$\begin{cases} 3x+2y=7 & \cdots ㉠ \\ 9x-10y=-11 & \cdots ㉡ \end{cases}$

㉠×5+㉡을 하면

$\begin{array}{rl} & 15x+10y=35 \\ +) & 9x-10y=-11 \\ \hline & 24x \quad =24 \end{array}$ $\therefore x=1$

$x=1$을 ㉠에 대입하면 $y=2$

5 (3) $\begin{cases} -\frac{1}{2}x+\frac{1}{4}y=-\frac{1}{3} \\ \frac{6x-5}{7}=\frac{1}{2}y \end{cases}$에서

$\begin{cases} -6x+3y=-4 & \cdots ㉠ \\ 12x-7y=10 & \cdots ㉡ \end{cases}$

㉠×2+㉡을 하면

$\begin{array}{rl} & -12x+6y=-8 \\ +) & 12x-7y=10 \\ \hline & -y=2 \end{array}$ $\therefore y=-2$

$y=-2$를 ㉠에 대입하면

$x=-\frac{1}{3}$

(4) $\begin{cases} 0.3(x-y)+0.2y=1 \\ \frac{x}{4}+\frac{y}{3}=\frac{5}{12} \end{cases}$에서

$\begin{cases} 3x-y=10 & \cdots ㉠ \\ 3x+4y=5 & \cdots ㉡ \end{cases}$

㉠−㉡을 하면

$-5y=5$ $\therefore y=-1$

$y=-1$을 ㉠에 대입하면 $x=3$

6 (3) $\begin{cases} \frac{x+y}{3}=4 \\ \frac{3x-y}{2}=4 \end{cases}$에서

$\begin{cases} x+y=12 & \cdots ㉠ \\ 3x-y=8 & \cdots ㉡ \end{cases}$

㉠+㉡을 하면

$4x=20$ $\therefore x=5$

$x=5$를 ㉠에 대입하면 $y=7$

(4) $\begin{cases} 4(x+2y)=2x-y-7 \\ 2x-y-7=-x+3y \end{cases}$에서

$\begin{cases} 2x+9y=-7 & \cdots ㉠ \\ 3x-4y=7 & \cdots ㉡ \end{cases}$

㉠×3−㉡×2를 하면

$\begin{array}{rl} & 6x+27y=-21 \\ -) & 6x-\ \ 8y=14 \\ \hline & 35y=-35 \end{array}$

$\therefore y=-1$

$y=-1$을 ㉠에 대입하면 $x=1$

내공 쌓는 족집게 문제 p. 54~57

1 ①, ③	2 ③	3 ④	4 ①, ⑤
5 ④	6 −5	7 ③	8 ②
9 ④	10 ④	11 ②	12 8
13 ⑤	14 ②	15 −2	16 ④
17 ⑤	18 ④	19 ④	20 ②
21 ②	22 32	23 1	

24 $x=\frac{1}{6}$, $y=1$ 25 $x=-1$, $y=3$

26 $x=\frac{15}{2}$, $y=-2$ 27 ②

28 1, 과정은 풀이 참조

29 −8, 과정은 풀이 참조

1 ⑤ $3(x-y)=3x-4y$를 정리하면 $y=0$이므로 미지수가 2개인 일차방정식이 아니다.

2 300원짜리 연필 x자루 ⇨ $300x$원

500원짜리 공책 y권 ⇨ $500y$원

$\therefore 300x+500y=2900$

3 $3x+y=12$에서 $y=12-3x$

x	1	2	3	4	⋯
y	9	6	3	0	⋯

따라서 x, y의 값이 자연수이므로 해는 $(1, 9)$, $(2, 6)$, $(3, 3)$이므로 3개이다.

18 정답과 해설

4 ① $-3-2\times(-4)=5$
⑤ $7-2\times1=5$

5 $x=2$, $y=3$을 각각의 방정식에 대입하여 만족하는 것을 찾는다.
④ $3x+y=9$ ⇨ $3\times2+3=9$

6 $3x-2y=4$에 $x=-2$, $y=a$를 대입하면
$-6-2a=4$ $\quad\therefore a=-5$

7 ③ x, y의 값이 자연수일 때, 해는 $(2, 2)$, $(5, 1)$이므로 2개이다.

8 $2x-3y=1$에 $x=2$, $y=a$를 대입하면 $4-3a=1$ $\quad\therefore a=1$
$2x-3y=1$에 $x=b$, $y=3$을 대입하면 $2b-9=1$ $\quad\therefore b=5$
$\therefore a+b=1+5=6$

9 각 순서쌍의 x, y의 값을 주어진 연립방정식에 대입하여 동시에 만족하는 것을 찾으면 ④이다.

10 $x=-1$, $y=4$를 각각의 연립방정식에 대입하여 만족하는 것을 찾으면 ④이다.

11 y의 계수의 절댓값이 2와 5의 최소공배수 10으로 같아지도록 ㉠×5, ㉡×2를 한 후, 부호가 같으므로 두 식을 뺀다.
⇨ ㉠×5−㉡×2

12 $x=y-3$에 $x=1$, $y=b$를 대입하면
$1=b-3$ $\quad\therefore b=4$
$ax+y=6$에 $x=1$, $y=4$를 대입하면
$a+4=6$ $\quad\therefore a=2$
따라서 $a=2$, $b=4$이므로
$ab=2\times4=8$

13 $\begin{cases}0.3x-0.4y=0.5 & \cdots ㉠\\ \frac{x}{3}+\frac{2}{5}y=\frac{7}{5} & \cdots ㉡\end{cases}$
㉠×10, ㉡×15를 하면
$\begin{cases}3x-4y=5 & \cdots ㉢\\ 5x+6y=21 & \cdots ㉣\end{cases}$
㉢×3+㉣×2를 하면
$9x-12y=15$
$+)\ 10x+12y=42$
$19x \quad =57$ $\quad\therefore x=3$
$x=3$을 ㉢에 대입하면 $y=1$

14 주어진 식을 정리하면
$\begin{cases}6x+3y=2x+5\\ 6y=2x\end{cases}$에서
$\begin{cases}4x+3y=5 & \cdots ㉠\\ x-3y=0 & \cdots ㉡\end{cases}$
㉠+㉡을 하면
$5x=5$ $\quad\therefore x=1$
$x=1$을 ㉠에 대입하면 $y=\frac{1}{3}$
$\therefore xy=1\times\frac{1}{3}=\frac{1}{3}$

15 $\begin{cases}x-6y-3=2\\ 3x-8y-3=2\end{cases}$에서
$\begin{cases}x-6y=5 & \cdots ㉠\\ 3x-8y=5 & \cdots ㉡\end{cases}$
㉠×3−㉡을 하면
$3x-18y=15$
$-)\ 3x-\ 8y=5$
$-10y=10$ $\quad\therefore y=-1$
$y=-1$을 ㉠에 대입하면 $x=-1$
따라서 $a=-1$, $b=-1$이므로
$a+b=-1+(-1)=-2$

16 $\begin{cases}6x+2y=1 & \cdots ㉠\\ ax+y=-2 & \cdots ㉡\end{cases}$에서
㉠−㉡×2를 하면
$(6-2a)x=5$
이때 $0\times x=k(k\neq0)$이면 해가 없으므로
$6-2a=0$ $\quad\therefore a=3$

확인 연립방정식의 해가 없다.
⇨ 한 미지수를 소거했을 때, $0\times x=k$ 또는 $0\times y=k$ 꼴이면 해가 없다. (단, $k\neq0$)

17 ① $x+y=12$
② $10x+100y=1500$
③ $3x+4y=86$
④ $y=\frac{3}{2}x$
⑤ $xy=100$ ⇨ 미지수가 2개인 일차방정식이 아니다.

18 $5x-2y=12$에 $x=2a$, $y=3a$를 대입하면
$10a-6a=12$, $4a=12$ $\quad\therefore a=3$

19 $ax-3y=5$에 $x=2$, $y=3$을 대입하면
$2a-9=5$ $\quad\therefore a=7$
따라서 $7x-3y=5$에 $x=k$, $y=2k$를 대입하면
$7k-6k=5$ $\quad\therefore k=5$
$\therefore a-k=7-5=2$

20 연립방정식에 $x=3$, $y=7$을 대입하면
$\begin{cases}3a+7b=4\\ 3b-7a=10\end{cases}$에서
$\begin{cases}3a+7b=4 & \cdots ㉠\\ -7a+3b=10 & \cdots ㉡\end{cases}$
㉠×7+㉡×3을 하면
$58b=58$ $\quad\therefore b=1$
$b=1$을 ㉠에 대입하면 $a=-1$

21 $\begin{cases}-2x+y=5 & \cdots ㉠\\ x-y=-2 & \cdots ㉡\end{cases}$
㉡에서 $y=x+2$를 ㉠에 대입하면
$-2x+(x+2)=5$, $-x+2=5$
따라서 $a=-1$, $b=2$이므로
$a-b=-1-2=-3$

22 $\begin{cases}2x+3y=10 & \cdots ㉠\\ 4x-y=6 & \cdots ㉡\end{cases}$
㉠×2−㉡을 하면 $7y=14$ $\quad\therefore y=2$
$y=2$를 ㉡에 대입하면 $x=2$
따라서 $a=2$, $b=2$이므로
$(2a+b)^2-(a-2b)^2$
$=(2\times2+2)^2-(2-2\times2)^2$
$=36-4=32$

23 두 연립방정식의 해가 서로 같으므로 이 해는 4개의 일차방정식을 동시에 만족하는 것이다.
a, b를 포함하지 않는 두 방정식
$\begin{cases}x-y=2 & \cdots ㉠\\ 2x+y=1 & \cdots ㉡\end{cases}$에서 해를 구한다.
㉠+㉡을 하면 $3x=3$ $\quad\therefore x=1$
$x=1$을 ㉠에 대입하면 $y=-1$
따라서 $x=1$, $y=-1$을 두 방정식
$\begin{cases}2ax+by=3\\ ax+by=2\end{cases}$에 대입하면
$\begin{cases}2a-b=3 & \cdots ㉢\\ a-b=2 & \cdots ㉣\end{cases}$
㉢−㉣을 하면 $a=1$
$a=1$을 ㉣에 대입하면 $b=-1$
$\therefore 2a+b=2-1=1$

24 $\begin{cases}\frac{2x-1}{2}=\frac{-2x-y}{4}\\ \frac{1-2y}{3}=\frac{-2x-y}{4}\end{cases}$에서
$\begin{cases}2(2x-1)=-2x-y\\ 4(1-2y)=3(-2x-y)\end{cases}$
즉, $\begin{cases}6x+y=2 & \cdots ㉠\\ 6x-5y=-4 & \cdots ㉡\end{cases}$
㉠−㉡을 하면 $6y=6$ $\quad\therefore y=1$
$y=1$을 ㉠에 대입하면 $x=\frac{1}{6}$

25 주어진 연립방정식에서 a와 b를 바꾼 연립방정식 $\begin{cases} bx+ay=5 \\ ax+by=1 \end{cases}$의 해가 $x=3$, $y=-1$이므로 위의 연립방정식에 대입하면

$\begin{cases} 3b-a=5 \\ 3a-b=1 \end{cases}$에서

$\begin{cases} -a+3b=5 & \cdots ㉠ \\ 3a-b=1 & \cdots ㉡ \end{cases}$

㉠×3+㉡을 하면

$8b=16 \quad \therefore b=2$

$b=2$를 ㉠에 대입하면 $a=1$

따라서 처음 연립방정식은

$\begin{cases} x+2y=5 & \cdots ㉢ \\ 2x+y=1 & \cdots ㉣ \end{cases}$

㉢×2−㉣을 하면

$3y=9 \quad \therefore y=3$

$y=3$을 ㉢에 대입하면 $x=-1$

따라서 처음 연립방정식의 해는 $x=-1$, $y=3$이다.

26 $\begin{cases} 0.\dot{4}x+y=1.\dot{3} \\ 0.0\dot{2}x+0.0\dot{3}y=0.1 \end{cases}$에서

$\begin{cases} \frac{4}{9}x+y=\frac{12}{9} & \cdots ㉠ \\ \frac{2}{90}x+\frac{3}{90}y=\frac{1}{10} & \cdots ㉡ \end{cases}$

㉠×9, ㉡×90을 하면

$\begin{cases} 4x+9y=12 & \cdots ㉢ \\ 2x+3y=9 & \cdots ㉣ \end{cases}$

㉢−㉣×2를 하면

$3y=-6 \quad \therefore y=-2$

$y=-2$를 ㉣에 대입하면 $x=\frac{15}{2}$

27 $\begin{cases} ax-y=3 \\ x+2y-1=3 \end{cases} \Rightarrow \begin{cases} ax-y=3 & \cdots ㉠ \\ x+2y=4 & \cdots ㉡ \end{cases}$

x와 y의 값의 비가 2 : 1이므로

$x=2y \quad \cdots ㉢$

$\begin{cases} x+2y=4 & \cdots ㉡ \\ x=2y & \cdots ㉢ \end{cases}$에서

㉢을 ㉡에 대입하면

$2y+2y=4$, $4y=4 \quad \therefore y=1$

$y=1$을 ㉢에 대입하면 $x=2$

$x=2$, $y=1$을 ㉠에 대입하면

$2a-1=3 \quad \therefore a=2$

28 $ax+y=8$에 $x=3$, $y=2$를 대입하면

$3a+2=8 \quad \therefore a=2 \quad \cdots$(i)

$x-by=5$에 $x=3$, $y=2$를 대입하면

$3-2b=5 \quad \therefore b=-1 \quad \cdots$(ii)

$\therefore a+b=2+(-1)=1 \quad \cdots$(iii)

채점 기준	비율
(i) a의 값 구하기	40 %
(ii) b의 값 구하기	40 %
(iii) $a+b$의 값 구하기	20 %

29 $\begin{cases} x-2y=6 & \cdots ㉠ \\ 2x+y=-8 & \cdots ㉡ \end{cases}$에서

㉠+㉡×2를 하면

$5x=-10 \quad \therefore x=-2$

$x=-2$를 ㉠에 대입하면

$-2-2y=6 \quad \therefore y=-4 \quad \cdots$(i)

따라서 $x=-2$, $y=-4$를

$-2x+3y=a$에 대입하면

$a=-2\times(-2)+3\times(-4)$

$=4-12=-8 \quad \cdots$(ii)

채점 기준	비율
(i) 연립방정식 풀기	60 %
(ii) a의 값 구하기	40 %

12강 연립방정식의 활용

예제 p. 58

1 **2점슛: 6골, 3점슛: 3골**

동희가 넣은 2점슛을 x골, 3점슛을 y골이라 하면

$\begin{cases} x+y=9 & \cdots ㉠ \\ 2x+3y=21 & \cdots ㉡ \end{cases}$

㉠×3−㉡을 하면

$$\begin{array}{rl} 3x+3y=27 \\ -)\ 2x+3y=21 \\ \hline x \quad\quad =6 \end{array}$$

$x=6$을 ㉠에 대입하면 $y=3$

따라서 2점슛은 6골, 3점슛은 3골을 넣었다.

확인 $6+3=9$, $2\times6+3\times3=21$이므로 문제의 뜻에 맞는다.

2 **6 km**

시속 3 km로 올라간 거리를 x km, 시속 4 km로 내려온 거리를 y km라 하면 총 거리는 9 km이고, 총 걸린 시간은 2시간 30분, 즉 $\frac{5}{2}$시간이므로

$\begin{cases} x+y=9 & \cdots ㉠ \\ \frac{x}{3}+\frac{y}{4}=\frac{5}{2} & \cdots ㉡ \end{cases}$

㉠×3−㉡×12를 하면

$$\begin{array}{rl} 3x+3y=27 \\ -)\ 4x+3y=30 \\ \hline -x \quad\quad =-3 \end{array} \quad \therefore x=3$$

$x=3$을 ㉠에 대입하면 $y=6$

따라서 윤호가 내려온 거리는 6 km이다.

확인 $3+6=9$, $\frac{3}{3}+\frac{6}{4}=\frac{5}{2}$이므로 문제의 뜻에 맞는다.

3 **10 %의 소금물: 60 g, 5 %의 소금물: 40 g**

10 %의 소금물을 x g, 5 %의 소금물을 y g 섞는다고 하면

$\begin{cases} x+y=100 & \cdots ㉠ \\ \frac{10}{100}x+\frac{5}{100}y=\frac{8}{100}\times100 & \cdots ㉡ \end{cases}$

㉠×5−㉡×100을 하면

$$\begin{array}{rl} 5x+5y=500 \\ -)\ 10x+5y=800 \\ \hline -5x \quad\quad =-300 \end{array} \quad \therefore x=60$$

$x=60$을 ㉠에 대입하면 $y=40$

따라서 10 %의 소금물은 60 g, 5 %의 소금물은 40 g을 섞어야 한다.

확인 $60+40=100$,

$\frac{10}{100}\times60+\frac{5}{100}\times40=\frac{8}{100}\times100$

이므로 문제의 뜻에 맞는다.

핵심 유형 익히기 p. 59

1 **빵: 3개, 음료수: 4개**

빵을 x개, 음료수를 y개 샀다고 하면

$\begin{cases} x+y=7 \\ 800x+1500y=8400 \end{cases}$

위의 연립방정식을 정리하면

$\begin{cases} x+y=7 & \cdots ㉠ \\ 8x+15y=84 & \cdots ㉡ \end{cases}$

㉠×8−㉡을 하면

$-7y=-28 \quad \therefore y=4$

$y=4$를 ㉠에 대입하면 $x=3$

따라서 빵은 3개, 음료수는 4개를 샀다.

2 **삼촌의 나이: 36세, 지현이의 나이: 16세**

현재 삼촌의 나이를 x세, 지현이의 나이를 y세라 하면 6년 전에 삼촌의 나이는 지현이의 나이의 3배였으므로

$x-6=3(y-6) \quad \cdots ㉠$

4년 후에 삼촌의 나이가 지현이의 나이의 2배가 되므로
$x+4=2(y+4)$ …㉡
㉠, ㉡을 정리하면
$\begin{cases} x-3y=-12 & \cdots ㉢ \\ x-2y=4 & \cdots ㉣ \end{cases}$
㉢－㉣을 하면
$-y=-16$ $\therefore y=16$
$y=16$을 ㉣에 대입하면 $x=36$
따라서 현재 삼촌의 나이는 36세, 지현이의 나이는 16세이다.

3 **26**

처음 두 자리의 자연수에서 십의 자리의 숫자를 x, 일의 자리의 숫자를 y라 하면
(처음 두 자리의 자연수)$=10x+y$,
(자리를 바꾼 수)$=10y+x$이므로
$\begin{cases} x+y=8 \\ 10y+x=2(10x+y)+10 \end{cases}$에서
$\begin{cases} x+y=8 & \cdots ㉠ \\ -19x+8y=10 & \cdots ㉡ \end{cases}$
㉠$\times 8-$㉡을 하면
$27x=54$ $\therefore x=2$
$x=2$를 ㉠에 대입하면 $y=6$
따라서 처음 두 자리의 자연수는 26이다.

4 **40 km**

지점 A에서 지점 C까지의 거리를 $x$km, 지점 C에서 지점 B까지의 거리를 $y$km라고 하자.

Ⓐ ——→ Ⓒ ——→ Ⓑ

거리	x	y	100
시간	$\frac{x}{80}$	$\frac{y}{60}$	$1\frac{1}{2}=\frac{3}{2}$

위의 표에서
$\begin{cases} x+y=100 & \cdots ㉠ \\ \frac{x}{80}+\frac{y}{60}=\frac{3}{2} & \cdots ㉡ \end{cases}$
㉠$\times 4-$㉡$\times 240$을 하면 $x=40$
$x=40$을 ㉠에 대입하면 $y=60$
따라서 지점 A에서 지점 C까지의 거리는 40 km이다.

5 **50 m**

기차의 길이를 x m, 속력을 초속 y m라 하면
$\begin{cases} 700+x=25y & \cdots ㉠ \\ 400+x=15y & \cdots ㉡ \end{cases}$
㉠－㉡을 하면
$300=10y$ $\therefore y=30$
$y=30$을 ㉡에 대입하면 $x=50$
따라서 기차의 길이는 50 m이다.

6 **300 g**

12 %의 설탕물을 xg, 8 %의 설탕물을 yg 섞었다고 하자.

설탕물의 농도	12 %	8 %	9 %
설탕물의 양	x	y	400
설탕의 양	$\frac{12}{100}x$	$\frac{8}{100}y$	$\frac{9}{100}\times 400$

위의 표에서
$\begin{cases} x+y=400 & \cdots ㉠ \\ \frac{12}{100}x+\frac{8}{100}y=\frac{9}{100}\times 400 & \cdots ㉡ \end{cases}$
㉠$\times 12-$㉡$\times 100$을 하면
$4y=1200$ $\therefore y=300$
$y=300$을 ㉠에 대입하면 $x=100$
따라서 8 %의 설탕물은 300g을 섞었다.

내공 쌓는 족집게 문제 p. 60~61

1 27　2 ⑤
3 구미호: 9마리, 봉조: 7마리
4 ③　5 4 km　6 3회　7 ④
8 300 g
9 강물의 속력: 시속 1 km, 보트의 속력: 시속 11 km
10 ④
11 합금 A: 50 g, 합금 B: 60 g
12 24일　13 4개, 과정은 풀이 참조
14 6 km, 과정은 풀이 참조

1 큰 수를 x, 작은 수를 y라 하면 두 수의 합이 39이므로
$x+y=39$ …㉠
x를 y로 나누면 몫이 5이고 나머지가 3이므로
$x=5y+3$ …㉡
㉡을 ㉠에 대입하면
$(5y+3)+y=39$
$6y=36$ $\therefore y=6$
$y=6$을 ㉡에 대입하면 $x=33$
따라서 큰 수는 33이고, 작은 수는 6이므로 두 수의 차는
$33-6=27$

2 어른이 x명, 청소년이 y명 입장하였다고 하면 총 10명이 입장하였으므로
$x+y=10$ …㉠
총 입장료가 16500원이므로
$2000x+1500y=16500$
$\therefore 4x+3y=33$ …㉡
㉠$\times 3-$㉡을 하면
$-x=-3$ $\therefore x=3$
$x=3$을 ㉠에 대입하면 $y=7$
따라서 어른은 3명이 입장하였다.

3 구미호를 x마리, 봉조를 y마리라 하면
$\begin{cases} x+9y=72 & \cdots ㉠ \\ 9x+y=88 & \cdots ㉡ \end{cases}$
㉠$\times 9-$㉡을 하면
$80y=560$ $\therefore y=7$
$y=7$을 ㉡에 대입하면
$9x=81$ $\therefore x=9$
따라서 구미호는 9마리, 봉조는 7마리이다.

4 현재 아버지의 나이를 x세, 지훈이의 나이를 y세라 하면
$\begin{cases} x+y=60 \\ x+18=2(y+18) \end{cases}$에서
$\begin{cases} x+y=60 & \cdots ㉠ \\ x-2y=18 & \cdots ㉡ \end{cases}$
㉠－㉡을 하면
$3y=42$ $\therefore y=14$
$y=14$를 ㉠에 대입하면 $x=46$
따라서 현재 아버지의 나이는 46세, 지훈이의 나이는 14세이므로 그 차는
$46-14=32$(세)

5 서영이가 걸어간 거리를 x km, 달려간 거리를 y km라 하면 총 거리가 5km이고, 총 걸린 시간은 1시간 10분, 즉 $\frac{7}{6}$ 시간이므로
$\begin{cases} x+y=5 & \cdots ㉠ \\ \frac{x}{4}+\frac{y}{6}=\frac{7}{6} & \cdots ㉡ \end{cases}$
㉠$\times 2-$㉡$\times 12$를 하면
$-x=-4$ $\therefore x=4$
$x=4$를 ㉠에 대입하면 $y=1$
따라서 서영이가 걸어간 거리는 4 km이다.

6 가위바위보를 해서 보람이가 이길 때는 나영이가 지고, 보람이가 질 때는 나영이가 이긴다.

보람이가 이긴 횟수를 x회, 나영이가 이긴 횟수를 y회라고 하자.
보람이는 x회 이기고 y회 져서 처음의 위치에서 7개의 계단을 올라갔으므로
$3x-y=7$ ⋯㉠
나영이는 x회 지고 y회 이겨서 처음의 위치에서 3개의 계단을 올라갔으므로
$-x+3y=3$ ⋯㉡
㉠×3+㉡을 하면
$8x=24$ $\therefore x=3$
$x=3$을 ㉠에 대입하면 $y=2$
따라서 보람이는 3회 이겼다.

7 처음 두 자리의 자연수의 십의 자리의 숫자를 a, 일의 자리의 숫자를 b라 하면
$\begin{cases} a+b=5 \\ 10b+a=(10a+b)+9 \end{cases}$에서
$\begin{cases} a+b=5 & \cdots ㉠ \\ -a+b=1 & \cdots ㉡ \end{cases}$
㉠+㉡을 하면
$2b=6$ $\therefore b=3$
$b=3$을 ㉠에 대입하면 $a=2$
따라서 처음 수는 23이므로 23을 10으로 나눈 나머지는 3이다.
돌다리 두드리기 | 십의 자리의 숫자가 a, 일의 자리의 숫자가 b인 두 자리의 자연수는 $10a+b$이다.

8 10 %의 소금물의 양을 x g, 더 넣은 물의 양을 y g이라 하자.

	10 % 소금물	물	4 % 소금물
소금물의 양	x	y	$x+y$
소금의 양	$\frac{10}{100}x$	없음	$\frac{4}{100}(x+y)$

더 넣은 물의 양은 처음 소금물의 양보다 100 g이 더 많으므로
$y=x+100$ ⋯㉠
10 %의 소금물과 4 %의 소금물에 녹아 있는 소금의 양은 같으므로
$\frac{10}{100}x=\frac{4}{100}(x+y)$ ⋯㉡
㉡×100을 하면
$10x=4(x+y)$
즉, $3x=2y$ ⋯㉢
㉠을 ㉢에 대입하면
$3x=2(x+100)$ $\therefore x=200$
$x=200$을 ㉠에 대입하면 $y=300$
따라서 더 넣은 물의 양은 300 g이다.

9 강물이 흐르는 속력을 시속 x km, 흐르지 않는 물에서의 보트의 속력을 시속 y km라 하면 거슬러 올라갈 때의 보트의 속력은 시속 $(y-x)$ km이므로
$1\times(y-x)=10$ ⋯㉠
내려올 때의 보트의 속력은 시속 $(x+y)$ km이므로
$\frac{5}{6}\times(x+y)=10$ ⋯㉡
㉡×$\frac{6}{5}$을 하면
$x+y=12$ ⋯㉢
㉠+㉢을 하면
$2y=22$ $\therefore y=11$
$y=11$을 ㉢에 대입하면 $x=1$
따라서 강물이 흐르는 속력은 시속 1 km, 흐르지 않는 물에서의 보트의 속력은 시속 11 km이다.

10 작년의 남학생 수를 x명, 여학생 수를 y명이라 하면
$\begin{cases} x+y=800 \\ \frac{4}{100}x+\frac{6}{100}y=\frac{5}{100}\times 800 \end{cases}$에서
$\begin{cases} x+y=800 & \cdots ㉠ \\ 2x+3y=2000 & \cdots ㉡ \end{cases}$
㉠×3−㉡을 하면 $x=400$
$x=400$을 ㉠에 대입하면 $y=400$
따라서 작년의 남학생 수는 400명이므로 올해의 남학생 수는
$400+\frac{4}{100}\times 400=416$(명)
확인 올해의 남녀 학생 수를 각각 x명, y명으로 놓으면 문제를 해결하기가 쉽지 않다. 이 문제는 구하고자 하는 값을 미지수로 놓지 않는 특별한 경우이다.

11 필요한 합금 A, B의 양을 각각 x g, y g이라 하면
$\begin{cases} \frac{20}{100}x+\frac{10}{100}y=16 & \cdots ㉠ \\ \frac{30}{100}x+\frac{20}{100}y=27 & \cdots ㉡ \end{cases}$
㉠×10, ㉡×10을 하면
$\begin{cases} 2x+y=160 & \cdots ㉢ \\ 3x+2y=270 & \cdots ㉣ \end{cases}$
㉢×2−㉣을 하면 $x=50$
$x=50$을 ㉢에 대입하면 $y=60$
따라서 합금 A는 50 g, 합금 B는 60 g이 필요하다.

12 전체 일의 양을 1로 놓고, 지연이와 정우가 하루에 할 수 있는 일의 양을 각각 x, y라 하면
$\begin{cases} 15(x+y)=1 \\ 18x+10y=1 \end{cases}$에서
$\begin{cases} 15x+15y=1 & \cdots ㉠ \\ 18x+10y=1 & \cdots ㉡ \end{cases}$
㉠×2−㉡×3을 하면
$-24x=-1$ $\therefore x=\frac{1}{24}$
$x=\frac{1}{24}$을 ㉠에 대입하면 $y=\frac{1}{40}$
따라서 지연이가 하루에 할 수 있는 일의 양은 $\frac{1}{24}$이므로 혼자서 작업하면 24일이 걸린다.

13 1명이 타고 있는 칸의 수를 x개, 2명이 타고 있는 칸의 수를 y개라고 하자.
사람이 타고 있는 칸은 모두 11개이고, 총 18명이 타고 있으므로
$\begin{cases} x+y=11 & \cdots ㉠ \\ x+2y=18 & \cdots ㉡ \end{cases}$ ⋯(i)
㉠−㉡을 하면
$-y=-7$ $\therefore y=7$
$y=7$을 ㉠에 대입하면 $x=4$ ⋯(ii)
따라서 1명이 타고 있는 칸의 수는 4개이다. ⋯(iii)

채점 기준	비율
(i) 연립방정식 세우기	40 %
(ii) 연립방정식의 해 구하기	40 %
(iii) 1명이 타고 있는 칸의 수 구하기	20 %

14 규영이가 걸어간 거리를 x km, 뛰어간 거리를 y km라 하면
$\begin{cases} x+y=8 \\ \frac{x}{4}+\frac{1}{2}+\frac{y}{6}=2 \end{cases}$ ⋯(i)
위의 연립방정식을 정리하면
$\begin{cases} x+y=8 & \cdots ㉠ \\ \frac{x}{4}+\frac{y}{6}=\frac{3}{2} & \cdots ㉡ \end{cases}$
㉡×12를 하면
$3x+2y=18$ ⋯㉢
㉠×3−㉢을 하면 $y=6$
$y=6$을 ㉠에 대입하면 $x=2$ ⋯(ii)
따라서 규영이가 뛰어간 거리는 6 km이다. ⋯(iii)

채점 기준	비율
(i) 연립방정식 세우기	40 %
(ii) 연립방정식의 해 구하기	40 %
(iii) 규영이가 뛰어간 거리 구하기	20 %

13강 함수의 뜻

예제 p. 62

1 (1) **100, 200, 300, 400**
(2) **함수이다.**
(3) $\boldsymbol{y=100x}$
(1) 1시간에 100 km를 가므로 2시간에는 200 km, 3시간에는 300 km, 4시간에는 400 km를 가게 된다.
따라서 표를 완성하면

x (시간)	1	2	3	4	…
y (km)	100	200	300	400	…

(2) x의 값이 하나 정해지면 그에 따라 y의 값이 오직 하나씩 대응하므로 함수이다.
(3) (거리)=(속력)×(시간)이므로
$y=100x$

2 (1) **함수가 아니다.** (2) **함수이다.**
(3) **함수이다.**
(1) $x=2$일 때, $y=1$, 2이다.

3 (1) **0** (2) **−3** (3) **3**
(1) $f(0)=0$
(2) $f(1)=-3\times1=-3$
(3) $f(-4)=-3\times(-4)=12$
$f(3)=-3\times3=-9$
$\therefore\ f(-4)+f(3)=12-9=3$

핵심 유형 익히기 p. 63

1 (1) **함수이다.** (2) $\boldsymbol{y=24-x}$
(1) x의 값이 하나 정해지면 그에 따라 y의 값이 오직 하나씩 대응하므로 함수이다.
(2) 하루는 24시간이므로 $x+y=24$
즉, $y=24-x$

2 ⑤
⑤ $x=2$일 때, $y=2$, 4, 6, …이다.
즉, x의 값 하나에 y의 값이 오직 하나씩 대응하지 않으므로 y는 x의 함수가 아니다.

3 ⑤
$f(-1)=\frac{-12}{-1}=12$
$f(3)=\frac{-12}{3}=-4$
$\therefore\ f(-1)+f(3)=12+(-4)$
$=8$

4 ④
$f(3)=2$이므로 $f(3)=a\times3=2$
$3a=2\quad\therefore\ a=\frac{2}{3}$

5 ①
$x\times y=12$, $y=\frac{12}{x}$
$\therefore f(x)=\frac{12}{x}$
① $y=f(x)$는 반비례 관계식이다.

내공 쌓는 족집게 문제 p. 64~65

1 ④	2 2개	3 ①	4 ②
5 ②	6 ①	7 ②	8 ④
9 $\frac{1}{3}$	10 ⑤		

11 4, 과정은 풀이 참조

1 ④ $x=1$일 때, $y=1$
$x=2$일 때, $y=1$, 2
$x=3$일 때, $y=1$, 3
$x=4$일 때, $y=1$, 2, 4
⋮
따라서 x의 값 하나에 y의 값이 오직 하나씩 대응하지 않으므로 y는 x의 함수가 아니다.

2 ㄱ. $f(-1)=3$
ㄴ. $f(-1)=-3$
ㄷ. $f(-1)=\frac{1}{3}$
ㄹ. $f(-1)=3$
따라서 $f(-1)=3$인 것은 ㄱ, ㄹ의 2개이다.

3 $f(-1)=4\times(-1)=-4$
$g(4)=\frac{4}{4}=1$
$\therefore\ f(-1)+g(4)=(-4)+1=-3$

4 $f(x)=\frac{a}{x}$에서 $f(-3)=2$이므로
$\frac{a}{-3}=2\quad\therefore\ a=-6$

5 ② $x=1$일 때, $y=-1$ 또는 1
$x=2$일 때, $y=-2$ 또는 2
$x=3$일 때, $y=-3$ 또는 3
⋮
따라서 x의 값 하나에 y의 값이 오직 하나씩 대응하지 않으므로 y는 x의 함수가 아니다.

6 $f(x)=ax$에서 $f(1)=-2$이므로
$-2=a\times1\quad\therefore\ a=-2$
$\therefore\ f(x)=-2x$
$f(3)=-2\times3=-6$
$f(5)=-2\times5=-10$
$\therefore\ f(3)+f(5)=(-6)+(-10)$
$=-16$

7 $3a+3(a-1)=-9$
$6a-3=-9$, $6a=-6$
$\therefore\ a=-1$

8 초당 40톤의 물이 흘러나오므로
$f(x)=40x$
$f(2)=40\times2=80$
$f(5)=40\times5=200$
$\therefore f(2)+f(5)=80+200=280$

9 $f(x)=\frac{a}{x}$에서 $f(2)=-3$이므로
$\frac{a}{2}=-3\quad\therefore\ a=-6$
$\therefore f(x)=-\frac{6}{x}$
따라서 $4f(1)+f(-1)=f(k)$이므로
$4\times(-6)+6=-\frac{6}{k}$
$-18=-\frac{6}{k}\quad\therefore\ k=\frac{1}{3}$

10 ⑤ $f(53)=8$, $f(47)=2$
$\therefore\ f(53)+f(47)=8+2=10$

11 $f(a)=-2a=4$이므로
$\therefore\ a=-2$ …(i)
$f(-3)=-2\times(-3)=b$이므로
$b=6$ …(ii)
$\therefore\ a+b=(-2)+6=4$ …(iii)

채점 기준	비율
(i) a의 값 구하기	40 %
(ii) b의 값 구하기	40 %
(iii) $a+b$의 값 구하기	20 %

14강 일차함수의 뜻과 그래프

예제 p. 66

1 ㄱ, ㄷ

ㄴ. $y=\frac{1}{x}$ ⇨ x가 분모에 있으므로 일차함수가 아니다.

ㄹ. $y=x^2-3x-4$ ⇨ $y=$(이차식)의 꼴이므로 일차함수가 아니다.

2 (1) $y=5000-500x$, **일차함수**

(2) $y=60x$, **일차함수**

(3) $y=\pi x^2$, **일차함수가 아니다.**

(2) (거리)$=$(속력)$\times$(시간)이므로 $y=60x$ ⇨ 일차함수

(3) (원의 넓이)$=\pi\times$(반지름의 길이)^{2}이므로 $y=\pi x^2$ ⇨ 일차함수가 아니다.

3

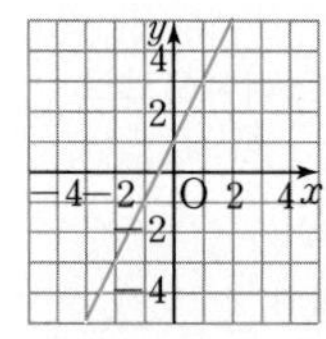

일차함수 $y=2x+1$의 그래프는 일차함수 $y=2x$의 그래프를 y축의 방향으로 1만큼 평행이동한 것이다.

4 (1) $y=x+4$ (2) $y=-2x-1$

(3) $y=3x-2$ (4) $y=-\frac{2}{5}x+3$

(2) $y=-2x$의 그래프를 y축의 방향으로 -1만큼 평행이동한 그래프의 식은 $y=-2x-1$

(4) $y=-\frac{2}{5}x$의 그래프를 y축의 방향으로 3만큼 평행이동한 그래프의 식은

$y=-\frac{2}{5}x+3$

핵심 유형 익히기 p. 67

1 ①, ③

② $y=5$ ⇨ x항이 없으므로 일차함수가 아니다.

④ $y=x^2-5x$ ⇨ $y=$(이차식)의 꼴이므로 일차함수가 아니다.

⑤ $y=\frac{2}{x}$ ⇨ x가 분모에 있으므로 일차함수가 아니다.

2 ㄱ, ㄷ, ㄹ

ㄱ. (원의 둘레의 길이)$=2\pi\times$(반지름의 길이)이므로 $y=2\pi x$ ⇨ 일차함수이다.

ㄴ. $y=x^2$ ⇨ $y=$(이차식)의 꼴이므로 일차함수가 아니다.

ㄷ. (거리)$=$(속력)$\times$(시간)이므로 $y=5x$ ⇨ 일차함수이다.

ㄹ. $y=2x+300$ ⇨ 일차함수이다.

3 8

$f(x)=-\frac{1}{4}x+b$에서 $f(4)=7$이므로

$-1+b=7$ $\therefore b=8$

확인 $f(4)=7$

⇨ $x=4$일 때, 함숫값이 7이다.

4 ⑤

각 점의 좌표를 $y=-3x+5$에 대입하여 식이 성립하는 점을 찾는다.

⑤ $y=-3x+5$에 $x=4$, $y=-7$을 대입하면 $-7=-3\times4+5$

따라서 점 $(-4, -7)$은 그래프 위의 점이다.

5 ④

$y=2x-3 \xrightarrow[\text{4만큼 평행이동}]{y\text{축의 방향으로}} y=2x-3+4$

$\therefore y=2x+1$

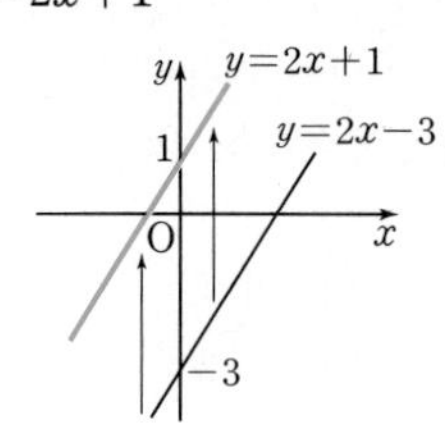

확인 일차함수 $y=ax+b$의 그래프를 y축의 방향으로 p만큼 평행이동한 일차함수의 그래프의 식은 $y=ax+b+p$이다.

평행이동하는 양만큼 처음 함수의 식에 더한다.

6 ①

일차함수 $y=-2x$의 그래프를 y축의 방향으로 -3만큼 평행이동한 그래프의 식은 $y=-2x-3$

이 그래프가 점 $(-4, p)$를 지나므로 $y=-2x-3$에 $x=-4$, $y=p$를 대입하면

$p=-2\times(-4)-3=5$

15강 일차함수의 그래프의 x절편과 y절편

예제 p. 68

1 ㉠ x**절편: 2,** y**절편:** -2

㉡ x**절편: 3,** y**절편: 2**

2 (1) x**절편:** $\frac{5}{3}$, y**절편: 5**

(2) x**절편: 4,** y**절편:** -2

(1) $y=-3x+5$에 $y=0$을 대입하면

$0=-3x+5$, $3x=5$, $x=\frac{5}{3}$

$\therefore$ (x절편)$=\frac{5}{3}$

$y=-3x+5$에 $x=0$을 대입하면

$y=5$ $\therefore$ (y절편)$=5$

(2) $y=\frac{1}{2}x-2$에 $y=0$을 대입하면

$0=\frac{1}{2}x-2$, $\frac{1}{2}x=2$, $x=4$

$\therefore$ (x절편)$=4$

$y=\frac{1}{2}x-2$에 $x=0$을 대입하면

$y=-2$ $\therefore$ (y절편)$=-2$

확인 $y=ax+b$에서 y절편은 b이다.

3

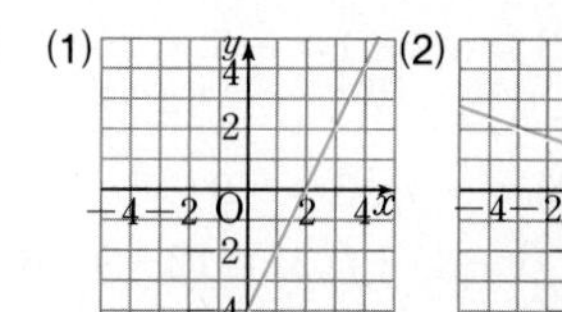

(1) $y=2x-4$에 $y=0$을 대입하면

$0=2x-4$, $2x=4$, $x=2$

$\therefore$ (x절편)$=2$, (y절편)$=-4$

따라서 두 점 $(2, 0)$, $(0, -4)$를 지나는 직선을 긋는다.

(2) $y=-\frac{1}{3}x+1$에 $y=0$을 대입하면

$0=-\frac{1}{3}x+1$, $\frac{1}{3}x=1$, $x=3$

$\therefore$ (x절편)$=3$, (y절편)$=1$

따라서 두 점 $(3, 0)$, $(0, 1)$을 지나는 직선을 긋는다.

핵심 유형 익히기 p. 69

1 ③

$y=\frac{3}{4}x-6$에 $y=0$을 대입하면

$0=\frac{3}{4}x-6$, $\frac{3}{4}x=6$, $x=8$

$\therefore$ (x절편)$=8$, (y절편)$=-6$
따라서 $a=8$, $b=-6$이므로
$a+b=8+(-6)=2$

2 ③
x절편이 6이므로 $y=ax-3$에 $x=6$, $y=0$을 대입하면
$0=6a-3 \qquad \therefore a=\frac{1}{2}$

3 **-3**
일차함수 $y=3x-1$의 그래프를 y축의 방향으로 k만큼 평행이동한 그래프의 식은 $y=3x-1+k$
이 그래프의 y절편이 -4이므로 이 식에 $x=0$, $y=-4$를 대입하면
$-4=-1+k \qquad \therefore k=-3$

4 ③
$y=-3x+6$에 $y=0$을 대입하면
$0=-3x+6$, $3x=6$, $x=2$
$\therefore$ (x절편)$=2$, (y절편)$=6$
따라서 두 점 $(2, 0)$, $(0, 6)$을 지나는 직선을 찾는다.

5 **1**
$y=\frac{1}{2}x-1$에 $y=0$을 대입하면
$0=\frac{1}{2}x-1$, $\frac{1}{2}x=1$, $x=2$
$\therefore$ (x절편)$=2$, (y절편)$=-1$
x절편, y절편을 이용하여 일차함수 $y=\frac{1}{2}x-1$의 그래프를 그리면 오른쪽 그림과 같다.
따라서 일차함수 $y=\frac{1}{2}x-1$의 그래프와 x축, y축으로 둘러싸인 삼각형의 넓이는
$\frac{1}{2}\times 2\times 1=1$

6 **7**
$y=-\frac{2}{5}x+2$에 $y=0$을 대입하면
$0=-\frac{2}{5}x+2$, $\frac{2}{5}x=2$, $x=5$
$\therefore$ (x절편)$=5$, (y절편)$=2$
$y=x+2$에 $y=0$을 대입하면
$0=x+2$, $x=-2$
$\therefore$ (x절편)$=-2$, (y절편)$=2$
x절편, y절편을 이용하여 두 일차함수의 그래프를 그리면 다음 그림과 같다.

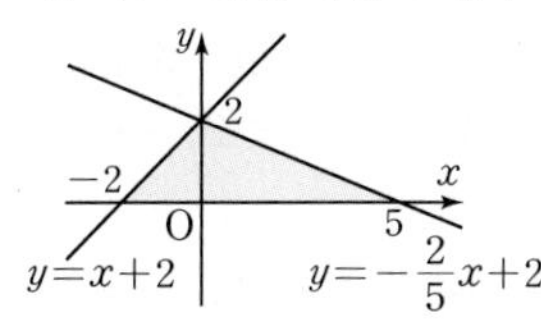

$\therefore$ (삼각형의 넓이)$=\frac{1}{2}\times 7\times 2=7$

기초 내공 다지기 p. 70~71

1 풀이 참조
2 (1) x절편: -3, y절편: 3
(2) x절편: $\frac{3}{2}$, y절편: -3
(3) x절편: $\frac{2}{3}$, y절편: 2
(4) x절편: $-\frac{1}{4}$, y절편: -1
(5) x절편: $\frac{3}{2}$, y절편: -2
(6) x절편: $\frac{2}{3}$, y절편: 1
그래프는 풀이 참조

1 (1)

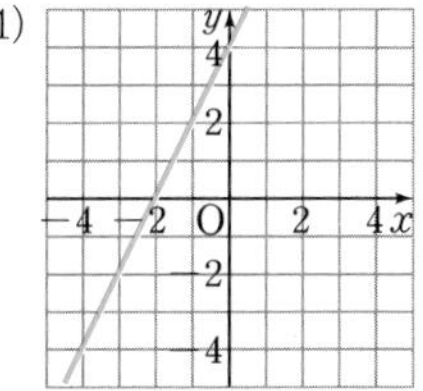

(2)

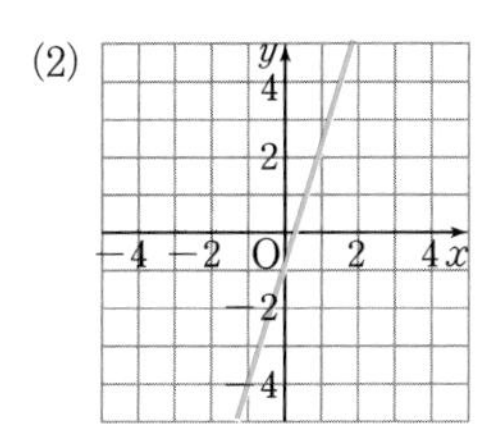

(3)

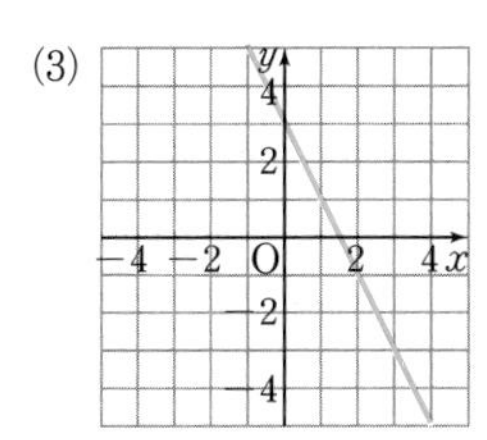

(4)

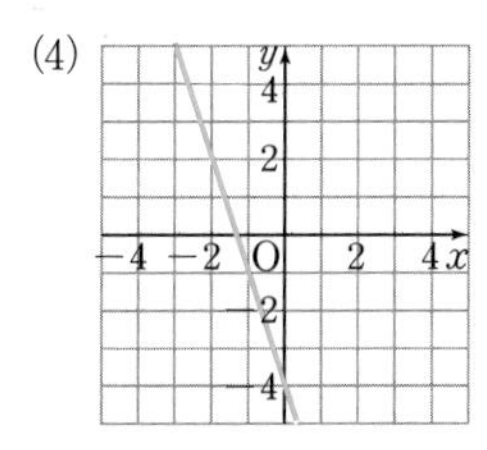

(5)

(6)

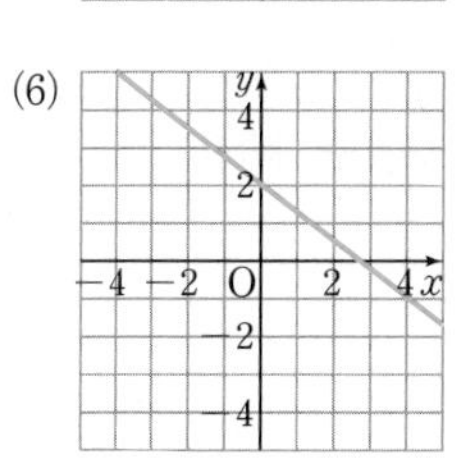

2 (1) $y=x+3$에 $y=0$을 대입하면
$0=x+3$, $x=-3$
$\therefore$ (x절편)$=-3$, (y절편)$=3$

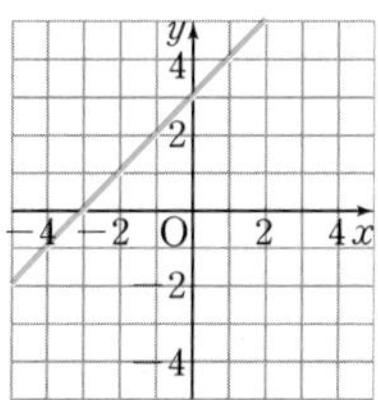

(2) $y=2x-3$에 $y=0$을 대입하면
$0=2x-3$, $2x=3$, $x=\frac{3}{2}$
$\therefore$ (x절편)$=\frac{3}{2}$, (y절편)$=-3$

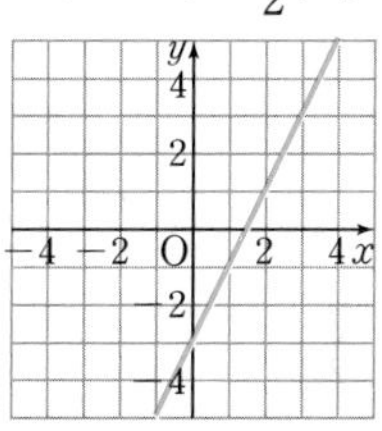

(3) $y=-3x+2$에 $y=0$을 대입하면
$0=-3x+2$, $3x=2$, $x=\frac{2}{3}$
$\therefore$ (x절편)$=\frac{2}{3}$, (y절편)$=2$

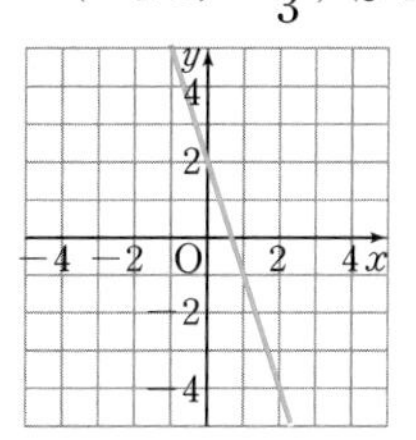

(4) $y=-4x-1$에 $y=0$을 대입하면
$0=-4x-1$, $4x=-1$, $x=-\frac{1}{4}$
$\therefore$ (x절편)$=-\frac{1}{4}$, (y절편)$=-1$

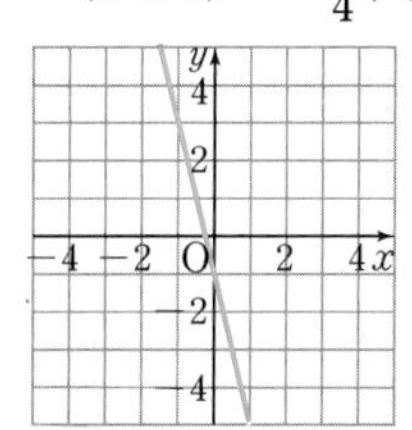

(5) $y=\frac{4}{3}x-2$에 $y=0$을 대입하면

$0=\frac{4}{3}x-2$, $\frac{4}{3}x=2$, $x=\frac{3}{2}$

$\therefore$ (x절편)$=\frac{3}{2}$, (y절편)$=-2$

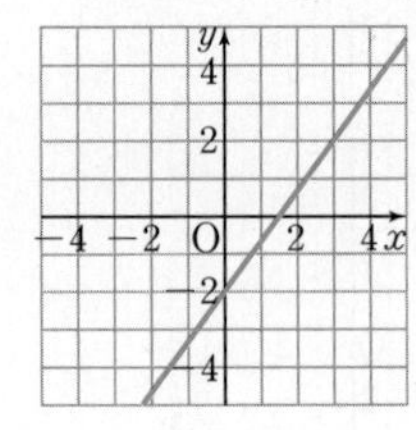

(6) $y=-\frac{3}{2}x+1$에 $y=0$을 대입하면

$0=-\frac{3}{2}x+1$, $\frac{3}{2}x=1$, $x=\frac{2}{3}$

$\therefore$ (x절편)$=\frac{2}{3}$, (y절편)$=1$

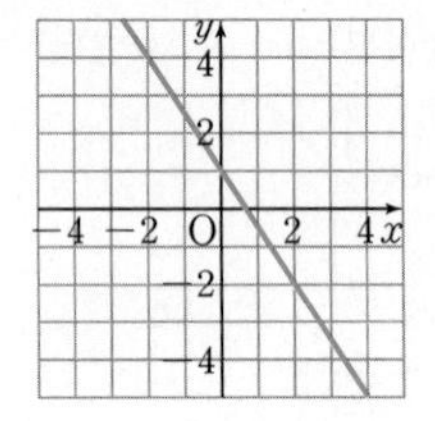

내공 쌓는 **족집게 문제** p. 72~75

1 ①	2 4	3 ①	4 ②
5 ④	6 ④	7 -1	8 ③
9 ④	10 ⑤	11 ⑤	12 -3
13 ①	14 풀이 참조	15 ②	
16 ②	17 ⑤	18 ⑤	19 ⑤
20 -1	21 ③	22 ⑤	23 ④
24 5	25 3개	26 34	27 $\frac{15}{4}$

28 -3, 과정은 풀이 참조
29 20, 과정은 풀이 참조

1 ㄱ. 다항식(함수가 아니다.)
ㄷ. x가 분모에 있으므로 일차함수가 아니다.
ㄹ, ㅁ. $y=$(이차식)의 꼴이므로 일차함수가 아니다.
따라서 일차함수인 것은 ㄴ, ㅂ의 2개이다.

2 $f(2)=-3\times2+2=-4$
$f(-2)=-3\times(-2)+2=8$
$\therefore f(2)+f(-2)=-4+8=4$

3 $f(x)=ax-5$에서 $f(3)=4$이므로
$3a-5=4$ $\quad\therefore a=3$
따라서 $f(x)=3x-5$이므로
$f(-2)=3\times(-2)-5=-11$

4 각 점의 좌표를 $y=-3x+2$에 대입하여 식을 만족하지 않는 점을 찾는다.
② $(2, 0)$ ⇨ $0\neq-6+2$

5 $y=4x+1-6$ $\quad\therefore y=4x-5$

6 ④ 일차함수 $y=-5x$의 그래프를 y축의 방향으로 -1만큼 평행이동한 그래프이므로 겹쳐진다.

7 일차함수 $y=\frac{1}{3}x$의 그래프를 y축의 방향으로 -3만큼 평행이동한 그래프의 식은 $y=\frac{1}{3}x-3$
이 그래프가 점 $(6, a)$를 지나므로
$y=\frac{1}{3}x-3$에 $x=6$, $y=a$를 대입하면
$a=\frac{1}{3}\times6-3=-1$

8 $y=3x-6$에 $y=0$을 대입하면
$0=3x-6$, $3x=6$, $x=2$
$\therefore$ (x절편)$=2$, (y절편)$=-6$

9 $y=\frac{3}{2}x-1$에 $y=0$을 대입하면
$0=\frac{3}{2}x-1$, $\frac{3}{2}x=1$ $\quad\therefore x=\frac{2}{3}$
따라서 x절편이 $\frac{2}{3}$이므로 x축과 만나는 점의 좌표는 $\left(\frac{2}{3}, 0\right)$이다.
확인 x축과 만나는 점 ⇨ y좌표가 0이다.

10 x절편이 -4이므로 $y=2x+b$에
$x=-4$, $y=0$을 대입하면
$0=-8+b$ $\quad\therefore b=8$
따라서 일차함수 $y=2x+8$의 그래프의 y절편은 8이다.

11 $y=3x-\frac{1}{2}$에 $y=0$을 대입하면
$0=3x-\frac{1}{2}$, $3x=\frac{1}{2}$, $x=\frac{1}{6}$
$\therefore$ (x절편)$=\frac{1}{6}$, (y절편)$=-\frac{1}{2}$
따라서 $a=\frac{1}{6}$, $b=-\frac{1}{2}$이므로
$ab=\frac{1}{6}\times\left(-\frac{1}{2}\right)=-\frac{1}{12}$

12 x절편이 $\frac{1}{2}$이므로 $y=ax+3$에
$x=\frac{1}{2}$, $y=0$을 대입하면
$0=\frac{1}{2}a+3$, $\frac{1}{2}a=-3$
$\therefore a=-6$
y절편이 3이므로 $b=3$
$\therefore a+b=-6+3=-3$

13 ① y절편이 3이므로 y축과 만나는 점의 좌표는 $(0, 3)$이다.
③ $y=-2x+3$에 $y=0$을 대입하면
$0=-2x+3$, $2x=3$, $x=\frac{3}{2}$
$\therefore$ (x절편)$=\frac{3}{2}$
⑤ $y=-2x+3$에 $x=2$를 대입하면
$y=-4+3=-1$
따라서 점 $(2, -1)$을 지난다.

14 $y=-\frac{3}{4}x+3$에 $y=0$을 대입하면
$0=-\frac{3}{4}x+3$, $\frac{3}{4}x=3$, $x=4$
$\therefore$ (x절편)$=4$, (y절편)$=3$
따라서 그래프는 오른쪽 그림과 같이 두 점 $(4, 0)$, $(0, 3)$을 지나는 직선이다.

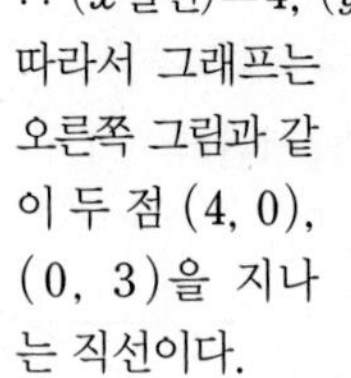

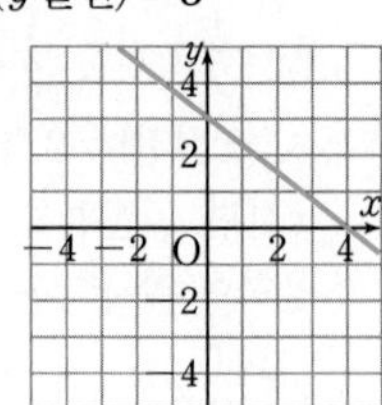

15 x절편이 -3, y절편이 6인 그래프의 식을 찾는다.
② x절편: -3, y절편: 6

16 $y=-\frac{2}{3}x+4$에 $y=0$을 대입하면
$0=-\frac{2}{3}x+4$, $\frac{2}{3}x=4$, $x=6$
$\therefore$ (x절편)$=6$, (y절편)$=4$
따라서 그래프는 오른쪽 그림과 같으므로 그래프와 x축, y축으로 둘러싸인 삼각형의 넓이는 $\frac{1}{2}\times6\times4=12$

17 ① $y=500x$ ② $y=50x$
③ $y=4x$ ④ $y=5x$
⑤ $xy=20$ $\quad\therefore y=\dfrac{20}{x}$
⇨ x가 분모에 있으므로 일차함수가 아니다.

18 $f(x)=ax+b$라 하면
$f(1)=a+b=1$ ⋯ ㉠
$f(-2)=-2a+b=-5$ ⋯ ㉡
㉠－㉡을 하면
$3a=6 \quad \therefore a=2$
$a=2$를 ㉠에 대입하면 $b=-1$
따라서 $f(x)=2x-1$에서
$f(3)=2\times3-1=5$

19 일차함수 $y=-2x$의 그래프를 y축의 방향으로 p만큼 평행이동한 그래프의 식은 $y=-2x+p$
이 그래프가 점 $(2, 1)$을 지나므로
$1=-4+p \quad \therefore p=5$

20 일차함수 $y=-3x+b$의 그래프를 y축의 방향으로 2만큼 평행이동한 그래프의 식은 $y=-3x+b+2$
$y=ax+4$의 그래프와 일치하므로
$-3=a$, $b+2=4$
따라서 $a=-3$, $b=2$이므로
$a+b=-3+2=-1$

21 일차함수 $y=-4x+8$의 그래프의 x절편은 2, y절편은 8이므로 오른쪽 그림과 같이 제3사분면은 지나지 않는다.

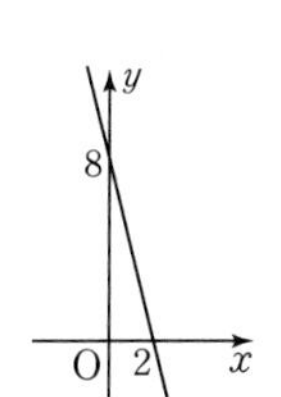

22 y절편이 6이므로 $b=6$
$y=-\dfrac{3}{4}x+6$에 $y=0$을 대입하면
$0=-\dfrac{3}{4}x+6$, $\dfrac{3}{4}x=6$, $x=8$
따라서 점 A의 좌표는 $(8, 0)$이다.

23 y절편이 3이므로 $b=3$
x절편이 2이므로 $-\dfrac{b}{a}=2$
$-\dfrac{3}{a}=2 \quad \therefore a=-\dfrac{3}{2}$

24 일차함수 $y=-\dfrac{1}{2}ax+3$의 그래프를 y축의 방향으로 -2만큼 평행이동한 그래프의 식은
$y=-\dfrac{1}{2}ax+3-2$
$\therefore y=-\dfrac{1}{2}ax+1$
두 일차함수 $y=-\dfrac{1}{2}ax+1$과 $y=-2x+b$의 그래프가 서로 겹쳐지므로 $-\dfrac{1}{2}a=-2$에서 $a=4$, $b=1$
$\therefore a+b=4+1=5$

25 일차함수 $y=-\dfrac{1}{2}x$의 그래프를 y축의 방향으로 평행이동한 직선 중 3개의 점을 지나는 직선은 아래 그림과 같다.

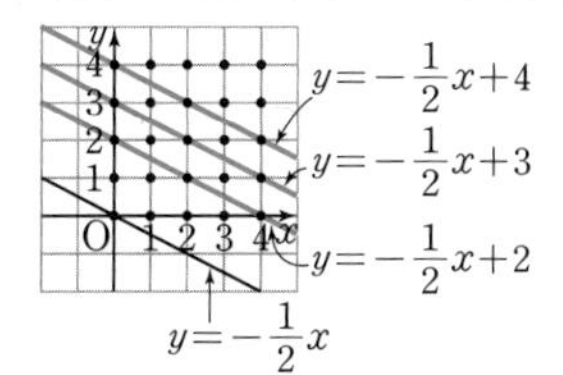

따라서 구하는 일차함수의 그래프는
$y=-\dfrac{1}{2}x+2$, $y=-\dfrac{1}{2}x+3$, $y=-\dfrac{1}{2}x+4$의 3개이다.

26 $\dfrac{x}{a}+\dfrac{y}{b}=1$에 $y=0$을 대입하면
$\dfrac{x}{a}=1$, $x=a \quad \therefore \mathrm{A}(a, 0)$
$\dfrac{x}{a}+\dfrac{y}{b}=1$에 $x=0$을 대입하면
$\dfrac{y}{b}=1$, $y=b \quad \therefore \mathrm{B}(0, b)$
$\therefore$ (△AOB의 넓이)
$=\dfrac{1}{2}\times\overline{\mathrm{OA}}\times\overline{\mathrm{OB}}$
$=\dfrac{1}{2}ab=17$
$\therefore ab=34$

27 오른쪽 그림에서 색칠한 부분의 넓이는
(△ABO의 넓이)
－(△CDO의 넓이)
$=\dfrac{1}{2}\times2\times4$
$\quad-\dfrac{1}{2}\times\dfrac{1}{2}\times1$
$=4-\dfrac{1}{4}=\dfrac{15}{4}$

28 일차함수 $y=ax+2$의 그래프의 x절편이 -1이므로 $y=ax+2$에 $x=-1$, $y=0$을 대입하면
$0=-a+2 \quad \therefore a=2$ ⋯(i)
일차함수 $y=-\dfrac{1}{2}x+b$의 그래프의 y절편이 $-\dfrac{3}{2}$이므로 $b=-\dfrac{3}{2}$ ⋯(ii)
$\therefore ab=2\times\left(-\dfrac{3}{2}\right)=-3$ ⋯(iii)

채점 기준	비율
(i) a의 값 구하기	40 %
(ii) b의 값 구하기	40 %
(iii) ab의 값 구하기	20 %

29 $y=\dfrac{1}{2}x-2$에 $y=0$을 대입하면
$0=\dfrac{1}{2}x-2$, $x=4$
$\therefore$ (x절편)$=4$ ⋯(i)
따라서 일차함수 $y=-2x+k$의 그래프가 점 $(4, 0)$을 지나므로
$0=-8+k \quad \therefore k=8$ ⋯(ii)
두 일차함수 $y=\dfrac{1}{2}x-2$, $y=-2x+8$의 그래프를 그리면 오른쪽 그림과 같으므로 구하는 넓이는

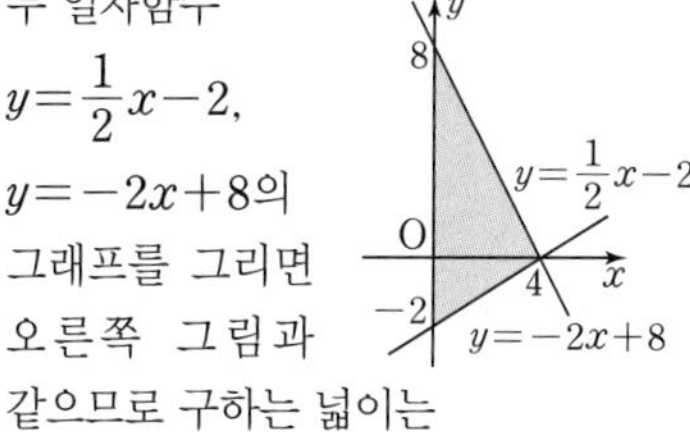

$\dfrac{1}{2}\times10\times4=20$ ⋯(iii)

채점 기준	비율
(i) x절편 구하기	20 %
(ii) k의 값 구하기	30 %
(iii) 삼각형의 넓이 구하기	50 %

16강 일차함수의 그래프의 기울기

예제 p. 76

1 (1) -6 (2) 8
(1) (기울기)$=\dfrac{(y\text{의 값의 증가량})}{3}=-2$
$\therefore$ (y의 값의 증가량)$=-6$
(2) (기울기)$=\dfrac{(y\text{의 값의 증가량})}{-4}=-2$
$\therefore$ (y의 값의 증가량)$=8$

2 (1) ㄴ, ㄹ (2) ㄱ, ㄷ (3) ㄴ

(1) 기울기가 음수인 직선 ⇨ ㄴ, ㄹ

(2) 기울기가 양수인 직선 ⇨ ㄱ, ㄷ

(3) 오른쪽 그림과 같은 그래프이므로 기울기는 음수, y절편은 양수이면 제3사분면을 지나지 않는다. ⇨ ㄴ

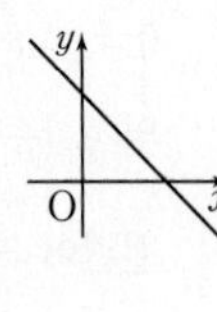

3 ②

두 일차함수의 그래프의 기울기가 서로 같고, y절편 다르면 두 그래프는 평행하다.

핵심 유형 익히기 p. 77

1 -3

$a=(\text{기울기})=\dfrac{(y\text{의 값의 증가량})}{(x\text{의 값의 증가량})}$

$=\dfrac{-6}{2}=-3$

2 (1) $-\dfrac{3}{2}$ (2) 1

(1)

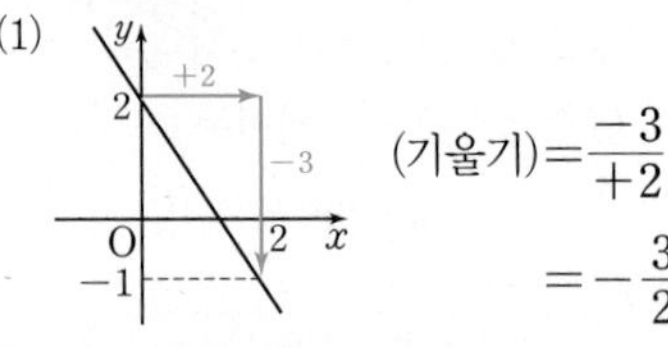

$(\text{기울기})=\dfrac{-3}{+2}=-\dfrac{3}{2}$

(2)

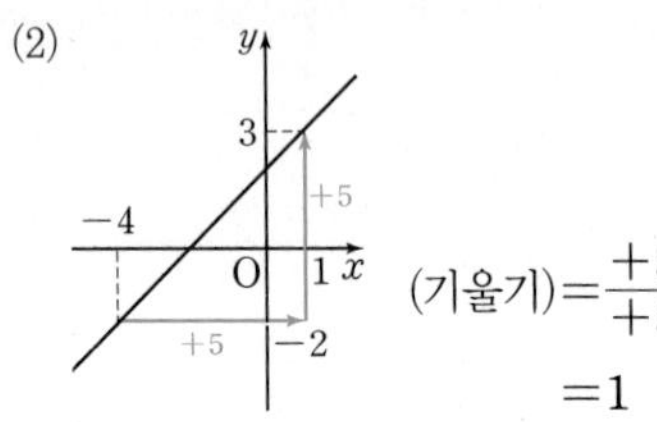

$(\text{기울기})=\dfrac{+5}{+5}=1$

3 ③

그래프가 오른쪽 아래로 향하는 직선이므로 $(\text{기울기})=a<0$

y절편이 양수이므로 $(y\text{절편})=b>0$

4 ④

② 그래프를 그리면 오른쪽 그림과 같이 제3사분면은 지나지 않는다.

③ 오른쪽 아래로 향하는 직선이므로 x의 값이 증가하면 y의 값은 감소한다.

④ x절편은 3, y절편은 9이다.

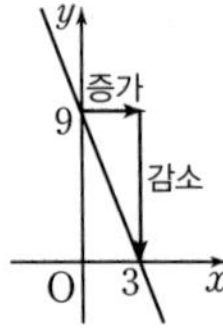

5 ③

주어진 그래프에서

$(\text{기울기})=\dfrac{-1}{+2}=-\dfrac{1}{2}$

따라서 평행한 두 일차함수의 그래프의 기울기는 서로 같으므로 기울기가 $-\dfrac{1}{2}$인 그래프는 ③ $y=-\dfrac{1}{2}+3$이다.

6 7

두 일차함수 $y=ax-1$과 $y=4x+3$의 그래프가 서로 평행하므로 기울기가 같다. $\therefore a=4$

일차함수 $y=4x-1$의 그래프가 점 $(1, b)$를 지나므로 $y=4x-1$에 $x=1$, $y=b$를 대입하면

$b=4-1=3$

$\therefore a+b=4+3=7$

17강 일차함수의 식과 일차함수의 활용

예제 p. 78

1 (1) $y=-2x+3$ (2) $y=\dfrac{1}{4}x+3$

(2) 기울기가 $\dfrac{1}{4}$이므로

$y=\dfrac{1}{4}x+b$ … ㉠

로 놓고 ㉠에 $x=-8$, $y=1$을 대입하면 $1=-2+b$, $b=3$

$\therefore y=\dfrac{1}{4}x+3$

2 (1) $y=3x-11$ (2) $y=-\dfrac{3}{4}x+3$

(1) $(\text{기울기})=\dfrac{4-1}{5-4}=3$이므로

$y=3x+b$ … ㉠

로 놓고 ㉠에 $x=4$, $y=1$을 대입하면 $1=12+b$, $b=-11$

$\therefore y=3x-11$

(2) 두 점 $(4, 0)$, $(0, 3)$을 지나므로

$(\text{기울기})=\dfrac{3-0}{0-4}=-\dfrac{3}{4}$

이고, y절편이 3이므로

$y=-\dfrac{3}{4}x+3$

3 초속 349 m

기온이 x°C일 때의 소리의 속력을 초속 y m라고 하자.

기온이 1°C씩 오를 때마다 소리의 속력은 초속 0.6 m씩 증가하므로 기온이 x°C씩 오를 때, 소리의 속력은 초속 $0.6x$ m씩 증가한다.

따라서 x와 y 사이의 관계식은

$y=0.6x+331$ … ㉠

㉠에 $x=30$을 대입하면

$y=0.6\times30+331=349$

따라서 기온이 30°C일 때, 소리의 속력은 초속 349 m이다.

핵심 유형 익히기 p. 79

1 $y=-x+5$

2 $y=3x+10$

기울기가 3이므로

$y=3x+b$ … ㉠

로 놓고 ㉠에 $x=-2$, $y=4$를 대입하면 $4=-6+b$, $b=10$

$\therefore y=3x+10$

3 $y=-2x-7$

일차함수 $y=-2x+1$의 그래프와 평행하므로 기울기는 -2이다.

$y=-2x+b$ … ㉠

로 놓고 ㉠에 $x=-3$, $y=-1$을 대입하면 $-1=6+b$, $b=-7$

$\therefore y=-2x-7$

4 $y=2x-3$

$(\text{기울기})=\dfrac{1-(-7)}{2-(-2)}=\dfrac{8}{4}=2$이므로

$y=2x+b$ … ㉠

로 놓고 ㉠에 $x=2$, $y=1$을 대입하면 $1=4+b$, $b=-3$

$\therefore y=2x-3$

5 $y=\dfrac{3}{5}x-3$

두 점 $(5, 0)$, $(0, -3)$을 지나므로

$(\text{기울기})=\dfrac{-3-0}{0-5}=\dfrac{3}{5}$

이고, y절편이 -3이므로

$y=\dfrac{3}{5}x-3$

6 (1) **2, $2x$** (2) **$20+2x$** (3) **90**

(1) 1분 동안 채울 수 있는 물의 높이는

$\frac{60-40}{20-10}=2(\text{cm})$

(3) 물통의 높이가 $2\text{ m}=200\text{ cm}$이므로 $y=20+2x$에 $y=200$을 대입하면

$200=20+2x$ $\quad\therefore x=90$

따라서 물통의 높이가 2 m일 때, 물을 가득 채우는 데 걸리는 시간은 90분이다.

18강 일차함수와 일차방정식

예제 p. 80

1 (1) **기울기: $-\frac{1}{2}$, x절편: 3, y절편: $\frac{3}{2}$**

(2) **제3사분면**

(1) $x+2y-3=0$에서 $2y=-x+3$

$\therefore y=-\frac{1}{2}x+\frac{3}{2}$

따라서 기울기는 $-\frac{1}{2}$, y절편은 $\frac{3}{2}$이다.

또 $x+2y-3=0$에 $y=0$을 대입하면 $x-3=0$ $\quad\therefore (x\text{절편})=3$

(2) 일차방정식 $x+2y-3=0$의 그래프는 오른쪽 그림과 같고 제3사분면을 지나지 않는다.

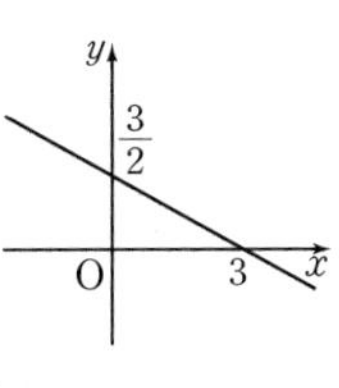

2 (1) 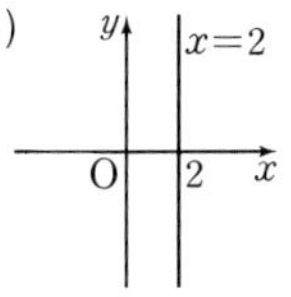 (2)

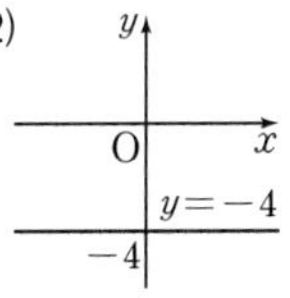

(1) $3x-6=0$에서 $x=2$이므로 점 $(2, 0)$을 지나고 y축에 평행한 직선을 그린다.

(2) $2y+8=0$에서 $y=-4$이므로 점 $(0, -4)$를 지나고 x축에 평행한 직선을 그린다.

3 (1) **$a\neq-2$, $b=-6$**

(2) **$a=-2$, $b=-6$**

$\begin{cases}2x-y=a\\bx+3y=6\end{cases}$에서 $\begin{cases}y=2x-a\\y=-\frac{b}{3}x+2\end{cases}$

(1) 연립방정식의 해가 없으려면 두 직선이 평행해야 하므로 기울기는 같고, y절편은 달라야 한다.

즉, $2=-\frac{b}{3}$, $-a\neq2$

$\therefore a\neq-2$, $b=-6$

(2) 연립방정식의 해가 무수히 많으려면 두 직선이 일치해야 하므로 기울기와 y절편이 각각 같아야 한다.

즉, $2=-\frac{b}{3}$, $-a=2$

$\therefore a=-2$, $b=-6$

| 다른 풀이 |

(1) 해가 없을 조건은

$\frac{2}{b}=\frac{-1}{3}\neq\frac{a}{6}$

$\therefore a\neq-2$, $b=-6$

(2) 해가 무수히 많을 조건은

$\frac{2}{b}=\frac{-1}{3}=\frac{a}{6}$

$\therefore a=-2$, $b=-6$

핵심 유형 익히기 p. 81

1 ⑤

⑤ $2x+y=16$에 $x=8$, $y=1$을 대입하면 $2\times8+1\neq16$

따라서 그래프 위의 점이 아니다.

2 ①, ⑤

$2x+y+3=0$에서 $y=-2x-3$이므로 그래프를 그리면 오른쪽 그림과 같다.

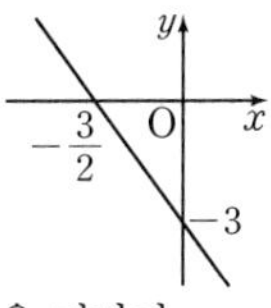

② 제2, 제3, 제4사분면을 지난다.

③ 기울기가 음수이므로 x의 값이 증가하면 y의 값은 감소한다.

④ x절편은 $-\frac{3}{2}$, y절편은 -3이다.

3 (1) **$x=1$**

(2) **$y=-1$**

(3) **$y=-3$**

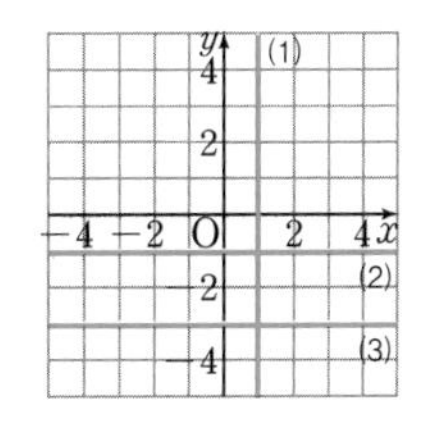

4 4

두 일차방정식에 $x=1$, $y=-2$를 각각 대입하면

$a-2=1$, $1-2b=3$

따라서 $a=3$, $b=-1$이므로

$a-b=3-(-1)=4$

5 ①

두 일차방정식의 그래프가 서로 평행하므로 일차방정식의 계수에서

$\frac{a}{2}=\frac{-3}{1}$ $\quad\therefore a=-6$

기초 내공 다지기 p. 82~83

1 (1) 기울기: 3, y절편: 2

(2) 기울기: -2, y절편: 4

(3) 기울기: $\frac{1}{4}$, y절편: 1

(4) 기울기: $-\frac{4}{3}$, y절편: -3

그래프는 풀이 참조

2 (1) $y=\frac{2}{3}x-1$

(2) $y=-3x+7$

(3) $y=2x+2$

(4) $y=\frac{2}{3}x+2$

3 (1) $\frac{1}{2}x+2$ (2) $-2x+3$

(3) $-\frac{3}{2}x-3$ (4) $\frac{2}{3}x+\frac{8}{3}$

그래프는 풀이 참조

4 풀이 참조

1 (1)

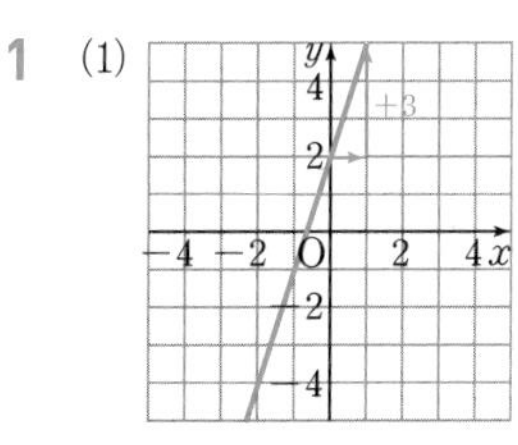

(2)

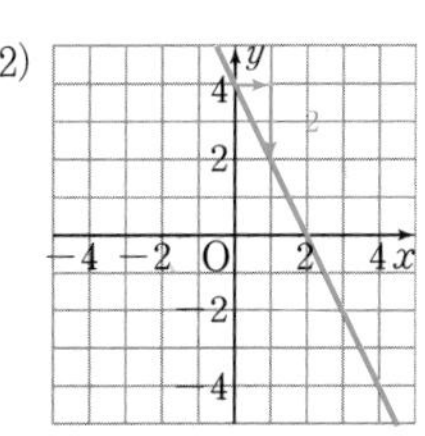

(3)

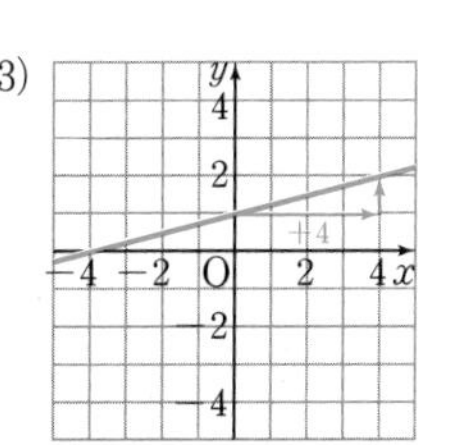

(4)

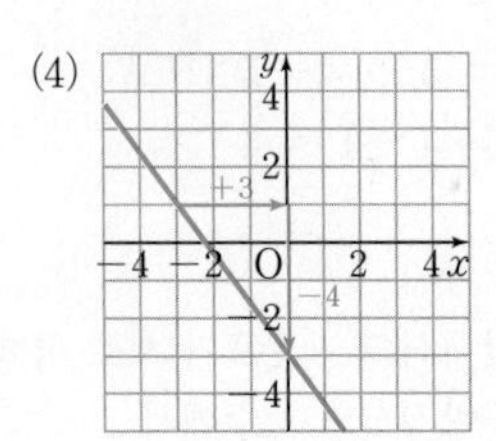

2 (1) 일차함수 $y=\frac{2}{3}x+1$의 그래프와 평행하므로 기울기가 $\frac{2}{3}$이고, y절편이 -1인 직선을 그래프로 하는 일차함수의 식은 $y=\frac{2}{3}x-1$이다.

(2) $(\text{기울기})=\frac{(y\text{의 값의 증가량})}{(x\text{의 값의 증가량})}$

$=\frac{-3}{1}=-3$

이므로

$y=-3x+b$ ⋯ ㉠

로 놓고 ㉠에 $x=1$, $y=4$를 대입하면

$4=-3+b$, $b=7$

$\therefore y=-3x+7$

(3) $(\text{기울기})=\frac{8-(-4)}{3-(-3)}=\frac{12}{6}=2$

이므로

$y=2x+b$ ⋯ ㉠

로 놓고 ㉠에 $x=3$, $y=8$을 대입하면

$8=6+b$, $b=2$

$\therefore y=2x+2$

(4) 두 점 $(-3, 0)$, $(0, 2)$를 지나므로

$(\text{기울기})=\frac{2-0}{0-(-3)}=\frac{2}{3}$

이고, y절편이 2이므로

$y=\frac{2}{3}x+2$

3 (1) $y=\frac{1}{2}x+2$

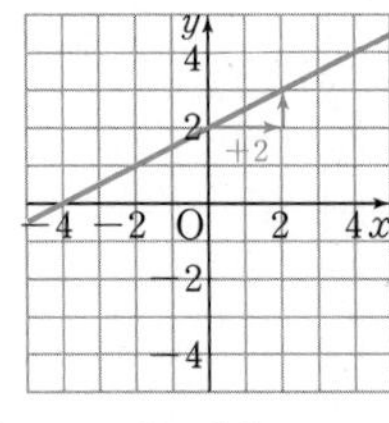

(2) $y=-2x+3$

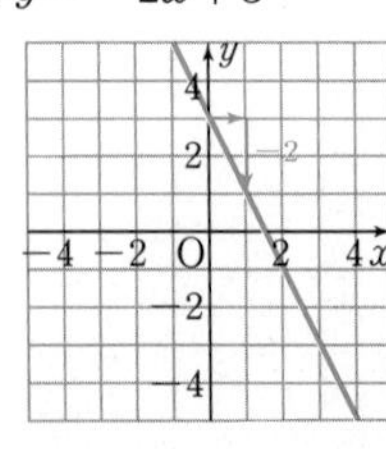

(3) $y=-\frac{3}{2}x-3$

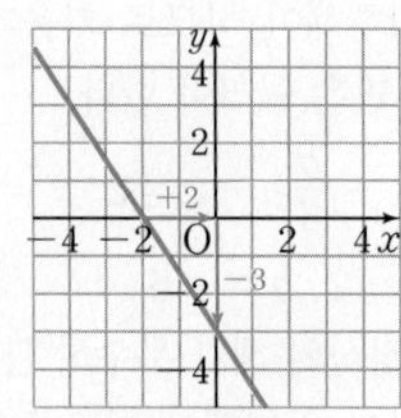

(4) $y=\frac{2}{3}x+\frac{8}{3}$

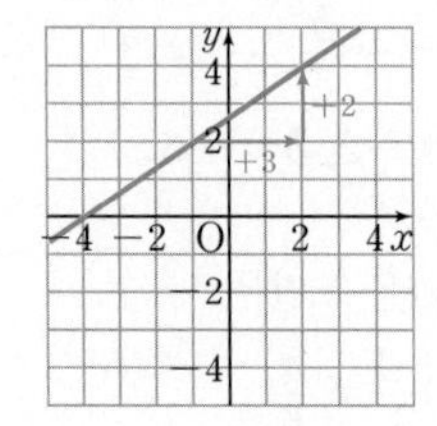

4

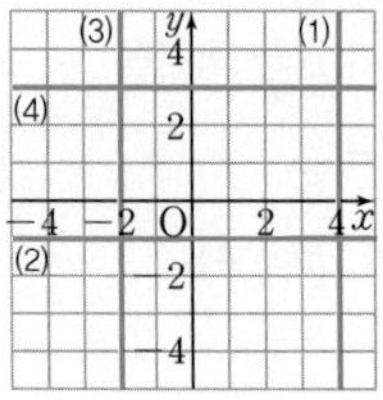

내공 쌓는 족집게 문제 p. 84~88

1 ③	2 ②	3 ②	4 ①
5 6	6 ③	7 ①	8 3
9 ②	10 ①	11 ③	12 ①
13 ③	14 ④	15 ④	16 ①
17 ②	18 ③	19 ⑤	20 ⑤
21 ④	22 10 L	23 ①	24 ①
25 $-\frac{2}{3}$	26 $a\neq-2$, $b=4$	27 ①	
28 $\frac{27}{4}$	29 ⑤	30 $y=150-10x$	
31 ②	32 ⑤	33 1, 2, $\frac{1}{5}$	

34 $y=-\frac{1}{3}x+2$, 과정은 풀이 참조

35 4, 과정은 풀이 참조

1 $(\text{기울기})=\frac{0-(-3)}{4-(-2)}=\frac{1}{2}=\frac{a}{2}$

$\therefore a=1$

2 주어진 그래프에서 x의 값이 0에서 4까지 4만큼 증가할 때 y의 값은 1에서 a까지 증가한다.

이때 일차함수 $y=\frac{3}{4}x+1$에서 그래프의 기울기는 $\frac{3}{4}$이므로

$\frac{a-1}{4}=\frac{3}{4}$ $\therefore a=4$

3 일차함수 $y=ax+b$의 그래프의 기울기는 음수, y절편은 양수이므로

$a<0$, $b>0$

일차함수 $y=bx+a$의 그래프에서

(기울기)$=b>0$, (y절편)$=a<0$

이므로 그래프의 모양은 오른쪽 그림과 같다.

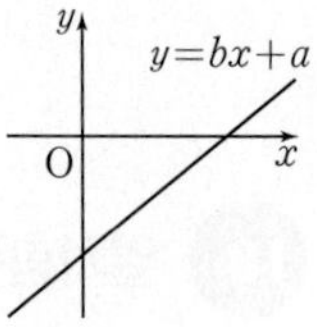

따라서 이 그래프는 제2사분면을 지나지 않는다.

4 일차함수 $y=-2x+2$의 그래프와 평행하므로 기울기는 -2이다.

$y=-2x+b$ ⋯ ㉠

로 놓고 ㉠에 $x=2$, $y=3$을 대입하면

$3=-4+b$, $b=7$

$\therefore y=-2x+7$

5 일차함수 $y=\frac{1}{3}x-\frac{1}{2}$의 그래프와 평행하므로 기울기는 $\frac{1}{3}$이고, y절편이 -2이므로 $y=\frac{1}{3}x-2$ ⋯ ㉠

㉠에 $y=0$을 대입하면 $x=6$

따라서 구하는 x절편은 6이다.

6 두 점 $(-2, 0)$, $(0, -3)$을 지나므로

$(\text{기울기})=\frac{-3-0}{0-(-2)}=-\frac{3}{2}$

이고, y절편이 -3이므로

$y=-\frac{3}{2}x-3$

7 그래프가 두 점 $(-3, -2)$, $(0, 2)$를 지나므로

$(\text{기울기})=\frac{2-(-2)}{0-(-3)}=\frac{4}{3}$

이고, 그래프에서 y절편은 2이므로

$y=\frac{4}{3}x+2$

8 그래프가 점 $(-3, 2)$를 지나므로 $ax+2y=-5$에 $x=-3$, $y=2$를 대입하면 $-3a+4=-5$

$\therefore a=3$

9 $2x-y-1=0$에서 $y=2x-1$
$x=1$을 대입하면 $y=1$
따라서 y절편은 -1이고, 점 $(1, 1)$을 지나는 직선을 찾는다.

10 그래프가 점 $(2, 4)$를 지나므로
$x+ay=6$에 $x=2$, $y=4$를 대입하면
$2+4a=6 \quad \therefore a=1$
따라서 $x+y=6$에 각 점의 좌표를 대입하여 만족하지 않는 것을 찾는다.

11 ③ $2x+y=4$에 $y=0$을 대입하면
$2x=4 \quad \therefore x=2$
따라서 x축과 만나는 점의 좌표는 $(2, 0)$이다.

12 두 점 $(2, 0)$, $(0, -2)$를 대입하여 만족하는 방정식을 찾으면 ① $x-y=2$이다.

13 네 방정식 $x=-2$, $x=4$, $y=0$(x축)과 $\frac{1}{3}y=1$, 즉 $y=3$의 그래프는 아래 그림과 같다.
따라서 구하는 직사각형의 넓이는
$6\times3=18$

14 연립방정식의 해는 두 직선의 교점의 좌표이므로 $(3, 2)$이다.

15 $x=3$, $y=5$를 연립방정식
$\begin{cases} ax+y=8 \\ 2x+by=11 \end{cases}$에 대입하면
$\begin{cases} 3a+5=8 \\ 6+5b=11 \end{cases} \quad \therefore a=1,\ b=1$
$\therefore a-b=1-1=0$

확인 **연립방정식의 해**
연립방정식의 해는 두 방정식의 공통의 해이고, 두 직선의 교점의 좌표이다.
따라서 '방정식의 해'나 '직선의 교점'이 주어지면 방정식에 대입하여 문제를 푼다.

16 $\begin{cases} 4x-2y+b=0 \\ -ax+y+5=0 \end{cases}$에서 그래프가 서로 일치하므로
$\frac{4}{-a}=\frac{-2}{1}=\frac{b}{5} \quad \therefore a=2,\ b=-10$
$\therefore a+b=2+(-10)=-8$

17 두 직선이 평행하므로 $\begin{cases} ax+3y=4 \\ -3x+4y=1 \end{cases}$의 각 일차방정식의 계수에서
$\frac{a}{-3}=\frac{3}{4} \quad \therefore a=-\frac{9}{4}$

18 x절편이 3, y절편이 -2인 직선을 그래프로 하는 일차함수의 식은
$y=\frac{2}{3}x-2$이다.
ㄴ. 기울기는 $\frac{2}{3}$이다.
ㄹ. 오른쪽 위로 향하는 직선이고, y절편이 0보다 작으므로 제1사분면, 제3사분면, 제4사분면을 지난다.
따라서 옳은 것은 ㄱ, ㄷ, ㅁ이다.

19 일차함수 $y=ax+5$의 그래프는 일차함수 $y=3x+2$의 그래프와 서로 평행하므로 기울기가 같다. $\quad \therefore a=3$
즉, $y=3x+5$에 $x=1$, $y=b$를 대입하면 $b=3+5=8$
$\therefore a+b=3+8=11$

20 $y=ax+b(a\neq0)$의 그래프에 대하여
① $y=0$을 대입하면 $0=ax+b$
$ax=-b$, $x=-\frac{b}{a}$
$\therefore$ (x절편)$=-\frac{b}{a}$
② $x=1$을 대입하면 $y=a+b$
따라서 점 $(1, a+b)$를 지난다.
③ $x=0$일 때, $y=b$이므로 a의 값에 관계없이 항상 점 $(0, b)$를 지난다.
④ $a<0$이면 오른쪽 아래로 향하는 직선이므로 x의 값이 증가할 때, y의 값은 감소한다.
⑤ $a>0$일 때, 오른쪽 그림과 같이 b의 값에 따라 그래프가 지나는 사분면이 달라진다.

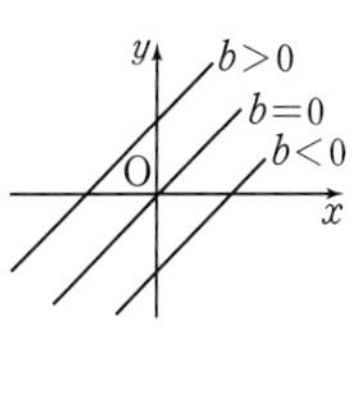

21 $ab<0$이므로 a와 b의 부호는 서로 다르고, $a>b$이므로 $a>0$, $b<0$이다.
따라서 일차함수 $y=ax+b$의 그래프에서
(기울기)$=a>0$, (y절편)$=b<0$
이므로 그래프의 모양은 ④와 같다.

22 자동차가 x km를 달린 후에 남은 연료의 양을 y L라 하면 1 km를 가는 데 연료 $\frac{1}{14}$ L가 필요하므로
$y=30-\frac{1}{14}x \quad \cdots ㉠$
㉠에 $x=280$을 대입하면
$y=30-\frac{1}{14}\times280=10$
따라서 280 km를 달렸을 때, 남은 연료의 양은 10 L이다.

23 기울기가 $\frac{5}{3}$이므로
$y=\frac{5}{3}x+n \quad \cdots ㉠$
으로 놓고 ㉠에 $x=1$, $y=-2$를 대입하면
$-2=\frac{5}{3}+n$, $n=-\frac{11}{3}$
$\therefore y=\frac{5}{3}x-\frac{11}{3}$
따라서 $5x-3y-11=0$이므로
$a=5$, $b=-11$
$\therefore a+b=5+(-11)=-6$

24 $\begin{cases} x+2y=15 & \cdots ㉠ \\ y=5-x & \cdots ㉡ \end{cases}$에서
㉡을 ㉠에 대입하면
$x+2(5-x)=15$
$x+10-2x=15$
$-x=5 \quad \therefore x=-5$
$x=-5$를 ㉡에 대입하면 $y=10$
따라서 두 직선의 교점 $(-5, 10)$을 지나고 y축에 평행한 직선의 방정식은 $x=-5$이다.

25 두 그래프의 교점의 좌표가 $(3, 2)$이므로 연립방정식에 $x=3$, $y=2$를 대입하면
$\begin{cases} 3+2a=1 \\ 3b+2=4 \end{cases} \quad \therefore a=-1,\ b=\frac{2}{3}$
$\therefore ab=-1\times\frac{2}{3}=-\frac{2}{3}$

26 두 일차방정식의 그래프의 교점이 존재하지 않으므로 두 직선은 평행하다.
$\begin{cases} 2x-y-a=0 \\ bx-2y+4=0 \end{cases}$에서
$\frac{2}{b}=\frac{-1}{-2}\neq\frac{-a}{4} \quad \therefore a\neq-2,\ b=4$

27 연립방정식의 해가 무수히 많으므로 두 직선은 일치한다.

$\begin{cases} x+2y+6=0 \\ ax-y-b=0 \end{cases}$에서 $\frac{1}{a}=\frac{2}{-1}=\frac{6}{-b}$

$\therefore a=-\frac{1}{2}, b=3$

$a=-\frac{1}{2}$, $b=3$을 $y=ax-b$에 대입하면 $y=-\frac{1}{2}x-3$ $\cdots$ ㉠

㉠에 $y=0$을 대입하면 $x=-6$

따라서 x축과 만나는 점의 x좌표는 -6이다.

28 $\begin{cases} y=-x+\frac{11}{2} & \cdots ㉠ \\ y=\frac{1}{2}x+1 & \cdots ㉡ \end{cases}$

㉠을 ㉡에 대입하면

$-x+\frac{11}{2}=\frac{1}{2}x+1$

$-\frac{3}{2}x=-\frac{9}{2}$ $\quad\therefore x=3$

$x=3$을 ㉠에 대입하면 $y=\frac{5}{2}$

따라서 두 직선의 교점의 좌표는 $\left(3, \frac{5}{2}\right)$이므로 그래프는 다음 그림과 같다.

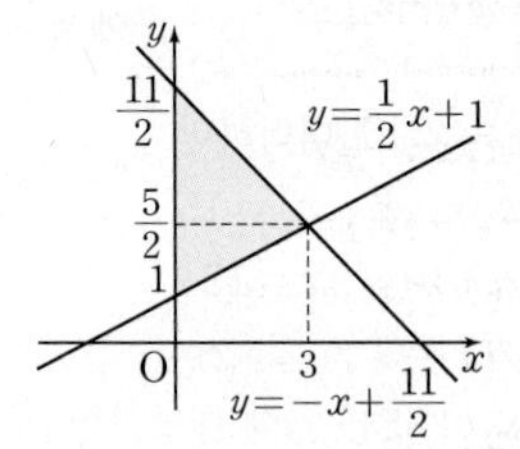

$\therefore$ (구하는 넓이)$=\frac{1}{2}\times\left(\frac{11}{2}-1\right)\times3$

$=\frac{27}{4}$

29 두 점 $(-2, -3)$, $(2, -1)$에서

(기울기)$=\frac{-1-(-3)}{2-(-2)}=\frac{2}{4}=\frac{1}{2}$ $\cdots$ ㉠

두 점 $(2, -1)$, $(m, 4)$에서

(기울기)$=\frac{4-(-1)}{m-2}=\frac{5}{m-2}$ $\cdots$ ㉡

㉠, ㉡에서 $\frac{1}{2}=\frac{5}{m-2}$

$m-2=10$ $\quad\therefore m=12$

확인 같은 직선 위에 있는 어떤 두 점을 선택하여도 그 기울기는 같다.

30 x초 후 $\overline{BP}=x$ cm이므로 $\overline{AP}=(15-x)$ cm이다.

$y=\frac{1}{2}\times(15-x)\times20$

$\therefore y=150-10x$

31 오른쪽 그림에서 $\triangle AOB$의 넓이는

$\frac{1}{2}\times4\times3=6$

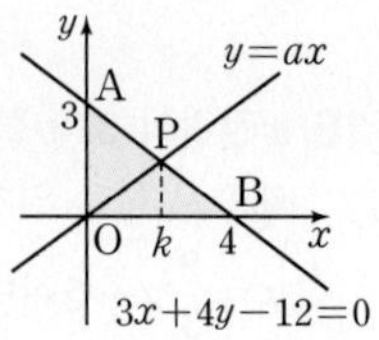

$\triangle AOP$의 넓이는 3이므로 점 P의 x좌표를 k라 하면

$\frac{1}{2}\times3\times k=3$ $\quad\therefore k=2$

$3x+4y-12=0$에 $x=2$를 대입하면

$6+4y-12=0$

$4y=6$ $\quad\therefore y=\frac{3}{2}$

따라서 직선 $y=ax$는 점 $P\left(2, \frac{3}{2}\right)$을 지나므로 $y=ax$에 $x=2$, $y=\frac{3}{2}$을 대입하면

$\frac{3}{2}=2a$ $\quad\therefore a=\frac{3}{4}$

32 두 직선의 교점이 $(-2, 4)$이므로 두 일차방정식에 $x=-2$, $y=4$를 각각 대입하면

$-2-8+a=0$, $-8+20-b=0$

$\therefore a=10, b=12$

따라서 두 일차방정식은

$x-2y+10=0$, $4x+5y-12=0$

두 점 A, B는 두 일차방정식의 그래프가 각각 x축과 만나는 점이므로 두 일차방정식에 $y=0$을 각각 대입하면

$x+10=0$에서 $x=-10$

$4x-12=0$에서 $x=3$

$\therefore A(-10, 0)$, $B(3, 0)$

$\therefore \overline{AB}=13$

33 세 직선 $x-y-1=0$, $2x-y-6=0$, $ax-y+3=0$에서

$y=x-1$, $y=2x-6$, $y=ax+3$

주어진 세 직선이 삼각형을 만들지 않으려면 직선 $y=ax+3$은 다른 두 직선 중 한 직선과 평행하거나 세 직선이 한 점에서 만나야 한다.

(i) 두 직선 $y=x-1$, $y=ax+3$이 서로 평행한 경우: 기울기가 같으므로 $a=1$

(ii) 두 직선 $y=2x-6$, $y=ax+3$이 서로 평행한 경우: 기울기가 같으므로 $a=2$

(iii) 세 직선이 한 점에서 만나는 경우: 직선 $y=ax+3$이 두 직선 $y=x-1$, $y=2x-6$의 교점 $(5, 4)$를 지나므로 $y=ax+3$에 $x=5$, $y=4$를 대입하면

$4=5a+3$, $5a=1$ $\quad\therefore a=\frac{1}{5}$

따라서 (i), (ii), (iii)에서 상수 a의 값은 $1, 2, \frac{1}{5}$이다.

34 $y=-\frac{2}{3}x+4$에 $y=0$을 대입하면

$0=-\frac{2}{3}x+4$, $\frac{2}{3}x=4$, $x=6$

이므로 일차함수 $y=-\frac{2}{3}x+4$의 그래프의 x절편은 6이다. $\cdots$(i)

또 일차함수 $y=5x+2$의 그래프의 y절편은 2이다. $\cdots$(ii)

따라서 구하는 일차함수의 그래프는 두 점 $(6, 0)$, $(0, 2)$를 지난다.

(기울기)$=\frac{2-0}{0-6}=-\frac{1}{3}$이고, y절편이 2이므로 구하는 일차함수의 식은

$y=-\frac{1}{3}x+2$ $\cdots$(iii)

채점 기준	비율
(i) $y=-\frac{2}{3}x+4$의 그래프의 x절편 구하기	30 %
(ii) $y=5x+2$의 그래프의 y절편 구하기	30 %
(iii) 일차함수의 식 구하기	40 %

35 점 A를 $A(-a, 0)(a>0)$이라 하면 $P(-a, -2a+6)$이므로

$\overline{PA}=-2a+6$, $\overline{PB}=a$ $\cdots$(i)

$\overline{PA}=\overline{PB}$이므로

$-2a+6=a$ $\quad\therefore a=2$

따라서 $A(-2, 0)$, $P(-2, 2)$이므로 $\overline{PA}=2$, $\overline{PB}=2$이다. $\cdots$(ii)

$\therefore$ (사각형 PAOB의 넓이)

$=\overline{PA}\times\overline{PB}$

$=2\times2=4$ $\cdots$(iii)

채점 기준	비율
(i) $\overline{PA}$, $\overline{PB}$의 길이를 한 문자로 나타내기	40 %
(ii) $\overline{PA}$, $\overline{PB}$의 길이 구하기	30 %
(iii) 사각형 PAOB의 넓이 구하기	30 %

다시 보는 핵심 문제

1~2강 p. 90~92

1 200	2 ④	3 ④	4 ①
5 ③	6 ⑤	7 540	8 ③
9 ④	10 ④	11 $\frac{45}{13}$	12 ③
13 $2.\dot{1}\dot{3}$	14 99	15 41	16 ①

17 77, 과정은 풀이 참조
18 14개, 과정은 풀이 참조
19 $0.0\dot{5}$, 과정은 풀이 참조
20 $3.\dot{7}$, 과정은 풀이 참조

1 $\frac{7}{40}=\frac{7}{2^3\times5}=\frac{7\times5^2}{2^3\times5\times5^2}$
$=\frac{7\times5^2}{10^3}=\frac{175}{1000}=0.175$
$\therefore A=5^2=25,\ B=1000,\ C=0.175$
$\therefore A+BC=25+1000\times0.175$
$=200$

2 $\frac{1}{4}=\frac{1}{2^2},\ \frac{3}{8}=\frac{3}{2^3},\ \frac{3}{15}=\frac{1}{5},$
$\frac{7}{20}=\frac{7}{2^2\times5}$ ⇨ 유한소수
$\frac{5}{18}=\frac{5}{2\times3^2}$ ⇨ 순환소수

3 $\frac{a}{2\times3^2\times5}$를 유한소수로 나타내려면 a는 9의 배수이어야 한다.

4 $\frac{11}{120}\times A=\frac{11}{2^3\times3\times5}\times A$를 유한소수로 나타내려면 A는 3의 배수이어야 한다.
따라서 A의 값이 될 수 있는 가장 작은 자연수는 3이다.

5 $\frac{7}{2\times x}$을 유한소수로 나타내려면
(i) x의 소인수가 2 또는 5뿐이면 된다.
즉, x의 값이 $2,\ 4=2^2,\ 5,\ 8=2^3,\ 10=2\times5,\ \cdots$
(ii) x가 분자 7과 약분된 후에도 분모의 소인수가 2 또는 5뿐이어야 한다.
즉, x의 값이 $7,\ 14=7\times2,\ \cdots$
따라서 x의 값이 될 수 없는 것은 ③이다.

6 ① $1.222\cdots=1.\dot{2}$
② $0.0555\cdots=0.0\dot{5}$
③ $0.01343434\cdots=0.01\dot{3}\dot{4}$
④ $1.416416416\cdots=1.\dot{4}1\dot{6}$

7 $\frac{5}{13}=0.\dot{3}8461\dot{5}$이므로 순환마디를 이루는 숫자의 개수는 6개이다.
이때 $120=6\times20$이므로 소수점 아래 첫째 자리의 숫자부터 120번째 자리의 숫자까지의 합은
$20\times(3+8+4+6+1+5)$
$=20\times27=540$

8 ③ ㉠×1000을 하면
$1000x=217.1717\cdots$로 순환마디가 같은 식을 얻을 수 있다.
④, ⑤ ㉢−㉡을 하면
$990x=217-2$
$\therefore x=\frac{215}{990}=\frac{43}{198}$

9 $x=3.816816\cdots$ ⋯ ㉠
㉠×1000을 하면
$1000x=3816.816816\cdots$ ⋯ ㉡
㉡−㉠을 하면
$999x=3813$
$\therefore x=\frac{3813}{999}=\frac{1271}{333}$

10 ① $0.\dot{8}=\frac{8}{9}$
② $0.3\dot{4}=\frac{34-3}{90}=\frac{31}{90}$
③ $0.\dot{2}\dot{1}=\frac{21}{99}=\frac{7}{33}$
⑤ $0.\dot{2}1\dot{7}=\frac{217}{999}$

11 $0.\dot{6}=\frac{6}{9}=\frac{2}{3}$의 역수는 $\frac{3}{2}$이므로
$a=\frac{3}{2}$
$0.4\dot{3}=\frac{43-4}{90}=\frac{39}{90}=\frac{13}{30}$의 역수는
$\frac{30}{13}$이므로 $b=\frac{30}{13}$
$\therefore ab=\frac{3}{2}\times\frac{30}{13}=\frac{45}{13}$

12 $0.\dot{3}4\dot{5}=\frac{345}{999}=\frac{1}{999}\times345$
$=0.\dot{0}0\dot{1}\times345$

13 수빈: $0.23\dot{4}=\frac{234-23}{900}=\frac{211}{900}$
지연: $0.\dot{7}\dot{1}=\frac{71}{99}$
따라서 처음 기약분수는 $\frac{211}{99}$이므로
처음 기약분수를 순환소수로 나타내면
$\frac{211}{99}=2.\dot{1}\dot{3}$이다.

14 $0.2\dot{4}=\frac{24-2}{90}=\frac{22}{90}$
$=\frac{11}{45}=\frac{11}{3^2\times5}$
$0.2\dot{4}\times a$를 유한소수로 나타내려면 a는 9의 배수이어야 한다.
따라서 가장 큰 두 자리의 자연수는 99이다.

15 $1.\dot{8}\dot{1}=\frac{181-1}{99}=\frac{180}{99}=\frac{20}{11},$
$0.\dot{2}\dot{5}=\frac{25}{99}$이므로 주어진 식은
$\frac{20}{11}\times\frac{b}{a}=\frac{25}{99}$
$\frac{b}{a}=\frac{25}{99}\times\frac{11}{20}=\frac{5}{36}$
따라서 $a=36,\ b=5$이므로
$a+b=36+5=41$

16 ② 순환소수는 무한소수이다.
③ 0은 유리수이다.
④ 정수가 아닌 유리수는 유한소수 또는 순환소수로 나타낼 수 있다.
⑤ 순환소수는 유리수이므로 분수로 나타낼 수 있다.

17 $\frac{5}{56}=\frac{5}{2^3\times7}$이므로 A는 7의 배수이어야 한다. ⋯(i)
또 $\frac{9}{110}=\frac{9}{2\times5\times11}$이므로 A는 11의 배수이어야 한다. ⋯(ii)
따라서 A는 7과 11의 공배수인 77의 배수이어야 하므로 77의 배수 중 가장 작은 자연수 A의 값은 77이다. ⋯(iii)

채점 기준	비율
(i) $\frac{5}{56}\times A$를 유한소수로 나타낼 수 있도록 하는 자연수 A의 조건 구하기	30 %
(ii) $\frac{9}{110}\times A$를 유한소수로 나타낼 수 있도록 하는 자연수 A의 조건 구하기	30 %
(iii) 가장 작은 자연수 A의 값 구하기	40 %

18 $\frac{1}{4}=\frac{7}{28}$, $\frac{6}{7}=\frac{24}{28}$이므로

$\frac{7}{28}<\frac{a}{28}<\frac{24}{28}$

즉, $7<a<24$ …(i)

이때 $\frac{a}{28}=\frac{a}{2^2\times 7}$는 유한소수로 나타낼 수 없으므로 a는 7의 배수가 아니어야 한다. …(ii)

따라서 자연수 a는 7과 24 사이의 수 중에서 7의 배수인 14, 21을 제외한 모든 수이므로 모두 14개이다. …(iii)

채점 기준	비율
(i) a의 값의 범위 구하기	30 %
(ii) a가 7의 배수가 아님을 알기	30 %
(iii) a의 개수 구하기	40 %

19 $0.1\dot{4}=\frac{14-1}{90}=\frac{13}{90}$이므로 주어진 일차방정식은

$\frac{3}{15}=x+\frac{13}{90}$ …(i)

$\therefore x=\frac{3}{15}-\frac{13}{90}=\frac{5}{90}=\frac{1}{18}$ …(ii)

따라서 $\frac{1}{18}$을 순환소수로 나타내면

$\frac{1}{18}=0.0555\cdots=0.0\dot{5}$ …(iii)

채점 기준	비율
(i) 순환소수를 분수로 바꾸어 주어진 일차방정식을 나타내기	40 %
(ii) 일차방정식의 해 구하기	30 %
(iii) 일차방정식의 해를 순환소수로 나타내기	30 %

20 $3+7\left(\frac{1}{10}+\frac{1}{10^2}+\frac{1}{10^3}+\cdots\right)$

$=3+7(0.1+0.01+0.001+\cdots)$

$=3+7\times 0.111\cdots$

$=3+0.777\cdots$

$=3+0.\dot{7}$ …(i)

$=3.\dot{7}$ …(ii)

채점 기준	비율
(i) $7\left(\frac{1}{10}+\frac{1}{10^2}+\frac{1}{10^3}+\cdots\right)$을 순환소수의 합으로 나타내기	70 %
(ii) 주어진 식을 순환소수로 나타내기	30 %

3~4강 p. 93~95

1 ⑤	2 ①	3 ⑤	4 ②
5 ⑤	6 ①	7 10	8 ②
9 ③	10 $\frac{3}{4}$	11 ②	12 10
13 ①	14 ④	15 ②	16 $4h$

17 24, 과정은 풀이 참조
18 12, 과정은 풀이 참조
19 $\frac{x^6y^{10}}{8}$, 과정은 풀이 참조
20 $6ab^2$, 과정은 풀이 참조

1 ① $a^2\times a^3=a^{2+3}=a^5$
② $(a^5)^2=a^{5\times 2}=a^{10}$
③ $a^5\div a^5=1$
④ $(ab)^4=a^4b^4$

2 ① $a^2\times a^2\times a^2=a^{2+2+2}=a^6$
② $(a^4)^2=a^{4\times 2}=a^8$
③ $a^{11}\div a^3=a^{11-3}=a^8$
④ $(a^3)^3\div a=a^{3\times 3-1}=a^8$
⑤ $(a^4b)^2\div b^2=\frac{a^{4\times 2}b^2}{b^2}=a^8$

3 □ 안에 들어가는 수는 다음과 같다.
① 9 ② 6 ③ 7 ④ 3 ⑤ 10
따라서 □ 안에 들어갈 수가 가장 큰 것은 ⑤이다.

4 $(x^3)^4\div(x^2)^3\div(x^3)^2=x^{12}\div x^6\div x^6$
$=x^6\div x^6$
$=1$

5 $2^{\square}\times(2^2)^3=(2^3)^5$에서
$2^{\square}\times 2^6=2^{15}$
$2^{\square+6}=2^{15}$ $\therefore \square=9$

6 $2^{x+1}=a$에서
$2\times 2^x=a$ $\therefore 2^x=\frac{a}{2}$
$\therefore 16^x=(2^4)^x=(2^x)^4=\left(\frac{a}{2}\right)^4=\frac{a^4}{16}$

7 $9^2+9^2+9^2=3\times 9^2=3\times(3^2)^2$
$=3\times 3^4=3^5$
이므로
$3^5(9^2+9^2+9^2)=3^5\times 3^5$
$=3^{5+5}=3^{10}$
$\therefore \square=10$

8 $2^{x+2}+2^{x+1}+2^x=4\times 2^x+2\times 2^x+2^x$
$=7\times 2^x=448$
따라서 $2^x=64=2^6$에서 $x=6$

9 $2^{12}\times 3\times 5^{13}=(2^{12}\times 5^{12})\times 3\times 5$
$=10^{12}\times 15$
$=15\underbrace{00\cdots0}_{12개}$
이므로 $2^{12}\times 3\times 5^{13}$은 14자리의 자연수이다.
$\therefore n=14$

10 $\left(\frac{x^3}{3}\right)^3\div(-x^3)^2\div\left(\frac{x}{6}\right)^2$
$=\frac{x^9}{27}\times\frac{1}{x^6}\times\frac{36}{x^2}$
$=\frac{4}{3}x=1$
$\therefore x=\frac{3}{4}$

11 $3^{3n+x}\div 27^n=3^4$, $3^x\times 3^{3n}\div 3^{3n}=3^4$
$3^x=3^4$ $\therefore x=4$

12 $xw=3$, $yw=6$, $zw=12$이므로 자연수 x, y, z에 대하여 가장 큰 자연수 w는 3, 6, 12의 최대공약수인 3이다.
$\therefore x=1$, $y=2$, $z=4$, $w=3$
$\therefore x+y+z+w=1+2+4+3=10$

13 (주어진 식)$=\frac{4}{9}x^2y\times\frac{3}{5xy^3}=\frac{4x}{15y^2}$

14 $3x^6y^4\div(-x^2y^3)^2\times(-2x)^3$
$=3x^6y^4\times\frac{1}{x^4y^6}\times(-8x^3)$
$=\frac{-24x^5}{y^2}$
이므로 $a=-24$, $b=2$, $c=5$
$\therefore a+b+c=-24+2+5=-17$

15 $12xy^2\times\frac{1}{4x^4y^2}\times\square=6x^5y^4$
$\therefore \square=6x^5y^4\times\frac{1}{12xy^2}\times 4x^4y^2$
$=2x^8y^4$

16 원기둥 B의 높이를 $\square$라 하면
(원기둥의 부피)=(밑넓이)×(높이)
이므로
$\pi\times(2r)^2\times h=\pi\times r^2\times\square$
$\pi\times 4r^2\times h=\pi\times r^2\times\square$
$\therefore \square=4h$

17 $(x^3)^a\times(x^2)^4=x^{3a}\times x^8$
$=x^{3a+8}=x^{20}$
이므로 $3a+8=20$ $\therefore a=4$ …(i)
$(y^b)^2\div y^3=y^{2b}\div y^3$
$=y^{2b-3}=y^9$
이므로 $2b-3=9$ $\therefore b=6$ …(ii)
$\therefore ab=4\times6=24$ …(iii)

채점 기준	비율
(i) a의 값 구하기	40 %
(ii) b의 값 구하기	40 %
(iii) ab의 값 구하기	20 %

18 3, $3^2=9$, $3^3=27$, $3^4=81$, …이므로 일의 자리의 숫자는 3, 9, 7, 1의 순서로 반복된다.
이때 $270=4\times67+2$이므로 3^{270}의 일의 자리의 숫자는 3^2의 일의 자리의 숫자와 같은 9이다.
$\therefore x=9$ …(i)
또 7, $7^2=49$, $7^3=343$, $7^4=2401$, …이므로 일의 자리의 숫자는 7, 9, 3, 1의 순서로 반복된다.
이때 $451=4\times112+3$이므로 7^{451}의 일의 자리의 숫자는 7^3의 일의 자리의 숫자와 같은 3이다.
$\therefore y=3$ …(ii)
$\therefore x+y=9+3=12$ …(iii)

채점 기준	비율
(i) x의 값 구하기	40 %
(ii) y의 값 구하기	40 %
(iii) $x+y$의 값 구하기	20 %

19 어떤 식을 $\square$라 하면
$\square\div(-x^2y^3)^2=\dfrac{1}{8x^2y^2}$ …(i)
$\therefore \square=\dfrac{1}{8x^2y^2}\times(-x^2y^3)^2$
$=\dfrac{1}{8x^2y^2}\times x^4y^6$
$=\dfrac{x^2y^4}{8}$ …(ii)

따라서 어떤 식은 $\dfrac{x^2y^4}{8}$이므로
바르게 계산한 식은
$\dfrac{x^2y^4}{8}\times(-x^2y^3)^2=\dfrac{x^2y^4}{8}\times x^4y^6$
$=\dfrac{x^6y^{10}}{8}$ …(iii)

채점 기준	비율
(i) 어떤 식을 구하는 식 세우기	20 %
(ii) 어떤 식 구하기	40 %
(iii) 바르게 계산한 식 구하기	40 %

20 (원뿔의 부피)$=\dfrac{1}{3}$×(밑넓이)×(높이)
이므로
$2\pi a^3b^4=\dfrac{1}{3}\times\pi\times(ab)^2\times$(높이)
…(i)
$\therefore$ (높이)$=2\pi a^3b^4\times\dfrac{3}{\pi a^2b^2}$
$=6ab^2$ …(ii)

채점 기준	비율
(i) 높이를 구하는 식 세우기	40 %
(ii) 높이 구하기	60 %

5~6강 p. 96~98

1 ③ 2 ③ 3 ⑤
4 $5x+4y$ 5 ① 6 ③
7 ① 8 ② 9 ③
10 $-x^2+2x-1$ 11 ① 12 ④
13 ① 14 ⑤ 15 ③
16 $\dfrac{5}{3}a^2-b$
17 12, 과정은 풀이 참조
18 $\dfrac{1}{3}$, 과정은 풀이 참조
19 $3a-6b+2$, 과정은 풀이 참조
20 $3b-2a^2$, 과정은 풀이 참조

1 (주어진 식)
$=7a+2b-3-4a-6b+5$
$=3a-4b+2$

2 (주어진 식)$=x+\dfrac{1}{3}y-\dfrac{2}{3}x+\dfrac{1}{2}y$
$=\dfrac{1}{3}x+\dfrac{5}{6}y$

3 (주어진 식)
$=\dfrac{5(2a-b)-3(a-4b)}{15}$
$=\dfrac{10a-5b-3a+12b}{15}$
$=\dfrac{7a+7b}{15}$
$=\dfrac{7}{15}a+\dfrac{7}{15}b$
따라서 a의 계수는 $\dfrac{7}{15}$,
b의 계수는 $\dfrac{7}{15}$이므로
$\dfrac{7}{15}+\dfrac{7}{15}=\dfrac{14}{15}$

4 $\square+(2x-5y)=7x-y$에서
$\square=7x-y-(2x-5y)$
$=7x-y-2x+5y$
$=5x+4y$

5 (주어진 식)$=x-(4y-15y+12x)$
$=x-(12x-11y)$
$=x-12x+11y$
$=-11x+11y$

6 ③ $x^2+2x-x^2+5=2x+5$ (일차식)

7 (주어진 식)
$=4x^2+(3x^2+5x-2x+7+5)-2x^2$
$=4x^2+3x^2+3x+12-2x^2$
$=5x^2+3x+12$
따라서 $a=5$, $b=3$, $c=12$이므로
$a-b-c=5-3-12=-10$

8 어떤 식을 A라 하면
$A-(2x^2+3x-4)=-3x^2-5x-1$
이므로
$A=-3x^2-5x-1+(2x^2+3x-4)$
$=-x^2-2x-5$
따라서 바르게 계산한 식은
$(-x^2-2x-5)+(2x^2+3x-4)$
$=x^2+x-9$

9 (좌변)$=\dfrac{9x^2y-6xy}{-3y}=-3x^2+2x$
따라서 $a=-3$, $b=2$, $c=0$이므로
$a+2b+c=-3+2\times2+0=1$

10 (주어진 식)$=(2x-5)-(x^2-4)$
$=2x-5-x^2+4$
$=-x^2+2x-1$

11 (주어진 식)$=\dfrac{6x^2y-9x^2}{3x}-4xy-x$
$=2xy-3x-4xy-x$
$=-2xy-4x$

12 (주어진 식)
$=6x^2+9xy-2x^2-9xy+5y^2$
$=4x^2+5y^2$

13 (주어진 식)$=\dfrac{12a^2b-8ab^2}{-4ab}$
$=\dfrac{12a^2b}{-4ab}-\dfrac{8ab^2}{-4ab}$
$=-3a+2b$
$a=5$, $b=-3$을 대입하면
$-3a+2b=-3\times5+2\times(-3)$
$=-21$

14 (주어진 식)$=\dfrac{bc}{abc}-\dfrac{2ac}{abc}+\dfrac{3ab}{abc}$
$=\dfrac{1}{a}-\dfrac{2}{b}+\dfrac{3}{c}$
$a=\dfrac{1}{3}$, $b=-\dfrac{1}{2}$, $c=\dfrac{3}{4}$에서
$\dfrac{1}{a}=3$, $\dfrac{1}{b}=-2$, $\dfrac{1}{c}=\dfrac{4}{3}$이므로
$\dfrac{1}{a}-\dfrac{2}{b}+\dfrac{3}{c}=3-2\times(-2)+3\times\dfrac{4}{3}$
$=3+4+4=11$

15 (한 변의 길이)
=2×(정삼각형의 넓이)÷(높이)
$=2(3a^2+6ab)\div3a$
$=\dfrac{6a^2+12ab}{3a}=2a+4b$

16 (높이)
=(삼각기둥의 부피)÷(밑넓이)
$=(5a^3b-3ab^2)\div\left(\dfrac{1}{2}\times3a\times2b\right)$
$=(5a^3b-3ab^2)\div3ab$
$=\dfrac{5a^3b-3ab^2}{3ab}=\dfrac{5}{3}a^2-b$

17 (주어진 식)
$=-x+2y-\{3x-4y-(4x+y-2x+2y+5)\}$
$=-x+2y-\{3x-4y-(2x+3y+5)\}$
$=-x+2y-(3x-4y-2x-3y-5)$
$=-x+2y-(x-7y-5)$
$=-x+2y-x+7y+5$
$=-2x+9y+5$ …(i)

따라서 $a=-2$, $b=9$, $c=5$이므로 …(ii)
$a+b+c=-2+9+5=12$ …(iii)

채점 기준	비율
(i) 주어진 식 간단히 하기	50 %
(ii) a, b, c의 값 구하기	30 %
(iii) $a+b+c$의 값 구하기	20 %

18 $\dfrac{3x^2-x+5}{3}-\dfrac{4x^2+2x-1}{2}$
$=\dfrac{2(3x^2-x+5)-3(4x^2+2x-1)}{6}$
$=\dfrac{6x^2-2x+10-12x^2-6x+3}{6}$
$=\dfrac{-6x^2-8x+13}{6}$
$=-x^2-\dfrac{4}{3}x+\dfrac{13}{6}$ …(i)
따라서 $a=-1$, $b=-\dfrac{4}{3}$이므로 …(ii)
$a-b=-1-\left(-\dfrac{4}{3}\right)=\dfrac{1}{3}$ …(iii)

채점 기준	비율
(i) 주어진 식 간단히 하기	50 %
(ii) a, b의 값 각각 구하기	30 %
(iii) $a-b$의 값 구하기	20 %

19 어떤 다항식을 ☐라 하면
$\square\times\dfrac{1}{3}ab=a^2b-2ab^2+\dfrac{2}{3}ab$ …(i)
$\therefore$ ☐
$=\left(a^2b-2ab^2+\dfrac{2}{3}ab\right)\div\dfrac{1}{3}ab$
$=\left(a^2b-2ab^2+\dfrac{2}{3}ab\right)\times\dfrac{3}{ab}$
$=3a-6b+2$ …(ii)

채점 기준	비율
(i) 어떤 다항식을 구하는 식 세우기	30 %
(ii) 어떤 다항식 구하기	70 %

20 (옮기기 전 주스의 부피)
=(옮긴 후 주스의 부피)이므로
$9ab^2-6a^3b=3a\times b\times$(높이) …(i)
$\therefore$ (높이)$=(9ab^2-6a^3b)\div3ab$
$=\dfrac{9ab^2-6a^3b}{3ab}$
$=3b-2a^2$ …(ii)

채점 기준	비율
(i) 식 세우기	40 %
(ii) 주스의 높이 구하기	60 %

7~9강 p. 99~100

1 ④ 2 ② 3 ③ 4 ③
5 ② 6 ③ 7 2
8 $x<-\dfrac{5}{3}$ 9 14 10 ②
11 ④ 12 ②
13 2, 과정은 풀이 참조
14 1.25 km, 과정은 풀이 참조

1 ①, ② 방정식
③, ⑤ 미지수가 없어지므로 일차부등식이 아니다.

2 ② $a>b$의 양변에 -1을 곱하면
$-a<-b$
양변에 4를 더하면
$4-a<4-b$

3 ① $x+1>3$의 양변에서 1을 빼면
$x>2$
② $x-5<3$의 양변에 5를 더하면
$x<8$
③ $-2x>4$의 양변을 -2로 나누면
$x<-2$
④ $3x<6$의 양변을 3으로 나누면
$x<2$
⑤ $\dfrac{1}{2}x>-1$의 양변에 2를 곱하면
$x>-2$

4 $2x+3\ge5x-9$에서
$2x-5x\ge-9-3$
$-3x\ge-12$ $\therefore x\le4$
따라서 자연수 x의 개수는 1, 2, 3, 4의 4개이다.

5 $-4<x<2$의 각 변에 3을 곱하면
$-12<3x<6$
각 변에 4를 더하면
$-8<3x+4<10$
따라서 $A=-8$, $B=10$이므로
$A-B=-8-10=-18$

6 $ax-8<0$의 해가 $x>-4$이므로
$a<0$이다.
$a<0$이므로 $ax<8$에서
$x>\dfrac{8}{a}$
따라서 $\dfrac{8}{a}=-4$이므로 $a=-2$

7 주어진 부등식의 양변에 10을 곱하면
$2(x+a) \geq 18-5x$
$2x+2a \geq 18-5x$
$7x \geq 18-2a$ $\quad \therefore x \geq \frac{18-2a}{7}$
이때 해가 $x \geq 2$이므로
$\frac{18-2a}{7}=2$, $18-2a=14$
$\therefore a=2$

8 주어진 부등식의 양변에 6을 곱하면
$4x+6<x+1$, $3x<-5$
$\therefore x<-\frac{5}{3}$

9 어떤 자연수를 x라 하면
$4x-3<57$, $4x<60$
$\therefore x<15$
따라서 어떤 자연수 중 가장 큰 수는 14이다.

10 감자를 x상자 산다고 할 때
동네 가게에서 사면 $5000x$원이고
도매 시장에서 사면 $4000x$원이다.
도매 시장에서 살 때 교통비와 운송비로 10000원이 들므로
$4000x+10000<5000x$
$-1000x<-10000$ $\quad \therefore x>10$
따라서 도매 시장에서 최소한 11상자를 사야 한다.

11 희정이의 예금액이 현준이의 예금액의 2배 이상이 되는 것이 x개월 후부터라고 하면
$30000+6000x \geq 2(25000+2000x)$
$30000+6000x \geq 50000+4000x$
$2000x \geq 20000$ $\quad \therefore x \geq 10$
따라서 10개월 후부터이다.

12 올라갈 수 있는 거리를 x km라 하면
$\frac{x}{2}+\frac{x}{3} \leq \frac{5}{2}$
양변에 6을 곱하면
$3x+2x \leq 15$, $5x \leq 15$ $\quad \therefore x \leq 3$
따라서 최대 3 km 지점까지 올라갔다 내려올 수 있다.

13 $6x-2(x+1) \geq a$에서 $4x \geq a+2$
$\therefore x \geq \frac{a+2}{4}$ $\quad$ …(i)
주어진 부등식의 해가 $x \geq 1$이므로
$\frac{a+2}{4}=1$, $a+2=4$
$\therefore a=2$ $\quad$ …(ii)

채점 기준	비율
(i) 일차부등식의 해 구하기	50 %
(ii) a의 값 구하기	50 %

14 버스 터미널에서 상점까지의 거리를 x km라 하자. 상점까지 가는 데 걸리는 시간은 $\frac{x}{3}$시간, 오는 데 걸리는 시간도 $\frac{x}{3}$시간이고, 물건을 사는 데 10분, 즉 $\frac{1}{6}$시간이 걸리므로
$\frac{x}{3}+\frac{1}{6}+\frac{x}{3} \leq 1$ $\quad$ …(i)
양변에 6을 곱하면
$2x+1+2x \leq 6$, $4x \leq 5$
$\therefore x \leq \frac{5}{4}$ $\quad$ …(ii)
따라서 버스 터미널에서 최대 $\frac{5}{4}$ km, 즉 1.25 km의 거리에 있는 상점을 이용할 수 있다. $\quad$ …(iii)

채점 기준	비율
(i) 부등식 세우기	40 %
(ii) 부등식의 해 구하기	40 %
(iii) 이용할 수 있는 상점의 최대 거리 구하기	20 %

10~11강 p. 101~103

1 ③	2 ③	3 ⑤	4 ④
5 ①	6 2	7 ④	8 ③
9 ⑤	10 ①	11 7	12 2
13 ③	14 ③	15 ③	16 −2

17 3, 과정은 풀이 참조
18 −3, 과정은 풀이 참조
19 4, 과정은 풀이 참조
20 $x=\frac{11}{5}$, $y=-\frac{2}{5}$, 과정은 풀이 참조

1 ① x의 차수가 2이다.
②, ⑤ 미지수가 1개인 일차방정식이다.
④ x, y에 관한 2차이다.

2 (직사각형의 둘레의 길이)
$=2\times\{$(가로의 길이)$+$(세로의 길이)$\}$
이므로 $2(x+y)=15$
$\therefore 2x+2y=15$

3 ⑤ $x+2y=10$에 $x=1$, $y=5$를 대입하면 $1+2\times5\neq10$

4 $x+3y=15$에 $y=1, 2, 3, \cdots$을 차례로 대입하면

x	12	9	6	3	0	…
y	1	2	3	4	5	…

따라서 구하는 해는 (12, 1), (9, 2), (6, 3), (3, 4)의 4개이다.

5 $3x+y=-22$에 $x=3a$, $y=2a$를 대입하면 $9a+2a=-22$
$11a=-22$ $\quad \therefore a=-2$

6 x와 y의 값의 비가 3 : 2이므로
$2x=3y$ $\quad \therefore y=\frac{2}{3}x$ $\quad$ …㉠
$5x-3y=18$에 ㉠을 대입하면
$5x-3\times\frac{2}{3}x=18$, $3x=18$
$\therefore x=6$
$x=6$을 ㉠에 대입하면 $y=4$
따라서 $x=6$, $y=4$이므로
$x-y=6-4=2$

7 $x=2$, $y=3$을 두 일차방정식에 대입하여 동시에 성립하는 것을 찾으면 ④이다.

8 $\begin{cases}3x+y=a\\2x+by=14\end{cases}$에 $x=5$, $y=1$을 대입하면
$\begin{cases}15+1=a\\10+b=14\end{cases}$ $\quad \therefore a=16$, $b=4$
$\therefore a-b=16-4=12$

9 $\begin{cases}x=3y-2 & \cdots㉠\\2x-5y=1 & \cdots㉡\end{cases}$
㉠을 ㉡에 대입하면
$2(3y-2)-5y=1$
$6y-4-5y=1$ $\quad \therefore y=5$
$y=5$를 ㉠에 대입하면 $x=13$

10 $\begin{cases}4x+2y=14 & \cdots㉠\\3x+y=2 & \cdots㉡\end{cases}$
㉠$\times3-$㉡$\times4$를 하면
$$\begin{array}{rr} & 12x+6y=42\\ -) & 12x+4y=8\\ \hline & 2y=34\end{array}$$
$\therefore y=17$

11 $\begin{cases} 2x-y=5 & \cdots ㉠ \\ x+3y=6 & \cdots ㉡ \end{cases}$

㉠×3+㉡을 하면

$$\begin{array}{rl} 6x-3y=15 & \\ +\underline{)\ x+3y=6} & \\ 7x\ \ \ \ \ \ =21 & \therefore x=3 \end{array}$$

$x=3$을 ㉠에 대입하면 $y=1$

$x=3,\ y=1$을 x^2-xy+y^2에 대입하면

$x^2-xy+y^2=9-3+1=7$

12 $\begin{cases} x+2y=16 & \cdots ㉠ \\ 2x+y=20 & \cdots ㉡ \end{cases}$

㉠×2−㉡을 하면

$$\begin{array}{rl} 2x+4y=32 & \\ -\underline{)\ 2x+\ \ y=20} & \\ 3y=12 & \therefore y=4 \end{array}$$

$y=4$를 ㉠에 대입하면 $x=8$

$x=8,\ y=4$를 $2x-ay=8$에 대입하면

$16-4a=8\quad \therefore a=2$

13 주어진 연립방정식을 정리하면

$\begin{cases} 3x-5y=7 & \cdots ㉠ \\ x+6y=10 & \cdots ㉡ \end{cases}$

㉠−㉡×3을 하면

$$\begin{array}{rl} 3x-\ \ 5y=7 & \\ -\underline{)\ 3x+18y=30} & \\ -23y=-23 & \therefore y=1 \end{array}$$

$y=1$을 ㉡에 대입하면 $x=4$

14 $\begin{cases} \frac{x}{2}+\frac{y}{3}=\frac{3}{2} & \cdots ㉠ \\ 0.3x+0.5y=1.8 & \cdots ㉡ \end{cases}$

㉠×6−㉡×10을 하면

$$\begin{array}{rl} 3x+2y=9 & \\ -\underline{)\ 3x+5y=18} & \\ -3y=-9 & \therefore y=3 \end{array}$$

$y=3$을 ㉠에 대입하면 $x=1$

따라서 $a=1,\ b=3$이므로

$b-a=3-1=2$

15 $\begin{cases} \frac{x+y}{2}=1 \\ \frac{x-y}{3}=1 \end{cases}$에서

$\begin{cases} x+y=2 & \cdots ㉠ \\ x-y=3 & \cdots ㉡ \end{cases}$

㉠+㉡을 하면

$2x=5\quad \therefore x=\frac{5}{2}$

$x=\frac{5}{2}$를 ㉠에 대입하면 $y=-\frac{1}{2}$

16 $\begin{cases} 2x+6y=3+b \\ x+ay=4 \end{cases}$에서

$\begin{cases} 2x+6y=3+b \\ 2x+2ay=8 \end{cases}$

이때 해가 무수히 많으므로

$6=2a,\ 3+b=8$

따라서 $a=3,\ b=5$이므로

$a-b=3-5=-2$

17 $2x-y=2$에 $x=2,\ y=b$를 대입하면

$4-b=2\quad \therefore b=2$ $\cdots$(i)

따라서 $ax+y=4$에 $x=2,\ y=2$를 대입하면

$2a+2=4\quad \therefore a=1$ $\cdots$(ii)

$\therefore a+b=1+2=3$ $\cdots$(iii)

채점 기준	비율
(i) b의 값 구하기	40 %
(ii) a의 값 구하기	40 %
(iii) $a+b$의 값 구하기	20 %

18 y의 값이 x의 값의 3배이므로

$y=3x$ $\cdots$(i)

$\begin{cases} 3x+2y=9 & \cdots ㉠ \\ y=3x & \cdots ㉡ \end{cases}$에서

㉡을 ㉠에 대입하면

$3x+6x=9,\ 9x=9\quad \therefore x=1$

$x=1$을 ㉡에 대입하면 $y=3$ $\cdots$(ii)

따라서 $7x+ay=-2$에 $x=1,\ y=3$을 대입하면

$7+3a=-2,\ 3a=-9$

$\therefore a=-3$ $\cdots$(iii)

채점 기준	비율
(i) x와 y 사이의 관계식 구하기	20 %
(ii) 연립방정식의 해 구하기	50 %
(iii) a의 값 구하기	30 %

19 $\begin{cases} x+3y=-2 & \cdots ㉠ \\ 2x-3y=5 & \cdots ㉡ \end{cases}$에서

㉠+㉡을 하면

$3x=3\quad \therefore x=1$

$x=1$을 ㉠에 대입하면

$1+3y=-2\quad \therefore y=-1$ $\cdots$(i)

$ax-2y=4$에 $x=1,\ y=-1$을 대입하면

$a+2=4\quad \therefore a=2$

$3x+y=b$에 $x=1,\ y=-1$을 대입하면

$3-1=b\quad \therefore b=2$ $\cdots$(ii)

$\therefore ab=2\times 2=4$ $\cdots$(iii)

채점 기준	비율
(i) 두 연립방정식의 해 구하기	50 %
(ii) $a,\ b$의 값 구하기	30 %
(iii) ab의 값 구하기	20 %

20 $\begin{cases} bx+ay=4 \\ ax-by=3 \end{cases}$에 $x=2,\ y=1$을 대입하면

$\begin{cases} a+2b=4 & \cdots ㉠ \\ 2a-b=3 & \cdots ㉡ \end{cases}$

㉠+㉡×2를 하면

$5a=10\quad \therefore a=2$

$a=2$를 ㉡에 대입하면

$4-b=3\quad \therefore b=1$ $\cdots$(i)

따라서 처음 연립방정식은

$\begin{cases} 2x+y=4 & \cdots ㉢ \\ x-2y=3 & \cdots ㉣ \end{cases}$

㉢−㉣×2를 하면

$5y=2\quad \therefore y=-\frac{2}{5}$

$y=-\frac{2}{5}$를 ㉣에 대입하면

$x+\frac{4}{5}=3\quad \therefore x=\frac{11}{5}$ $\cdots$(ii)

채점 기준	비율
(i) $a,\ b$의 값 구하기	60 %
(ii) 처음 연립방정식의 해 구하기	40 %

12강 p. 104~105

1 138 2 ③ 3 ① 4 ②
5 13 6 ③ 7 ③ 8 ①
9 ⑤ 10 ①
11 기차의 길이: 150 m, 속력: 초속 19 m
12 ⑤ 13 700 g, 과정은 풀이 참조
14 18일, 과정은 풀이 참조

1 두 자연수를 각각 $x,\ y$라 하면

$\begin{cases} x+y=190 \\ x-y=86 \end{cases}$

$\therefore x=138,\ y=52$

따라서 큰 자연수는 138이다.

2 사탕 한 개의 가격을 x원, 초콜릿 한 개의 가격을 y원이라 하면

$\begin{cases} 5x+6y=6000 \\ 10x+8y=9400 \end{cases}$

$\therefore x=420,\ y=650$

따라서 사탕 한 개와 초콜릿 한 개의 가격의 합은

$420+650=1070$(원)

3 토끼와 닭을 각각 x마리, y마리라 하면

$\begin{cases} x+y=16 \\ 4x+2y=44 \end{cases}$

$\therefore x=6,\ y=10$

따라서 토끼는 6마리, 닭은 10마리이다.

4 현재 엄마의 나이를 x세, 아들의 나이를 y세라 하면

$\begin{cases} x+y=43 \\ x+22=2(y+22) \end{cases}$

$\therefore x=36,\ y=7$

따라서 현재 아들의 나이는 7세이다.

5 처음 수의 십의 자리의 숫자를 x, 일의 자리의 숫자를 y라 하면

$\begin{cases} 2x=y-1 \\ 10y+x=10x+y+18 \end{cases}$

$\therefore x=1,\ y=3$

따라서 처음 수는 13이다.

6 직사각형의 가로의 길이를 x cm, 세로의 길이를 y cm라 하면

$\begin{cases} x=3y-2 \\ 2x+2y=52 \end{cases}$

$\therefore x=19,\ y=7$

따라서 직사각형의 넓이는

$19\times7=133\,(\text{cm}^2)$

7 $x=$(준우가 이긴 횟수)

$=$(지영이가 진 횟수),

$y=$(준우가 진 횟수)

$=$(지영이가 이긴 횟수)

라 하면

$\begin{cases} 3x-y=8 \\ 3y-x=24 \end{cases}$

$\therefore x=6,\ y=10$

따라서 지영이가 이긴 횟수는 10회이다.

8 사과와 복숭아의 작년 수확량을 각각 x상자, y상자라 하면

$\begin{cases} x+y=820 \\ \frac{5}{100}x-\frac{4}{100}y=5 \end{cases}$

$\therefore x=420,\ y=400$

따라서 올해 복숭아의 수확량은

$400-\frac{4}{100}\times400=384$(상자)

9 올라간 거리를 x km, 내려온 거리를 y km라 하면

$\begin{cases} y=x+2 \\ \frac{x}{3}+\frac{y}{4}=4 \end{cases}$

$\therefore x=6,\ y=8$

따라서 올라간 거리는 6 km이다.

10 영오의 속력을 분속 x m, 민수의 속력을 분속 y m라 하면 $x>y$이므로

$\begin{cases} 50x-50y=1500 \\ 15x+15y=1500 \end{cases}$

$\therefore x=65,\ y=35$

따라서 영오의 속력은 분속 65 m이다.

11 기차의 길이를 x m, 속력을 초속 y m라 하면

$\begin{cases} 50y=800+x \\ 20y=230+x \end{cases}$

$\therefore x=150,\ y=19$

따라서 기차의 길이는 150 m, 기차의 속력은 초속 19 m이다.

12 상품 A를 한 개 판매할 때의 이익은

$300\times0.2=60$(원)

상품 B를 한 개 판매할 때의 이익은

$500\times0.3=150$(원)

A, B가 각각 x개, y개 판매되었다면

$\begin{cases} x+y=90 \\ 60x+150y=7200 \end{cases}$

$\therefore x=70,\ y=20$

따라서 상품 A는 70개가 판매되었다.

13 20 %의 소금물을 x g, 8 %의 소금물을 y g 섞는다고 하면

$\begin{cases} x+y=1200 \\ \frac{20}{100}x+\frac{8}{100}y=\frac{15}{100}\times1200 \end{cases}$ 에서

$\begin{cases} x+y=1200 & \cdots㉠ \\ 5x+2y=4500 & \cdots㉡ \end{cases}$ …(i)

㉠$\times2-$㉡을 하면

$-3x=-2100 \quad \therefore x=700$

$x=700$을 ㉠에 대입하면 $y=500$ …(ii)

따라서 20 %의 소금물은 700 g 섞어야 한다. …(iii)

채점 기준	비율
(i) 연립방정식 세우기	40 %
(ii) 연립방정식의 해 구하기	40 %
(iii) 20 %의 소금물의 양 구하기	20 %

14 지웅이와 효림이가 1일 동안 혼자서 할 수 있는 일의 양을 각각 x, y라 하면

$\begin{cases} 6(x+y)=1 & \cdots㉠ \\ 5x+8y=1 & \cdots㉡ \end{cases}$ …(i)

㉠$\times4-$㉡$\times3$을 하면

$9x=1 \quad \therefore x=\frac{1}{9}$

$x=\frac{1}{9}$을 ㉠에 대입하면

$\frac{2}{3}+6y=1 \quad \therefore y=\frac{1}{18}$ …(ii)

따라서 효림이가 혼자서 일하면 18일이 걸린다. …(iii)

채점 기준	비율
(i) 연립방정식 세우기	40 %
(ii) 연립방정식의 해 구하기	40 %
(iii) 효림이가 혼자서 일하는 날수 구하기	20 %

13강 p. 106

1 ② 2 ㄱ, ㄷ 3 ③ 4 -6
5 ④ 6 ②
7 55, 과정은 풀이 참조

1 ① $x+y=50$에서 $y=-x+50$이므로 함수이다.

② $x=2$일 때, $y=1, 3, 5, \cdots$

$x=3$일 때, $y=1, 2, 4, \cdots$

$x=4$일 때, $y=1, 3, 5, \cdots$

⋮

즉, x의 값 하나에 y의 값이 오직 하나씩 대응하지 않으므로 y는 x의 함수가 아니다.

③ 자연수 x를 5로 나눈 나머지는 0, 1, 2, 3, 4 중 하나로 정해지므로 함수이다.

④ $y=3x$이므로 함수이다.

⑤ (소금의 양)

$=\dfrac{(\text{소금물의 농도})}{100}\times(\text{소금물의 양})$

이므로 $y=\dfrac{x}{100}\times 100$

즉, $y=x$이므로 함수이다.

따라서 함수가 아닌 것은 ②이다.

2 ㄱ. $y=100-x$이므로 함수이다.

ㄴ. $x=5$일 때, $y=2, 4$

$x=6$일 때, $y=2, 4$

$x=7$일 때, $y=2, 4, 6$

⋮

즉, x의 값 하나에 y의 값이 오직 하나씩 대응하지 않으므로 y는 x의 함수가 아니다.

ㄷ. $y=3x$이므로 함수이다.

ㄹ. $x=6$일 때, $y=2, 3$

$x=10$일 때, $y=2, 5$

즉, x의 값 하나에 y의 값이 오직 하나씩 대응하지 않으므로 y는 x의 함수가 아니다.

따라서 함수인 것은 ㄱ, ㄷ이다.

3 8의 약수의 개수는 1, 2, 4, 8의 4개이므로 $f(8)=4$

24의 약수의 개수는 1, 2, 3, 4, 6, 8, 12, 24의 8개이므로 $f(24)=8$

$\therefore f(8)-2f(24)=4-2\times 8$
$=-12$

4 $f(x)=ax$에서 $f(-2)=4$이므로

$-2a=4 \quad \therefore a=-2$

$\therefore f(x)=-2x$

또 $f(b)=8$이므로

$-2b=8 \quad \therefore b=-4$

$\therefore a+b=(-2)+(-4)=-6$

5 y가 x에 반비례하므로 $f(x)=\dfrac{a}{x}$에서

$f(3)=-4$이므로

$-4=\dfrac{a}{3} \quad \therefore a=-12$

따라서 $f(x)=-\dfrac{12}{x}$이므로

$f(6)=-\dfrac{12}{6}=-2$

$f(-2)=-\dfrac{12}{-2}=6$

$\therefore f(6)+f(-2)=(-2)+6=4$

6 $f\left(\dfrac{a}{3}\right)=\dfrac{2}{3}a=a+4$에서

$-\dfrac{1}{3}a=4 \quad \therefore a=-12$

7 $f(2)=\dfrac{10}{2}=5 \quad \therefore a=5$ ⋯(i)

$f(b)=\dfrac{10}{b}=\dfrac{1}{5} \quad \therefore b=50$ ⋯(ii)

$\therefore a+b=5+50=55$ ⋯(iii)

채점 기준	비율
(i) a의 값 구하기	40 %
(ii) b의 값 구하기	40 %
(iii) $a+b$의 값 구하기	20 %

14~15강 p. 107~109

1 ⑤ 2 ③ 3 −5 4 ①
5 −4 6 ③ 7 ④ 8 ⑤
9 ② 10 ① 11 ⑤ 12 ①
13 ④ 14 10 15 18
16 4, 과정은 풀이 참조
17 −3, 과정은 풀이 참조
18 x절편: −4, y절편: −3, 과정은 풀이 참조
19 1, 과정은 풀이 참조

1 ①, ② x항이 없다.

③ $y=$(이차식)의 꼴이다.

④ x가 분모에 있다.

2 $f(x)=-x+3$에서

$f(2)=-2+3=1$

$f(-1)=-(-1)+3=4$

$\therefore 3f(2)-f(-1)=3-4=-1$

3 $g(2)=\dfrac{a}{2}=-4$에서 $a=-8$

$f(b)=-3b+1=-8$에서

$-3b=-9 \quad \therefore b=3$

$\therefore a+b=(-8)+3=-5$

4 $f(x)=ax+b$에서 $f(0)=b=1$

따라서 $f(x)=ax+1$에서

$f(2)=2a+1=-1 \quad \therefore a=-1$

$\therefore a-b=-1-1=-2$

5 일차함수 $y=3x+1$의 그래프가 두 점 $(-2, a)$, $(b, 4)$를 지나므로 각 점의 좌표를 대입하면

$a=-6+1=-5$

$4=3b+1$, $3b=3 \quad \therefore b=1$

$\therefore a+b=-5+1=-4$

6 일차함수 $y=-x$의 그래프는 (나)이고, 일차함수 $y=-x$의 그래프를 y축의 방향으로 -2만큼 평행이동한 그래프는 (다)이다.

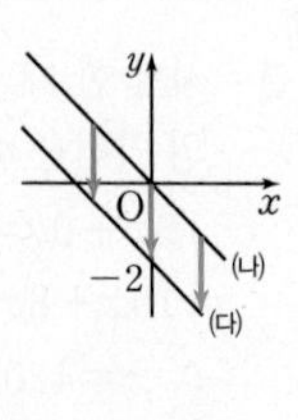

7 일차함수 $y=2x+b$의 그래프를 y축의 방향으로 -3만큼 평행이동한 그래프의 식은 $y=2x+b-3$

즉, $b-3=-2 \quad \therefore b=1$

8 일차함수 $y=\dfrac{1}{3}x$의 그래프를 y축의 방향으로 p만큼 평행이동한 그래프의 식은 $y=\dfrac{1}{3}x+p$

이 그래프가 점 $(3, 5)$를 지나므로

$5=1+p \quad \therefore p=4$

9 일차함수 $y=3x-2$의 그래프를 y축의 방향으로 5만큼 평행이동한 그래프의 식은 $y=3x-2+5$

$\therefore y=3x+3$

이 그래프가 점 $(-2, a)$를 지나므로

$a=3\times(-2)+3=-3$

10 x절편이 5이므로 $y=-\dfrac{2}{5}x+b$에 $x=5$, $y=0$을 대입하면

$0=-2+b \quad \therefore b=2$

따라서 일차함수 $y=-\dfrac{2}{5}x+2$의 그래프의 y절편은 2이다.

11 $y=\dfrac{2}{3}x-4$에 $y=0$을 대입하면

$0=\dfrac{2}{3}x-4$, $x=6$

따라서 x절편은 6, y절편은 -4이므로 구하는 그래프는 ⑤이다.

12 $y=\dfrac{1}{2}x+3$에 $y=0$을 대입하면

$0=\dfrac{1}{2}x+3$, $x=-6$

즉, x절편은 -6, y절편은 3이므로

$a=-6$, $b=3$

$\therefore ab=(-6)\times 3=-18$

13 x절편이 2이므로 $y=-2x+k$에 $x=2$, $y=0$을 대입하면

$0=-4+k \quad \therefore k=4$

따라서 일차함수 $y=-2x+4$의 그래프의 y절편은 4이므로 y축과 만나는 점의 좌표는 $(0,\ 4)$이다.

14 주어진 두 일차함수의 그래프가 y축에서 만나므로 y절편이 같다. $\quad\therefore a=4$
$y=2x+4$에 $y=0$을 대입하면
$0=2x+4,\ x=-2 \quad \therefore \mathrm{A}(-2,\ 0)$
$y=-\frac{1}{2}x+4$에 $y=0$을 대입하면
$0=-\frac{1}{2}x+4,\ x=8 \quad \therefore \mathrm{B}(8,\ 0)$
$\therefore \overline{\mathrm{AB}}=8-(-2)=10$

15 네 일차함수의 그래프의 x절편과 y절편을 각각 구하고 그래프를 그리면 다음과 같다.

	일차함수	x절편	y절편
㉠	$y=-x-3$	-3	-3
㉡	$y=-x+3$	3	3
㉢	$y=x+3$	-3	3
㉣	$y=x-3$	3	-3

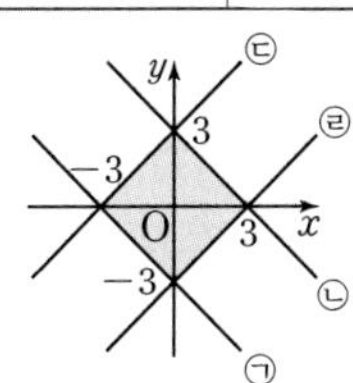

$\therefore (\text{넓이})=4\times\left(\frac{1}{2}\times3\times3\right)=18$

16 일차함수 $y=-\frac{1}{2}x-1$의 그래프를 y축의 방향으로 p만큼 평행이동한 그래프의 식은
$y=-\frac{1}{2}x-1+p$ $\quad\cdots(\mathrm{i})$
두 일차함수 $y=-\frac{1}{2}x-1+p$와
$y=-\frac{1}{2}x+3$의 그래프가 일치하므로
$-1+p=3 \quad \therefore p=4$ $\quad\cdots(\mathrm{ii})$

채점 기준	비율
(i) 평행이동한 그래프의 식 구하기	50 %
(ii) p의 값 구하기	50 %

17 $y=4x+a$에 $x=1,\ y=-4$를 대입하면
$-4=4+a \quad \therefore a=-8$ $\quad\cdots(\mathrm{i})$
따라서 일차함수 $y=4x-8$의 그래프를 y축의 방향으로 5만큼 평행이동한 그래프의 식은 $y=4x-8+5$
$\therefore y=4x-3$ $\quad\cdots(\mathrm{ii})$
이 그래프가 점 $(2,\ b)$를 지나므로
$y=4x-3$에 $x=2,\ y=b$를 대입하면
$b=4\times2-3=5$ $\quad\cdots(\mathrm{iii})$
$\therefore a+b=-8+5=-3$ $\quad\cdots(\mathrm{iv})$

채점 기준	비율
(i) a의 값 구하기	30 %
(ii) 평행이동한 그래프의 식 구하기	20 %
(iii) b의 값 구하기	30 %
(iv) $a+b$의 값 구하기	20 %

18 일차함수 $y=-\frac{3}{4}x+1$의 그래프를 y축의 방향으로 -4만큼 평행이동한 그래프의 식은 $y=-\frac{3}{4}x+1-4$
$\therefore y=-\frac{3}{4}x-3$ $\quad\cdots(\mathrm{i})$
$y=-\frac{3}{4}x-3$에 $y=0$을 대입하면
$0=-\frac{3}{4}x-3 \quad \therefore x=-4$
따라서 x절편은 -4이다. $\quad\cdots(\mathrm{ii})$
$y=-\frac{3}{4}x-3$에 $x=0$을 대입하면
$y=-3$
따라서 y절편은 -3이다. $\quad\cdots(\mathrm{iii})$

채점 기준	비율
(i) 평행이동한 그래프의 식 구하기	40 %
(ii) x절편 구하기	30 %
(iii) y절편 구하기	30 %

19 일차함수 $y=-\frac{1}{2}x+3$의 그래프를 y축의 방향으로 -2만큼 평행이동한 그래프의 식은 $y=-\frac{1}{2}x+3-2$
$\therefore y=-\frac{1}{2}x+1$ $\quad\cdots(\mathrm{i})$
$y=-\frac{1}{2}x+1$에 $y=0$을 대입하면
$0=-\frac{1}{2}x+1 \quad \therefore x=2$
즉, x절편은 2, y절편은 1이다. $\quad\cdots(\mathrm{ii})$
일차함수 $y=-\frac{1}{2}x+1$의 그래프는 오른쪽 그림과 같다.
$\therefore (\text{넓이})=\frac{1}{2}\times2\times1=1$ $\quad\cdots(\mathrm{iii})$

채점 기준	비율
(i) 평행이동한 그래프의 식 구하기	30 %
(ii) x절편, y절편 구하기	40 %
(iii) 도형의 넓이 구하기	30 %

16~18강 p. 110~112

1 ② 2 ③ 3 ② 4 ④
5 ⑤ 6 $y=3x-5$ 7 ③
8 ③ 9 $y=-\frac{1}{6}x+2$
10 (1) $y=-\frac{1}{5}x+30$ (2) 150분 후
11 ④ 12 ③ 13 2 14 ②
15 24
16 $y=-\frac{1}{3}x+\frac{11}{3}$, 과정은 풀이 참조
17 -2, 과정은 풀이 참조
18 56, 과정은 풀이 참조
19 1, 과정은 풀이 참조

1 $(\text{기울기})=\frac{(y\text{의 값의 증가량})}{(x\text{의 값의 증가량})}$
$=\frac{(y\text{의 값의 증가량})}{5-3}=2$
$\therefore (y\text{의 값의 증가량})=4$

2 $(\text{기울기})=\frac{(y\text{의 값의 증가량})}{(x\text{의 값의 증가량})}$
$=\frac{-3}{6}=-\frac{1}{2}$

3 주어진 그래프에서 $a>0,\ -b>0$이므로 $a>0,\ b<0$
따라서 일차함수 $y=-ax+b$의 그래프는 $(\text{기울기})=-a<0,\ (y\text{절편})=b<0$

4 일차함수 $y=ax+b$의 그래프의 모양은 오른쪽 그림과 같다.
$\therefore a<0,\ b<0$

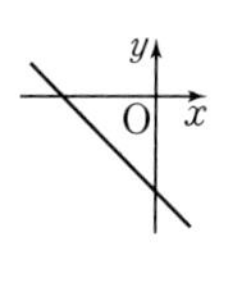

5 ⑤ 그래프가 오른쪽 아래로 향하고 y절편이 0보다 크므로 제1사분면, 제2사분면, 제4사분면을 지난다.

6 기울기가 3이고, y절편이 -5인 직선이므로 $y=3x-5$
확인 y축에서 만나면 y절편이 같다.

7 ① $y=-2x+3$ ② $y=-2x-5$
③ $y=2x+4$ ④ $y=-2x-1$
⑤ $y=-2x-2$
따라서 네 직선 ①, ②, ④, ⑤는 평행하다.

8 $y=-\frac{1}{2}x+1$에 $y=0$을 대입하면

$0=-\frac{1}{2}x+1 \quad \therefore x=2$

즉, x절편은 2이다.
구하는 그래프는 두 점 $(1, -2)$, $(2, 0)$을 지나므로

$(\text{기울기})=\frac{0-(-2)}{2-1}=2$

$y=2x+b$로 놓고 $x=1$, $y=-2$를 대입하면 $-2=2+b$, $b=-4$

$\therefore y=2x-4$

9 두 점 $(6, 1)$, $(0, 2)$를 지나므로

$(\text{기울기})=\frac{2-1}{0-6}=-\frac{1}{6}$

y절편은 2이므로 구하는 일차함수의 식은 $y=-\frac{1}{6}x+2$

10 (1) 40분마다 8 cm씩 짧아지므로
1분마다 $\frac{1}{5}$ cm씩 짧아진다.
처음 양초의 길이는 30 cm이므로 x와 y 사이의 관계식은

$y=-\frac{1}{5}x+30$

(2) $y=-\frac{1}{5}x+30$에 $y=0$을 대입하면

$0=-\frac{1}{5}x+30 \quad \therefore x=150$

따라서 불을 붙인 지 150분 후 양초는 완전히 타 버린다.

11 x축에 평행한 직선은 $y=k$ 꼴이므로 y좌표가 같다.
따라서 $a-4=-2a+8$이므로
$3a=12 \quad \therefore a=4$

확인 x축에 평행한 직선 위의 점들의 y좌표는 같다.

12 $2x+3y-4=0$에서 $y=-\frac{2}{3}x+\frac{4}{3}$

③ y절편은 $\frac{4}{3}$이다.

13 두 직선의 교점 $(2, 1)$은 연립방정식의 해이므로 $x+ay=4$에 $x=2$, $y=1$을 대입하면
$2+a=4 \quad \therefore a=2$

14 연립방정식 $\begin{cases} 2x+3y=10 & \cdots ㉠ \\ x+y=4 & \cdots ㉡ \end{cases}$에서

㉠$-$㉡$\times 2$를 하면 $y=2$
$y=2$를 ㉡에 대입하면 $x=2$
따라서 두 직선의 교점은 $(2, 2)$이다.
세 직선이 한 점에서 만나므로
$4x-ay=6$에 $x=2$, $y=2$를 대입하면
$8-2a=6 \quad \therefore a=1$

15 연립방정식 $\begin{cases} y=-2x+9 \\ y=x-3 \end{cases}$을 풀면

$x=4$, $y=1$
두 직선의 교점의 좌표는 $(4, 1)$이므로 $A(4, 1)$
두 직선 $y=-2x+9$, $y=x-3$의 y절편은 각각 9, -3이므로
$B(0, 9)$, $C(0, -3)$

$\therefore (\triangle ABC의\ 넓이)$
$=\frac{1}{2}\times 12\times 4=24$

16 기울기를 구하면

$\frac{3-4}{2-(-1)}=-\frac{1}{3}$ …(i)

$y=-\frac{1}{3}x+b$로 놓고 $x=-1$, $y=4$를 대입하면

$4=\frac{1}{3}+b \quad \therefore b=\frac{11}{3}$ …(ii)

따라서 구하는 일차함수의 식은

$y=-\frac{1}{3}x+\frac{11}{3}$ …(iii)

채점 기준	비율
(i) 기울기 구하기	40 %
(ii) y절편 구하기	40 %
(iii) 일차함수의 식 구하기	20 %

17 x의 값이 -1에서 1까지 증가할 때, y의 값이 -3에서 3까지 증가하는 일차함수의 그래프와 평행하므로

$(\text{기울기})=\frac{3-(-3)}{1-(-1)}=3$

$\therefore a=3$ …(i)

일차함수 $y=3x+b$의 그래프가 점 $(2, 1)$을 지나므로 $y=3x+b$에 $x=2$, $y=1$을 대입하면

$1=6+b \quad \therefore b=-5$ …(ii)

$\therefore a+b=3-5=-2$ …(iii)

채점 기준	비율
(i) a의 값 구하기	40 %
(ii) b의 값 구하기	40 %
(iii) $a+b$의 값 구하기	20 %

18 $2x+6=0$, $x-4=0$, $y-6=0$에서
$x=-3$, $x=4$, $y=6$
따라서 네 직선 $x=-3$, $x=4$, $y=-2$, $y=6$을 좌표평면 위에 나타내면 다음 그림과 같다.

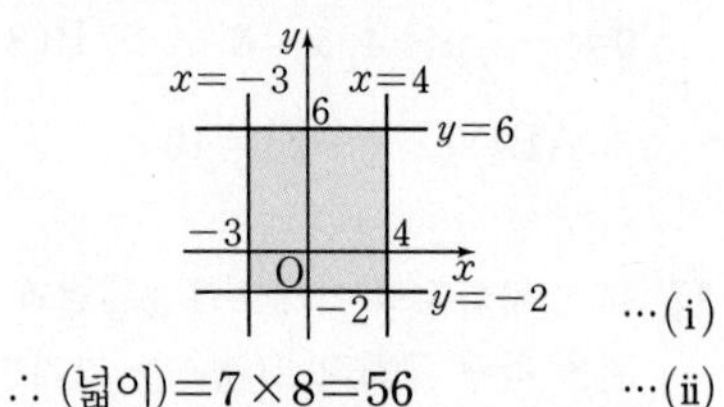

…(i)

$\therefore (넓이)=7\times 8=56$ …(ii)

채점 기준	비율
(i) 네 직선을 좌표평면 위에 나타내기	60 %
(ii) 네 직선으로 둘러싸인 도형의 넓이 구하기	40 %

19 $ax+3y=6$에 $y=0$을 대입하면

$ax=6$, $x=\frac{6}{a}$

$\therefore (x절편)=\frac{6}{a}$ …(i)

$ax+3y=6$에 $x=0$을 대입하면
$3y=6$, $y=2$

$\therefore (y절편)=2$ …(ii)

일차방정식 $ax+3y=6$의 그래프는 다음 그림과 같다.

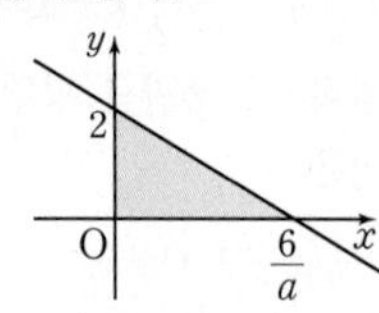

색칠한 부분의 넓이가 6이므로

$\frac{1}{2}\times\frac{6}{a}\times 2=6 \quad \therefore a=1$ …(iii)

채점 기준	비율
(i) x절편 구하기	30 %
(ii) y절편 구하기	30 %
(iii) a의 값 구하기	40 %

중간/기말 대비 실전 모의고사

1학기 중간고사 제1회 p. 1~2

1 ②	2 ②	3 ④	4 ④
5 ⑤	6 ④	7 ②	8 ①
9 ③	10 ①	11 ①	12 ②
13 ③	14 ①	15 ②	16 ③
17 ②	18 ③	19 $0.\dot{0}\dot{1}$	

20 $0<x\le 2$　　21 2

22 21, 과정은 풀이 참조

23 3.6 km, 과정은 풀이 참조

1 ㄱ. $\dfrac{11}{16}=\dfrac{11}{2^4}$ ⇨ 유한소수

ㄴ. $\dfrac{30}{2^2\times3\times5}=\dfrac{1}{2}$ ⇨ 유한소수

ㄷ. $\dfrac{18}{3^3\times5}=\dfrac{2}{3\times5}$ ⇨ 순환소수

ㄹ. $\dfrac{63}{105}=\dfrac{3}{5}$ ⇨ 유한소수

ㅁ. $\dfrac{2\times5\times11}{2^2\times5^3\times11^2}=\dfrac{1}{2\times5^2\times11}$

⇨ 순환소수

2 어떤 자연수를 A라 하면

$\dfrac{165}{308}\times A=\dfrac{3\times5\times11}{2^2\times7\times11}\times A$를 유한소수로 나타낼 수 있으려면 A는 7의 배수이어야 한다.

따라서 가장 작은 자연수는 7이다.

3 $x=1.3\dot{2}\dot{7}=1.32727\cdots$에서

$10x=13.2727\cdots$

$1000x=1327.2727\cdots$

이므로 $1000x-10x=1327-13$

4 순환소수 $0.\dot{2}537\dot{1}$은 소수점 아래 첫째 자리부터 5개의 숫자 2, 5, 3, 7, 1이 차례로 반복된다.

$102=5\times20+2$이므로 소수점 아래 102번째 자리의 숫자는 순환마디에서 두 번째 숫자인 5이다.

5 ⑤ 순환소수가 아닌 무한소수는 유리수가 아니다.

6 ① $a^2\times a^3=a^{2+3}=a^5$

② $(a^3)^4=a^{3\times4}=a^{12}$

③ $a^8\div a^2=a^{8-2}=a^6$

⑤ $(ab)^6=a^6b^6\ne a^3b^2$

7 $27^3\times3^{\square}\div9^3=3^{20}$에서

$(3^3)^3\times3^{\square}\div(3^2)^3=3^9\times3^{\square}\div3^6=3^{20}$

따라서 $9+\square-6=20$에서 $\square=17$

8 (주어진 식)$=6x-3y-2x-3y$

$=4x-6y$

따라서 x의 계수는 4, y의 계수는 -6이므로 그 합은 $4+(-6)=-2$

9 $\dfrac{4x-y}{3}-\dfrac{x-6y}{6}$

$=\dfrac{2(4x-y)-(x-6y)}{6}$

$=\dfrac{8x-2y-x+6y}{6}=\dfrac{7x+4y}{6}$

10 어떤 식을 A라 하면

$A+(6x^2-x)=5x^2+4x+6$

$\therefore A=5x^2+4x+6-(6x^2-x)$

$=-x^2+5x+6$

따라서 바르게 계산한 식은

$(-x^2+5x+6)-(6x^2-x)$

$=-7x^2+6x+6$

11 $(24y^2-36y)\div(-4y)$

$=\dfrac{24y^2-36y}{-4y}=-6y+9$

12 $12x^2y^3\div(-2xy)^2\times\square=\dfrac{4y}{x}$에서

$12x^2y^3\div4x^2y^2\times\square=\dfrac{4y}{x}$

$\dfrac{12x^2y^3}{4x^2y^2}\times\square=\dfrac{4y}{x}$

$3y\times\square=\dfrac{4y}{x}$, $\square=\dfrac{4y}{x}\times\dfrac{1}{3y}$

$\therefore \square=\dfrac{4}{3x}$

13 ③ $a-4>b-4$

14 $5-x<1$을 풀면 $-x<-4$

$\therefore x>4$

15 $-1<x\le3$의 각 변에 -2를 곱하면

$-6\le-2x<2$

각 변에 3을 더하면

$-3\le-2x+3<5$

$\therefore -3\le A<5$

16 $2x-3<4(x-2)+1$

$2x-3<4x-8+1$

$-2x<-4$　　$\therefore x>2$

17 $1.6x-1.2\le2x+0.4$의 양변에 10을 곱하면

$16x-12\le20x+4$

$-4x\le16$　　$\therefore x\ge-4$

따라서 부등식의 해를 수직선 위에 나타내면 ②이다.

18 5 %의 소금물을 x g 섞는다고 하면

$\dfrac{5}{100}\times x+\dfrac{8}{100}\times100$

$\ge\dfrac{6}{100}(x+100)$

양변에 100을 곱하면

$5x+800\ge6x+600$

$-x\ge-200$　　$\therefore x\le200$

따라서 5 %의 소금물을 최대 200 g까지 섞을 수 있다.

19 $0.\dot{3}\dot{2}=\dfrac{32}{99}=32\times\dfrac{1}{99}=32\times0.\dot{0}\dot{1}$

$\therefore a=0.\dot{0}\dot{1}$

20 $x+y=2$에서 $y=2-x$이므로 $3x+y$에 대입하면

$3x+y=3x+(2-x)=2x+2$

$\therefore 2<2x+2\le6$

각 변에서 2를 빼면 $0<2x\le4$

각 변을 2로 나누면 $0<x\le2$

21 $ax-3<4x-9$에서 $(a-4)x<-6$

해가 $x>3$이므로 $a-4<0$이고,

$\dfrac{-6}{a-4}=3$, $a-4=-2$

$\therefore a=2$

22 $\dfrac{15}{84}\times n=\dfrac{5}{28}\times n=\dfrac{5}{2^2\times7}\times n$을 유한소수로 나타낼 수 있으려면 n은 7의 배수이어야 한다. ···(i)

$\dfrac{7}{120}\times n=\dfrac{7}{2^3\times3\times5}\times n$을 유한소수로 나타낼 수 있으려면 n은 3의 배수이어야 한다. ···(ii)

따라서 n은 3과 7의 공배수인 21의 배수이어야 하므로 21의 배수 중 가장 작은 자연수 n의 값은 21이다. …(iii)

채점 기준	배점
(i) $\frac{15}{84}\times n$을 유한소수로 나타낼 수 있도록 하는 자연수 n의 조건 구하기	2점
(ii) $\frac{7}{120}\times n$을 유한소수로 나타낼 수 있도록 하는 자연수 n의 조건 구하기	2점
(iii) 가장 작은 자연수 n의 값 구하기	3점

23 x km 지점까지 올라갔다 내려온다고 하면 올라갈 때 걸린 시간은 $\frac{x}{2}$시간, 내려올 때 걸린 시간은 $\frac{x}{3}$시간이므로

전체 걸린 시간은 $\frac{x}{2}+\frac{x}{3}\leq 3$ …(i)

양변에 6을 곱하면

$3x+2x\leq 18$, $5x\leq 18$

$\therefore x\leq \frac{18}{5}=3.6$ …(ii)

따라서 최대 3.6 km 지점까지 올라갔다 내려오면 된다. …(iii)

채점 기준	배점
(i) 일차부등식 세우기	3점
(ii) 일차부등식 풀기	2점
(iii) 답 구하기	1점

1학기 중간고사 제2회 p. 3~4

1 ④ 2 ③ 3 ① 4 ③
5 ③, ④ 6 ⑤ 7 ② 8 ③
9 ③ 10 ② 11 ④ 12 ②
13 ③ 14 ① 15 ④ 16 ⑤
17 ② 18 ② 19 $4x^2-3y$
20 7 21 -11
22 $\frac{1}{2a^2b}$, 과정은 풀이 참조
23 4개, 과정은 풀이 참조

1 $\frac{\square}{2^3\times 3\times 7}$를 유한소수로 나타낼 수 있으려면 $\square$는 3×7의 배수이어야 한다.
따라서 21의 배수 중 두 자리의 자연수는 21, 42, 63, 84이므로 4개이다.

2 $\frac{5}{13}=0.\dot{3}8461\dot{5}$
따라서 $99=6\times 16+3$이므로 소수점 아래 99번째 자리에 오는 숫자는 순환마디의 세 번째 숫자인 4이다.

3 ① $3.\dot{4}=\frac{31}{9}$

4 정수가 아닌 유리수를 찾으면
$0.222\cdots$, $-\frac{1}{9}$, 3.14의 3개이다.

5 ① 순환소수가 아닌 무한소수는 유리수가 아니다.
② 순환소수는 무한소수이다.
⑤ 정수가 아닌 유리수는 유한소수 또는 순환소수로 나타낼 수 있다.

6 $(2x^ay^2)^b=2^bx^{ab}y^{2b}=cx^{12}y^8$이므로
$2b=8$ $\therefore b=4$
$ab=12$, $4a=12$ $\therefore a=3$
$2^b=2^4=c$ $\therefore c=16$
$\therefore a+b+c=3+4+16=23$

7 $(a^2)^{\square}\div a^4=a^{2\times\square-4}=a^8$ $\therefore \square=6$

8 (주어진 식)$=4a^2b^4\div 16a^4b^2$
$=\frac{4a^2b^4}{16a^4b^2}=\frac{b^2}{4a^2}$
$a=-2$, $b=1$을 대입하면
$\frac{b^2}{4a^2}=\frac{1^2}{4\times(-2)^2}=\frac{1}{16}$

9 $\frac{3x-y}{4}-(2x-y)$
$=\frac{3x-y-8x+4y}{4}$
$=\frac{-5x+3y}{4}$
$=-\frac{5}{4}x+\frac{3}{4}y$
따라서 $a=-\frac{5}{4}$, $b=\frac{3}{4}$이므로
$a+b=\left(-\frac{5}{4}\right)+\frac{3}{4}=-\frac{1}{2}$

10 ③ $\frac{x^2+x}{x}=x+1$
⑤ $y^2+2x+y-y^2=2x+y$
따라서 이차식인 것은 ②이다.

11 (주어진 식)$=x^2-6xy-2x^2+8xy$
$=-x^2+2xy$

12 $-2<x<1$의 각 변에 -1을 곱하면
$-1<-x<2$
각 변에 4를 더하면
$3<4-x<6$
따라서 $a=3$, $b=6$이므로
$a+2b=3+12=15$

13 $-2x-5>3$을 풀면 $x<-4$
해를 수직선 위에 나타내면 다음과 같다.

-4

14 $5x\geq a+10$, $x\geq\frac{a+10}{5}$
해가 $x\geq -1$이므로
$\frac{a+10}{5}=-1$ $\therefore a=-15$

15 $5x-12<2x+18$, $3x<30$
$\therefore x<10$
따라서 10보다 작은 자연수 x는 9개이다.

16 $4-3x>x+6$, $-4x>2$
$\therefore x<-\frac{1}{2}$
따라서 가장 큰 정수 x의 값은 -1이므로 $x=-1$을 $2x+a=3$에 대입하면
$-2+a=3$ $\therefore a=5$

17 수직선 위에 나타난 해는 $x<-3$이고 각 부등식을 풀면 다음과 같다.
① 괄호를 풀면
$4x-3x-6<5$
$\therefore x<11$
② 양변에 10을 곱하면
$7x+5<2x-10$
$5x<-15$ $\therefore x<-3$
③ 양변에 분모의 최소공배수 6을 곱하면
$4x+3x<-18$
$7x<-18$ $\therefore x<-\frac{18}{7}$
④ 양변에 분모의 최소공배수 6을 곱하면
$x+4>3x+24$
$-2x>20$ $\therefore x<-10$
⑤ 양변에 분모의 최소공배수 6을 곱하면
$2(2x-3)+3(3x-1)>6$
$4x-6+9x-3>6$, $13x>15$
$\therefore x>\frac{15}{13}$

18 상자의 개수를 x개라 하면 상자의 무게는 $15x$ kg이므로
$15x+45\le400$, $15x\le355$
$\therefore x<\frac{71}{3}\left(=23\frac{2}{3}\right)$
따라서 상자는 최대 23개까지 실을 수 있다.

19 (세로의 길이)
$=(24x^3y-18xy^2)\div6xy$
$=\frac{24x^3y-18xy^2}{6xy}=4x^2-3y$

20 $8^5=(2^3)^5=2^{15}$이므로 $2^{x+8}=2^{15}$에서
$x+8=15$ $\therefore x=7$

21 $5-2x\ge a$에서 $-2x\ge a-5$
$\therefore x\le\frac{5-a}{2}$
즉, $\frac{5-a}{2}=8$이므로 $5-a=16$
$\therefore a=-11$

22 삼각기둥의 높이를 $\square$라 하면 부피가 $\frac{3b^2}{2a}$이므로
$\frac{1}{2}\times3ab\times2b^2\times\square=\frac{3b^2}{2a}$ …(i)
$3ab^3\times\square=\frac{3b^2}{2a}$
$\therefore \square=\frac{3b^2}{2a}\div3ab^3=\frac{3b^2}{2a}\times\frac{1}{3ab^3}$
$=\frac{1}{2a^2b}$ …(ii)

채점 기준	배점
(i) 삼각기둥의 부피를 이용하여 식 세우기	3점
(ii) 삼각기둥의 높이 구하기	3점

23 x개의 물건을 산다고 할 때,
$3000x>2700x+1000$ …(i)
$300x>1000$
$\therefore x>\frac{10}{3}\left(=3\frac{1}{3}\right)$ …(ii)
따라서 도매 시장에 가는 것이 유리하려면 최소한 4개를 사야 한다. …(iii)

채점 기준	배점
(i) 일차부등식 세우기	3점
(ii) 일차부등식 풀기	2점
(iii) 답 구하기	2점

1학기 기말고사 제1회 p. 5~6

1 ①, ③ 2 ① 3 ② 4 ④
5 ③ 6 ① 7 ⑤ 8 ①
9 ④ 10 ⑤ 11 ③ 12 ④
13 ③ 14 ① 15 ① 16 ③
17 ③ 18 ② 19 $x=2$, $y=3$
20 8 21 $(-3, 1)$
22 38, 과정은 풀이 참조
23 $y=\frac{2}{3}x-3$, 과정은 풀이 참조

1 ②, ④ 미지수가 1개이다.
⑤ 미지수는 2개이지만 a의 차수가 2이다.

2 해는 $(1, 4)$, $(4, 2)$의 2개이다.

3 $\begin{cases}2x-y=3 & \cdots㉠\\3x+2y=8 & \cdots㉡\end{cases}$에서
㉠$\times2+$㉡을 하면
$7x=14$ $\therefore x=2$
$x=2$를 ㉠에 대입하면
$4-y=3$ $\therefore y=1$
따라서 $a=2$, $b=1$이므로
$a-2b=2-2\times1=0$

4 $x=1$, $y=2$를 주어진 연립방정식에 각각 대입하여 등식이 모두 성립하는 것을 찾는다.
④ $\begin{cases}-1+2\times2=3\\3\times1-2=1\end{cases}$

5 연립방정식 $\begin{cases}x-ay=5\\bx+5y=3\end{cases}$에
$x=2$, $y=-1$을 각각 대입하면
$\begin{cases}2+a=5\\2b-5=3\end{cases}$ $\therefore a=3$, $b=4$
$\therefore a+b=3+4=7$

6 $\begin{cases}3x+2(y-1)=3\\3(x-2y)+5y=2\end{cases}$
⇨ $\begin{cases}3x+2y=5 & \cdots㉠\\3x-y=2 & \cdots㉡\end{cases}$에서
㉠$-$㉡을 하면
$3y=3$ $\therefore y=1$
$y=1$을 ㉡에 대입하면 $x=1$

7 x의 값이 y의 값의 2배이므로 $x=2y$
$\begin{cases}x=2y & \cdots㉠\\2x+y=10 & \cdots㉡\end{cases}$에서
㉠을 ㉡에 대입하면
$2\times2y+y=10$, $5y=10$
$\therefore y=2$
$y=2$를 ㉠에 대입하면 $x=4$
따라서 $x=4$, $y=2$를
$x+3y=a+11$에 대입하면
$10=a+11$ $\therefore a=-1$

8 $\begin{cases}\frac{2x+3}{5}=\frac{2x-y}{2}\\\frac{2x+3}{5}=\frac{x+y}{3}\end{cases}$
⇨ $\begin{cases}-6x+5y=-6 & \cdots㉠\\x-5y=-9 & \cdots㉡\end{cases}$에서
㉠$+$㉡을 하면
$-5x=-15$ $\therefore x=3$
$x=3$을 ㉡에 대입하면 $y=\frac{12}{5}$

9 A가 달린 거리를 x km, B가 달린 거리를 y km라 하면
$\begin{cases}x+y=15\\\frac{x}{4}=\frac{y}{6}\end{cases}$
⇨ $\begin{cases}x+y=15 & \cdots㉠\\3x-2y=0 & \cdots㉡\end{cases}$에서
㉠$\times2+$㉡을 하면
$5x=30$ $\therefore x=6$
$x=6$을 ㉠에 대입하면 $y=9$
따라서 A가 달린 거리는 6 km이다.

10 ⑤ $x=1$일 때, $y=-1$, 1이다.
따라서 x의 값 하나에 y의 값이 오직 하나씩 대응하지 않으므로 함수가 아니다.

11 $f(-2)=6-1=5$
$f(1)=-3-1=-4$
$\therefore f(-2)+f(1)=5+(-4)=1$

12 $(0, -1)$을 $y=-2x-1$에 대입하면 등식이 성립하므로 $y=-2x-1$ 그래프 위의 점은 ④이다.

14 x절편: $0=-\frac{1}{2}x+2$, $x=4$
y절편: $y=2$
따라서 x절편이 4이고, y절편이 2인 그래프는 ①이다.

15 주어진 그래프에서 $a<0$이고 $-b>0$ $\quad\therefore b<0$
일차함수 $y=bx+a$의 그래프는 기울기 b가 음수이고, y절편 a도 음수이므로 오른쪽 그림과 같다. 따라서 제1사분면을 지나지 않는다.

16 주어진 그래프의 기울기는
(기울기)$=\dfrac{-2}{+3}=-\dfrac{2}{3}$
따라서 평행한 두 직선의 기울기는 같으므로 $a=-\dfrac{2}{3}$

17 $3x-4y-12=0$에서 $y=\dfrac{3}{4}x-3$
① $x=0$을 대입하면
$y=-3$ $\quad\therefore$ (y절편)$=-3$
② $y=0$을 대입하면
$0=\dfrac{3}{4}x-3$, $x=4$
즉, 점 $(4, 0)$을 지난다.
③ 기울기는 $\dfrac{3}{4}$이다.
④ ①, ②를 이용하여 그래프를 그리면 오른쪽 그림과 같고, 이 그래프는 제2사분면을 지나지 않는다.

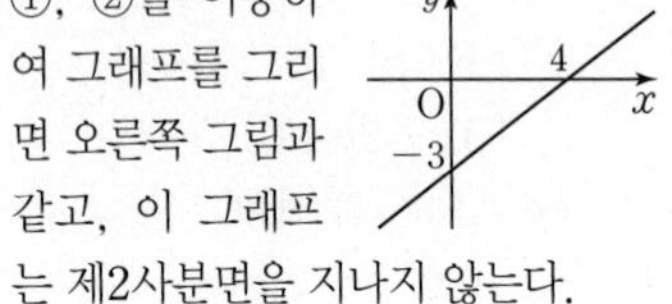

⑤ 오른쪽 위로 향하는 직선이므로 x의 값이 증가할 때, y의 값도 증가한다.

18 연립방정식 $\begin{cases}x+2y=a\\3x-by=1\end{cases}$에
$x=1$, $y=-1$을 각각 대입하면
$\begin{cases}1-2=a\\3+b=1\end{cases}$ $\quad\therefore a=-1, b=-2$
$\therefore b-a=-2-(-1)=-1$

19 $\begin{cases}5x-2y=4 & \cdots㉠\\-x+3y-3=4 & \cdots㉡\end{cases}$를 푼다.
㉠+㉡×5를 하면
$13y=39$ $\quad\therefore y=3$
$y=3$을 ㉠에 대입하면 $x=2$

20 $y=2x-4+p$에 $y=0$을 대입하면
$0=2x-4+p$
$x=\dfrac{4-p}{2}=-2$ $\quad\therefore p=8$

21 두 일차방정식의 그래프의 교점의 좌표는 연립방정식의 해이므로
연립방정식 $\begin{cases}x+y=-2 & \cdots㉠\\x-2y=-5 & \cdots㉡\end{cases}$에서
㉠－㉡을 하면
$3y=3$ $\quad\therefore y=1$
$y=1$을 ㉠에 대입하면 $x=-3$
따라서 교점의 좌표는 $(-3, 1)$이다.

22 처음 수의 십의 자리의 숫자를 x, 일의 자리의 숫자를 y라 하면
$\begin{cases}x+y=11\\10y+x=2(10x+y)+7\end{cases}$ $\cdots$(i)
⇨ $\begin{cases}x+y=11 & \cdots㉠\\-19x+8y=7 & \cdots㉡\end{cases}$에서
㉠×8－㉡을 하면
$27x=81$ $\quad\therefore x=3$
$x=3$을 ㉠에 대입하면 $y=8$ $\cdots$(ii)
따라서 처음 자연수는 38이다. $\cdots$(iii)

채점 기준	배점
(i) 연립방정식 세우기	3점
(ii) 연립방정식 풀기	3점
(iii) 처음 자연수 구하기	1점

23 (기울기)$=\dfrac{1-(-1)}{6-3}=\dfrac{2}{3}$ $\cdots$(i)
따라서 $y=\dfrac{2}{3}x+b$로 놓고 $x=3$, $y=-1$을 대입하면
$-1=2+b$ $\quad\therefore b=-3$ $\cdots$(ii)
$\therefore y=\dfrac{2}{3}x-3$ $\cdots$(iii)

채점 기준	배점
(i) 기울기 구하기	2점
(ii) y절편 구하기	2점
(iii) 일차함수의 식 구하기	2점

1학기 기말고사 제2회 p. 7~8

1 ③	2 ④	3 ⑤	4 ②
5 ③	6 ①	7 ③	8 ①
9 ④	10 ②	11 ①	12 ⑤
13 ⑤	14 ③	15 ⑤	16 ④
17 ③	18 ④	19 $x=2$, $y=-3$	

20 $\dfrac{3}{2}$ 21 -1
22 $\dfrac{3}{5}$ km, 과정은 풀이 참조
23 -4, 과정은 풀이 참조

1 $x+2y=7$에 $y=1, 2, 3, \cdots$을 차례로 대입하여 x의 값이 자연수가 되는 순서쌍을 찾으면 $(5, 1)$, $(3, 2)$, $(1, 3)$의 3개이다.

2 $2x-3y+k=0$에 $x=1$, $y=3$을 대입하면
$2-9+k=0$ $\quad\therefore k=7$

3 $x+y=5$에 $x=2$, $y=a$를 대입하면
$2+a=5$ $\quad\therefore a=3$
$2x+2y=b$에 $x=2$, $y=3$을 대입하면
$b=10$
$\therefore a+b=3+10=13$

4 $\begin{cases}y=x+2\\x+4y=13\end{cases}$에서 $x=1$, $y=3$
따라서 $a=1$, $b=3$이므로
$a+b=1+3=4$

5 $\begin{cases}2x+5y=3 & \cdots㉠\\-3x+7y=10 & \cdots㉡\end{cases}$에서
x를 소거하려면 x의 계수의 절댓값을 같게 해야 하므로 ㉠×3+㉡×2를 한다.

6 주어진 연립방정식에 $x=1$, $y=1$을 대입하면
$\begin{cases}5a+4b=7\\3a-2b=13\end{cases}$ $\quad\therefore a=3, b=-2$
$\therefore ab=3\times(-2)=-6$

7 $\begin{cases}x-4y=-14 & \cdots㉠\\2x+y=-1 & \cdots㉡\end{cases}$에서
㉠×2－㉡을 하면
$-9y=-27$ $\quad\therefore y=3$
$y=3$을 ㉠에 대입하면 $x=-2$
$ax+y=5$에 $x=-2$, $y=3$을 대입하면 $-2a+3=5$ $\quad\therefore a=-1$

8 $\begin{cases}x+2y=3 & \cdots㉠\\ax-by=9 & \cdots㉡\end{cases}$에서
㉠×a－㉡을 하면
$(2a+b)y=3a-9$
해가 무수히 많으려면
$2a+b=0$, $3a-9=0$
$\therefore a=3, b=-6$
$\therefore a+b=3+(-6)=-3$

9 물탱크에 물을 가득 채웠을 때의 물의 양을 1이라 하고, A, B 호스로 1분 동안 채울 수 있는 물의 양을 각각 x, y라 하면

$\begin{cases} 8x+8y=1 & \cdots ㉠ \\ 6x+12y=1 & \cdots ㉡ \end{cases}$

㉠×3+㉡×4를 하면

$-24y=-1 \quad \therefore y=\frac{1}{24}$

$y=\frac{1}{24}$을 ㉠에 대입하면 $x=\frac{1}{12}$

따라서 A 호스로만 물탱크를 가득 채우려면 12분이 걸린다.

10 $f(1)=1$이므로

$a+3=1 \quad \therefore a=-2$

따라서 $f(x)=-2x+3$이므로

$f(2)=-1,\ f(4)=-5$

$\therefore f(2)+f(4)=(-1)+(-5)=-6$

11 두 점 $(a,\ 1)$, $(-1,\ b)$의 좌표를 각각 $y=-2x+5$에 대입하면

$1=-2a+5,\ b=2+5$

$\therefore a=2,\ b=7$

$\therefore a-b=2-7=-5$

12 $y=-4x+a+12$에 $x=a,\ y=-3$을 대입하면

$-3=-4a+a+12$

$-3=-3a+12 \quad \therefore a=5$

13 주어진 그래프는

(기울기)$=\frac{+3}{+5}=\frac{3}{5}$, ($y$절편)$=3$

이므로 일차함수 $y=\frac{3}{5}x+3$의 그래프이다.

따라서 일차함수 $y=ax-2$의 그래프를 y축의 방향으로 p만큼 평행이동한 그래프의 식은 $y=ax-2+p$이므로

$\frac{3}{5}=a,\ 3=-2+p$

$\therefore a=\frac{3}{5},\ p=5$

$\therefore ap=\frac{3}{5}\times5=3$

14 (기울기)$=\frac{-6}{+3}=-2$이므로

$y=-2x+b$로 놓고 $x=2,\ y=0$을 대입하면

$0=-4+b,\ b=4$

$\therefore y=-2x+4$

15 x g의 물체를 매달았을 때의 용수철의 길이를 y cm라 하면 물체의 무게가 1 g 증가할 때마다 용수철의 길이는 3 cm씩 증가하므로 x와 y 사이의 관계식은 $y=3x+20$

이 식에 $x=10$을 대입하면

$y=30+20=50$

따라서 무게가 10 g인 물체를 매달았을 때, 용수철의 길이는 50 cm이다.

16 주어진 그래프는 오른쪽 그림과 같은 직선이므로 $y=4$

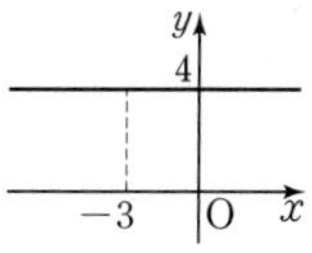

17 $2x+y-3=0$에서

$y=-2x+3$이므로

(기울기)$=-2<0$,

(y절편)$=3>0$

따라서 그래프의 모양은 오른쪽 그림과 같으므로 제3사분면을 지나지 않는다.

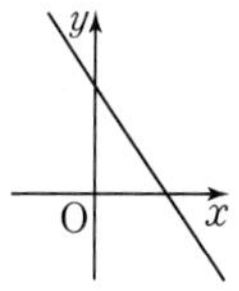

18 점 A의 좌표를 구하기 위해 연립방정식

$\begin{cases} y=x+4 & \cdots ㉠ \\ y=-2x+10 & \cdots ㉡ \end{cases}$을 풀면

$x=2,\ y=6 \quad \therefore \mathrm{A}(2,\ 6)$

두 점 B, C를 구하기 위해 두 직선의 x절편을 구하면

㉠에서 $0=x+4,\ x=-4$

㉡에서 $0=-2x+10,\ x=5$

따라서 $\mathrm{B}(-4,\ 0)$, $\mathrm{C}(5,\ 0)$이다.

$\therefore$ (△ABC의 넓이)

$=\frac{1}{2}\times9\times6=27$

19 $\begin{cases} \frac{1}{4}x-\frac{1}{2}y=2 \\ 0.4x-0.2y=1.4 \end{cases}$

$\Rightarrow \begin{cases} x-2y=8 & \cdots ㉠ \\ 4x-2y=14 & \cdots ㉡ \end{cases}$에서

㉠−㉡을 하면

$-3x=-6 \quad \therefore x=2$

$x=2$를 ㉠에 대입하면 $y=-3$

20 두 점 $(0,\ 4)$, $(3,\ -2)$를 지나는 직선의 기울기는 $\frac{-2-4}{3-0}=-2$이고

y절편이 4이므로 $y=-2x+4$

$y=-2x+4$에 $x=a,\ y=1$을 대입하면

$1=-2a+4 \quad \therefore a=\frac{3}{2}$

21 $y=2x-3$에 $x=3$을 대입하면

$y=6-3=3$

따라서 $y=ax+6$에 $x=3,\ y=3$을 대입하면

$3=3a+6 \quad \therefore a=-1$

22 윤진이가 걸어간 거리를 x km, 뛰어간 거리를 y km라 하면

$\begin{cases} x+y=2.4 \\ \frac{x}{4}+\frac{y}{6}=\frac{27}{60} \end{cases}$ …(i)

$\Rightarrow \begin{cases} 10x+10y=24 & \cdots ㉠ \\ 15x+10y=27 & \cdots ㉡ \end{cases}$에서

㉠−㉡을 하면

$-5x=-3 \quad \therefore x=\frac{3}{5}$

$x=\frac{3}{5}$을 ㉠에 대입하면 $y=\frac{9}{5}$ …(ii)

따라서 윤진이가 걸어간 거리는 $\frac{3}{5}$ km이다. …(iii)

채점 기준	배점
(i) 연립방정식 세우기	2점
(ii) 연립방정식의 해 구하기	3점
(iii) 윤진이가 걸어간 거리 구하기	2점

23 $y=-\frac{1}{3}x+2$에 $x=0$을 대입하면

$y=-\frac{1}{3}\times0+2=2$

$\therefore a=2$ …(i)

$y=-\frac{1}{3}x+2$에 $y=0$을 대입하면

$0=-\frac{1}{3}x+2,\ x=6$

$\therefore b=6$ …(ii)

$\therefore a-b=2-6=-4$ …(iii)

채점 기준	배점
(i) a의 값 구하기	2점
(ii) b의 값 구하기	2점
(iii) $a-b$의 값 구하기	2점

MEMO

내·공·의·힘·시·리·즈 단기간에 핵심만 빠르게, 내신 만점을 위한 공부법을 제시합니다.

대표전화 1544-0554
주소 서울특별시 구로구 디지털로33길 48 대륭포스트타워 7차 20층